福建省生态公益林保护对林农的经济影响评估及其生态补偿标准研究

陈钦 等 著

中国林业出版社

图书在版编目(CIP)数据

福建省生态公益林保护对林农的经济影响评估及其生态补偿标准研究/陈钦等著. —北京:中国林业出版社,2018.9

ISBN 978-7-5038-9762-7

Ⅰ.①福… Ⅱ.①陈… Ⅲ.①公益林-生态系统-经济影响-研究-福建②公益林-生态系统-补偿机制-研究-福建 Ⅳ.①S727.9

中国版本图书馆 CIP 数据核字(2018)第 225920 号

出版	中国林业出版社(100009 北京西城区刘海胡同 7 号)
	http://lycb.forestry.gov.cn
	E-mail forestbook@163.com 电话 010-83143515
印刷	北京中科印刷有限公司
版次	2018 年 10 月第 1 版
印次	2018 年 10 月第 1 次
开本	710mm×1000mm 1/16
印张	16
字数	305 千字
定价	60.00 元

前　言

森林是陆地生态系统的主体,森林保护和建设是保护生态环境的有效途径。然而,在森林生态保护中,林农的森林资源利用受到限制,尤其在南方集体林区,在集体林权制度改革后,大部分森林资源产权属于林农,因此,森林生态保护对林农经济收入产生影响。对林农的经济影响有多少? 对林农的森林生态补偿标准应该是多少? 需要进行实证研究才能获知。

2001 年起我国开始实行森林生态补偿制度,但是,平均补偿标准较低。从人民角度来看,随着生活水平的提高,生态需求增加了,生态意识也增强了,森林生态补偿的供给意愿也提高了;从政府角度来看,随着我国国民经济的较快发展,财政收入不断增加,森林生态补偿资金的供给能力也提高了。因此,森林生态补偿标准不断提高的可行性也增强了。

本书首先阐述了研究背景与意义。其次,综述了国内外理论研究与实践动态。第三,对生态公益林保护及其生态补偿标准进行理论分析。第四,分析了我国生态公益林保护与补偿标准现状,总结了存在的问题,阐述了福建省生态公益林生态补偿标准的演变和补偿标准特点。第五,通过比较分析不同生态公益林补偿案例,了解当前不同类型生态公益林在生态补偿标准方面存在的突出问题,总结和剖析生态公益林保护及其生态补偿成功、失败的经验、教训,分析现行补偿标准普遍偏低的原因。第六,根据大样本调查数据,应用倍差法计量分析福建省生态公益林保护对林农的经济影响及其差异,分析参与生态公益林保护的林农实施保护前后收入变化和非参与生态公益林保护的林农实施保护前后收入变化的差异。第七,根据林农经济损失评估结果,应用现值、年金现值法计算福建省生态公益林分类、分阶段的生态补偿标准。第八,根据前面调查和研究获得的补偿标准数据,以及调查获得的补偿标准影响因素数据,运用计量模型分析了生态公益林生态补偿标准的关键影响因素。第九,对福建省生态公益林受益单位生态补偿供给意愿调查结果进行描述性统计分析。最后,根据前述研究结论,提出如下建议:建立生态公益林分类补偿标准体系;提高生态公益林生态补偿标准;探索多样化的生态公益林生态补偿方式;通过政府干预筹集生态公益林生态补偿资金;通过市场机制筹集生态公益林生态补偿资金;完善福建省生态公益林生态补偿资金的使用和管理政策;扶持林农发展生态公益林林下经济;有条件地允许采伐杉木、桉树等生态公益林;探索建立生态公益林租赁市场;构建福建省生态公益林生态补偿标准制订的参与制度等。

本著作是国家自然科学基金"福建省生态公益林保护对林农的经济影响评估及其生态补偿标准研究"(项目批准号71273052)的成果,项目组成员为陈钦、潘辉、刘伟平、邓衡山、邱寿丰、冯亮明、李秀珠、简盖元、李扬裕和研究生黄莹瑛、白斯琴、郑丽娟、严泽琳、王团真、郑梦妮、吴骏莹、金燕凤、李洁、任晓琨和陈星霖等。

在资料收集过程中,国家林业局"集体林权制度改革监测"项目组及福建省项目调研人员给予了大力支持;福建省林业厅林改处、计财处、科技处、森林资源管理总站、样本市县林业局领导和工作人员等给予了无私帮助。在问卷调查过程中,得到校友们的大力帮助。在资料整理过程中,研究生们做了大量工作。在此表示衷心地感谢! 还要感谢我的家人对我研究工作的大力支持和帮助。

本著作第5、第6和第8章为陈钦与课题组成员、研究生共同完成,其余各章为项目负责人陈钦执笔完成。

陈 钦
2018 年 1 月于福建农林大学经济学院

目　　录

1 引 言

1.1 研究背景

人与自然和谐是构建和谐社会的重要内容。生态公益林是指生态区位重要,或生态环境脆弱,对国土生态安全、生物多样性保护和经济社会可持续发展具有重要意义,以提供社会服务和森林生态产品为主要目的的防护林和特种用途林(曾志明,2016)。可见,生态公益林以维护生态环境为目的,是人与自然和谐的重要载体。生态公益林作为一种公共物品,具有外部经济性,在保护和改善人类生存环境、维持生态平衡、维护国土安全等方面发挥着重要作用。在党中央提出构建社会主义和谐社会以来,专家们从人与自然和谐的角度研究林业与构建和谐社会的关系,提出要按照和谐社会的要求转变林业发展模式,发展现代林业;实施以生态建设为主的林业发展战略是构建和谐社会的历史选择,并且按照和谐社会要求提出了林业生态建设的思路。

对中央政府而言,实施重点生态公益林保护的主要目标是保护中国的生态环境和维护生物多样性,为社会提供良好的生态环境服务。虽然生态公益林保护对国家有利,但是对当地而言,成本超过了保护的收益(Matleena Kniivilä,2002),生态公益林禁伐减少了当地的财政收入,又不得不做,所以当地政府更多地将其作为一项政治任务来完成(李周,2004),尤其在贫困山区。目前林农属于低收入群体,对他们而言,物质需求比生态需求更重要,所以他们的首要目标是如何增加经济收入,追求的是森林的木材收益。对于如何协调各主体的目标?尤其对林农的目标如何协调,至关重要。

福建省绝大部分生态公益林产权属于村集体。根据 2013 年第八次全国森林资源清查主要结果,福建省集体(所有权)林地面积占 93.61%,国有林地面积占 6.39%。福建省共区划界定国家级生态公益林 2229 万亩、省级生态公益林 2061 万亩、重点生态区位商品林 977 万亩[形式上(林权证上)是商品林,经济实质类似于三级保护的生态公益林,只允许择伐,不能皆伐,而且还没有生态效益补偿费]。重点生态区位包括大江大河两岸及上游,水库周边,国道、省道、高速、铁路两边一重山。另外,还有商品林中的天然林,2002 年以后逐渐限制,至今全部禁止采伐,经济实质上类似于生态公益林。近十年来,有些地方人工林中的阔叶树也逐渐禁止采伐(包括人工营造纯林,如杉木林中萌芽生长起来的阔叶树也不能采伐),其中商品林部分也没有补偿。如漳平市天然林、阔叶林大部分个人买了,集体林很少,而且有些是个人负债购买,出现了偿债危机。

森林具有生态效益,森林在生态保护中起着重要作用。Richard Carson (2001)研究得出森林生态效益是其经济效益的 13.3 倍;侯元兆(1994)计算出 1992 年中国每公顷森林生态效益超过 8000 元。福建省素有"八山一水一分田"之称,山地丘陵占全省土地面积的 80% 以上,山地丘陵主要分布森林,森林产权收益能否得到实现,影响面较广。国家林业局中国森林生态系统定位研究网络管理中心和福建省林科院依据国家林业局《森林生态系统服务功能评估规范》(LY/T 1721—2008)计算出福建省 2007 年森林生态服务功能的总价值为 7012.73 亿元,该研究成果 2010 年 10 月 31 日通过中国科学院、国家林业局、国际竹藤中心、中国林学会、中国林科院、北京林业大学、南京林业大学、厦门大学等单位专家的认证和评审。

如图 1-1 所示,在对福建省相关政府部门领导的调研中,调查总数为 41 人,认为生态补偿在生态公益林保护中的作用大的人数为 22 人,认为生态补偿在生态公益林保护中的作用比较大的有 12 人,认为生态补偿在生态公益林保护中的作用比较小的有 3 人,没有人认为生态补偿在生态公益林保护中没有作用,还有 4 人弃权。可见,大部分政府部门领导认为生态补偿有利于促进生态公益林保护。

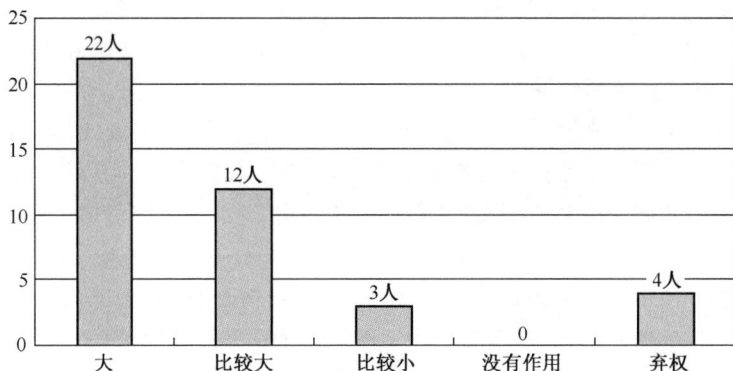

图 1-1　生态补偿在生态公益林保护中的作用的调查结果

在福建省,对于国家级和省级生态公益林,中央和省政府统筹发放的生态补偿标准统一为 2013 年 17 元/(年·亩),2015 年 19 元/(年·亩),2016 年 22 元/(年·亩),少数市、县政府对本市、县内的生态公益林另外追加补偿;对于市、县级生态公益林,中央和省政府没有给予补偿,少数市、县政府对本辖区内的市、县级生态公益林进行补偿,其他市、县内的市、县级生态公益林没有得到补偿。

厦门市是福建省生态公益林补偿标准最高的地区,通过对厦门市调研,了解到生态补偿在生态公益林保护中的作用包括:①林分质量得到提高。②生态环境明显改善。灾害性破坏减少,生态建设进入良性循环。据最新的二类调查数据,目前生态公益林经营区灾害性破坏明显减少,水土流失得到有效遏制,生物多样性和野生动物栖息地也得到有效保护,生态环境脆弱地段的森林植被得到一定的恢复,生态环境系统初步形成良性循环格局,生态环境朝着逐渐改善的趋势发展。③流域水质和水文状况明显改善。不仅增加了水源,而且大大改善了流域的水质和水文状况。④促进了社会经济发展。林农得到实惠,调动了他们保护和建设生态公益林的积极性。在改善居住、投资和旅游环境的同时,促进了区域经济社会转型升级,林农不再靠砍树变卖来维持生活,而是巧用多种方法发家致富,依托森林生态环境,开发生态旅游项目;发挥生态林林地优势,林下套种珍贵树种、中药材、菌类和发展林下养殖业,实行多元化经营等均取得初步进展,探索出解决生态公益林保护与群众生活需要矛盾的多种有效途径。

1.2　研究意义

补偿是常用的一种维护社会公平的手段,建立生态公益林生态补偿制度是追求人与自然和谐发展的要求,能够促进生态公益林保护,提高生态效益和社会效益;能够降低生态公益林的损害,减少生态公益林盗伐现象,改善森林生态环境,是实现"代内"公平和"代际"公平的有效途径。生态公益林生态补偿是生态公益林生态效益受益者或政府对林农支付补偿费,以弥补政府禁止采伐生态公益林对林农造成的经济损失,从而体现社会公平,也能保障生态公益林所有者的合法权益,促进林区社会和谐。

完善生态公益林生态补偿机制,使生态公益林的投资得到合理回报,对于激励生态公益林所有者,促进生态公益林的可持续发展具有重大意义。生态公益林生态补偿是一项系统性工程,补偿机制包括补偿支付主体、补偿对象、补偿标准、补偿方式和补偿途径等内容,每一项内容的推进都将影响生态公益林生态补偿机制作用的发挥,其中补偿标准尤为重要,是实施生态公益林生态补偿的基础,是生态公益林生态补偿的核心内容,关系到补偿的效果和补偿者的承受能力,直接影响着生态公益林建设的可持续性。因此,生态公益林生态补偿标准日益成为学者们研究的热点问题。

随着人民生活水平日益提高,人们更关注生活质量的提升,因此对森林生态功能的需求日益强烈。森林人家、生态园、森林公园成为人们周末休闲的理想选择。为了满足人们的需要,各级政府都重视生态环境建设,不断探求森林保护和开发的平衡点。生态公益林划定后,林权所有者或经营者不仅无法通过从事木材或林副产品生产获得经济收益,而且还要投入资金进行无偿管护,以致生态公益林经营者所创造的生态效益价值无法体现,投入资金得不到回收。如果生态公益林经营者的补偿不到位,生态和经济协调发展就难以实现。总之,完善生态公益林补偿制度,既是福建省林业发展的助力,也是林区社会维稳的保障。而且建立补偿制度有法可依,《中华人民共和国森林法》第八条明确规定,"国家设立森林生态效益补偿基金,用于提供生态效益的防护林和特种用途林的森林资源、林木的营造、抚育、保护管理"。《中华人民共和国森林法实施条例》第十五条规定:"防护林和特种用途林的经营者,有获得森林生态效益补偿的权利。"

生态公益林生态补偿问题是一个社会公平问题。从前政府鼓励林农种植商品林,后来为了保护生态环境,政府采用自上而下的办法把部分商品林区划界定为生态公益林,禁止采伐生态公益林,林农的林业产权收益无法实现;生态公益林区的林地不能作为其他用途,林农无限期地失去林地的生产经营权,使他们遭受经济损失,造成生态公益林生态效益受益者享用,林农负担成本。虽然政府规定了补偿标准,但是不足以补偿经营者的经济损失。农地和林地是农民的主要资产,目前公路、铁路建设等占用农地、林地,都给予比较充分补偿,为了保护生态环境,占用生态公益林和林地也应该给予比较充分补偿。所以,有必要研究生态公益林生态补偿问题,研究政府如何制定公平、合理的生态公益林生态补偿标准,如何完善生态公益林生态补偿制度。

生态公益林的生态效益使全社会受益,而由林农负担营林成本,这是不合理的。对林农造成的经济损失应该给予足够补偿,但是现在有的补偿不足,有的没有补偿;在同一个县内,政府规定的单位面积补偿标准都一样,没有考虑生态公益林的树种、成本、林龄、质量、蓄积量等因素,存在补偿标准一刀切的不合理现象。许多生态公益林所有者对此有意见,尤其是生态公益林的私人所有者,其中一些人已经要求将生态公益林转回商品林,甚至出现上访现象。这不利于林区和谐社会建设和社会稳定,也影响了造林积极性和生态公益林保护,导致有些地方生态公益林被破坏严重,变成了残次林和低效林。因此,需要政府制定公平、合理的生态公益林生态补偿标准,促进生态公益林的可持续发展。

对于福建省绝大部分生态公益林而言,现行的补偿标准明显不够。专家和政府官员预测未来补偿标准会不断提高,可是补偿标准应增加到多少元,才是科学、合理和公平的,至今没有科学定论。本项目试图研究这个问题,将建立生态公益林保护对林农的经济影响及其生态补偿标准的理论分析框架,探讨生态补偿标准的计量方法,为相关研究提供理论和方法参考;本研究得出的生态公益林分类、分阶段补偿标准,能为政府制定相关政策提供参考数据:现行补偿标准与林农应该得到的补偿标准差异多大,不同类别的生态公益林对林农造成的经济损失差异是多少等。如果计算结果显示补偿标准较高,即使政府可能不会马上直接、完全采纳,本研究成果"不同类别生态公益林保护对林农造成的经济损失相对比例"也能为政府按照经济损失一定比例进行分类补偿提供参考。

2 文 献 综 述

2.1 生态公益林保护对林农造成的经济影响研究

李周(2004)通过实证研究得出:"森林丰富但经济发展落后的地区,通常存在问题之一是相当一部分的森林被国家划为防护林、又得不到任何经济补偿。大多数林木为防护林,农民得不到任何经济补偿是林区贫困的原因之一。"

马力(2011)等从农户需求的角度出发,研究得出生态公益林建设对林农收入存在负面影响。

姜霞(2010)等利用浙江省林农调查的面板数据,以林农各项收入为因变量,通过计量经济模型分析了生态公益林建设对林农收入的影响。研究表明,生态公益林建设对浙江山区林农林业收入存在负面影响,但对林农非农就业收入和总收入的影响不显著。并且提出完善生态公益林补偿制度,拓宽非农经营渠道,是实现生态公益林可持续发展的根本途径。

梁胜文(2016)等研究认为,多年来河北尤其是河北环京津地区为了给京津发展提供充足的清洁水源,为京津二市提供涵养水源、调节水量、改善气候、促进生物多样性等多种生态服务,河北环京津地区在对生态环境的保护和改善做出重要贡献的同时,也付出了巨大的发展代价,造成了生态改善与经济欠发达的局面并存。环京津贫困带的形成,从某种意义上说,与长期缺乏必要的生态补偿制度有一定关联。因此,要有效解决金山银山与绿水青山的矛盾,使环京津生态功能区长治久安,急需建立健全环京津贫困区域生态补偿机制。

2.2 生态公益林补偿标准的研究

西方大部分发达国家在生态公益林补偿中,遵循农民自愿的原则,充分利用市场机制、竞争机制和激励机制(Nels Johnson,2002;W. David Klemper,1996;Pedro Moura-Costa,1998),例如美国退耕还林以合同形式分阶段实施,在退耕还林项目中引入竞标机制来确定与当地自然经济条件相适应的补偿标准,而不是由政府规定一个统一的补偿标准,20世纪80年代补偿标准每年每公顷平均约为116美元(CCICED Task Force on Forests and Grasslands,2002)。

2.2.1 补偿标准影响因素的研究

补偿标准应该依据各种社会、经济和环境评价指标体系确定,具体的补偿标准的影响因素包括:森林生态系统服务功能效益(中国生态补偿机制与政策研究课题组,2002)、支付意愿、支付能力、机会成本(郑海霞,2006)、地区实际情况、平均利税率、平均 GDP 增速(郭亨孝,2009)、直接投入(中国生态补偿机制与政策研究课题组,2002;李文华,2006)、财政收入、经济发展速度、居民消费水平(丁希滨,2006)、经营规模、生态公益林供给主体、合理收益(崔一梅,2008)、森林生态服务需求(谷振宾,2007)、生态公益林价值、自然地理环境(张家来,2007)、社会经济条件、森林蓄积、生态功能、国家购买能力、森林生态价位差异(孔凡斌,2003)、经济发展水平、生态质量(李文华,2006;张家来,2007)、市场价值(宋莎,2009)、生态区位(赖晓华,2004;崔一梅,2008)、林分类型、林分质量、权属、实际经济损失(赖晓华,2004;李文华,2006)、林龄(冯艳芬,2009)、管护费用、木材利润、造林成本、轮伐期、物价指数(龚靓,2008)、生态服务价值(郑海霞,2006;龚靓,2008)、地域、林种、造林方式、树种(李文华,2006;冯艳芬,2009)、植被类型、人均可支配收入、郁闭度、森林健康状况、森林合理分类、森林资产评估等。

大部分学者(郑海霞,2006;郭亨孝,2009;李文华,2006;丁希滨,2006)认为在确定生态公益林生态补偿标准时要综合考虑以下几个方面的因素:①成本。主要包括建设成本、营林与管护成本、机会成本以及因生态公益林建设所带来的其他损失。②地区经济发展水平。生态公益林生态补偿的关键问题是资金,资金的投入量主要取决于地区经济发展水平。因此生态公益林补偿标准的确定要与地区经济发展水平相适应。③林分类型。确定生态公益林生态补偿标准时应根据不同林分类型的收益状况加以区别对待。④生态质量。不同类型生态公益林在林龄结构、森林起源、森林面积、蓄积量等方面存在差异,其所发挥的生态效益也有较大区别,因而不能只简单按面积来确定补偿标准,生态公益林的生态质量也要考虑。⑤生态区位的重要性。不同地区其生态公益林生态系统脆弱性和生态重要性程度有所不同,在确定补偿标准时,应考虑生态区位的重要性。⑥林地权属。国有生态公益林无需支付经济损失补偿只需落实补助资金,而集体所有、企业所有和林农个人所有的生态公益林不仅需落实管护补助资金,还应补偿其因禁止商业经营所造成的经济损失。

此外,部分学者通过问卷调查、实地访谈等方法采集数据,并根据所获数据对补偿标准的影响因素进行了积极探讨,如李顺龙(2015)根据数据分析结果认为相关部门在制定补偿标准时应对林农的年龄、文化程度、个人职务、林业总收入、生活水平变化状况等因素加以重视。廖烨(2014)通过实证分析得出,当人均可支配收入、蓄积量、原木价格和保护等级等影响因素已知的情况下就可确定补偿标准。类似的,张颖、张艳(2013)通过对江西瑞昌市的调查分析,提出补偿标准制定的影响因素主要包括生态公益林所有者的性别、年龄、家庭林业年均收入、家庭人口数、文化程度高低等。国外学者从消费者需求角度出发,运用条件价值评估法对广州、福州、昆明三个城市居民生态公益林生态补偿支付意愿的共同影响因素进行探讨,分析结果显示收入、受教育程度、户外锻炼时间、环境关注度、生态公益林了解程度是影响三城市居民支付意愿的共同因素(张眉,2012)。

从以上可以看出,学者们主要从生态公益林建设成本、生态公益林生长情况及林农自身状况等多个角度阐述和分析影响生态公益林生态补偿标准的因素。

从以上可见,专家们对此做了积极探索,提出众多补偿标准影响因素,不过尚未达成一致的看法。有的专家只对影响因素进行定性分析,没有进行实证研究;有的专家只是提出影响因素,没有论证影响因素与补偿标准之间的关系。因此,需要进行进一步理论和实证研究。

2.2.2　补偿标准计量方法的研究

生态公益林生态补偿标准的计量方法是确定补偿标准的技术手段,研究和总结这些方法是为了能够找到更适合和准确的方法计算生态公益林生态补偿标准。现阶段,学术界尚未形成公认的生态公益林补偿标准的计量方法,而是各自基于生态公益林建设成本核算、生态公益林生态效益评估、支付意愿和受偿意愿调查等角度提出相应的方法,比较常用的方法包括:

(1)生态系统服务功能价值法。该价值理论方法的核心是生态系统服务具有价值属性,生态公益林生态补偿标准的确定建立在生态系统服务功能的价值上,估算生态系统服务功能的价值是该方法最重要的步骤(宋莎,2009)。以生态服务功能价值法确定生态公益林生态补偿标准最接近生态效益的真实值,然而存在计算复杂、数据需求量大等问题,计算指标和方法不同,生态系统服务价值差异也较大,且其计算结果往往非常大,超出政府对生态效益补偿的能力范畴,实际可操作性较差(龚靓,2008)。

(2)机会成本法。生态补偿标准与生态效益提供者的机会成本直接相关,通过核算生态公益林所有者或经营者为生态建设而放弃的经济收入、发展机会等所可能带来最大收益来确定生态补偿标准(冯艳芬,2009)。通过机会成本法可避免对复杂生态系统服务功能的价值估算,该方法较为简单易懂,操作性较强,但由于其在核算手段上还不完善,基础数据采集困难,很难核算机会成本。

(3)条件价值评估法。该方法通过问卷或访谈的方式,对生态公益林生态效益的提供者或受益者分别进行调查,询问其保护、建设生态公益林的受偿意愿或支付意愿,从而对生态公益林生态补偿标准进行确定(龚靓,2008)。按照条件价值评估法确定的补偿标准体现了"公众参与"的思想,可以在政策制定之中考虑公众的意见,有助于提高公众建设生态公益林的积极性和主动性,但该方法也有弊端,例如在调查过程中不同的问卷设计方式可能导致不同的结果,受访群体的文化水平、收入程度等都会对调查结果产生影响,如果不进行细致足量的调查,可能出现重大偏差。

(4)市场法。市场法是把生态公益林的生态效益看成一种商品,围绕着商品建立一个市场,市场的买卖双方分别是生态公益林的补偿者和受偿者。在该市场里,生态效益本身的价值涵盖于市场定价中,决定生态补偿标准的方法是按市场规律的均衡价格(宋莎,2009)。利用市场法确定生态补偿标准,能够兼顾生态公益林的补偿者和受偿者二者利益,在双方都能达到满意的条件下开展生态补偿。但在运用过程中需要建立一个稳定的交易市场,但到目前为止我国还未建立生态公益林补偿的交易市场,所以目前参照市场价值规律来确定生态公益林补偿标准的条件还不具备。

(5)历史成本法。主张生态公益林成本应得到补偿,但不包括利润部分(万志芳,1999)。该方法有以下优点:计算简便,容易操作;容易让人接受和信服;具有可验证性;客观性强。但天然林成本计算存在争议,有些人工林的历史成本资料不健全。

(6)成本加利润法。有些学者认为补偿标准必须考虑生态公益林投入和利润,否则无法进行扩大再生产。采用该方法,王翊计算出补偿标准每亩每年为28.91元(王翊,2005)。

(7)能值分析法。该方法为补偿标准计算提供了新思路。但该方法计算的是森林生态系统的客观能量值,较难直接作为生态效益补偿标准。汪殿蓓、涂佳才等采用该方法得出补偿标准每年每亩为108.20元(汪殿蓓,2006)。

(8)意愿价值评估方法。西方主流经济学主张以效用价值论为基础,效用大小可用公众偏好显示反映出来,所以采用意愿调查评价法确定补偿标准。Whitehead采用该方法,对美国肯塔基州西部湿地保护进行评价,得出每英亩支付意愿为4000美元(Rex H . Schaberg , 1995;Ames Boyd and Lisa Wainger,2003)。该方法考虑了生态公益林供需方的意愿,避免生态补偿演变成行政主管的个人意志。但是,主观性较强,支付意愿法可能会低估补偿标准,接受补偿意愿调查法可能会高估补偿标准(谷振宾,2007)。

(9)替代法,包括等效益替代法和替代费用法。按照该方法,韦美玲计算出补偿标准每年每亩为24.98元,蒋凤玲计算出补偿标准每年每公顷上限为394.29元(蒋凤玲,2003)。

专家们对以上计量方法还存在争议,都没有综合考虑各种主要影响因素。这些方法在理论基础上各不相同,在实践应用中也各有利弊。总体而言,应根据不同情况采用不同的方法进行生态公益林生态补偿标准的计算。但是无论依据哪种方法确定生态补偿标准都存在较大争议,不同的方法得出的结果也存在较大差异,而且这些方法仍然停留在研究阶段,并没有进入到实际应用阶段。仍然需要进一步研究。

2.2.3 补偿标准计算依据的研究

(1)以生态效益评价为依据(CCICED Task Force on Forests and Grassland,2002),该观点认为可以对生态公益林所能提供的涵养水源、保持水土、净化空气、维持生物多样性等生态效益价值进行货币化的评估和核算,以此作为制定生态公益林生态补偿标准的依据(赖晓华,2004)。生态效益评价应考虑野生动物、水质、土壤侵蚀、长期效益、空气质量、地区、生态区位和成本等因素。由于生态公益林生态效益难以计量(CCICED Task Force on Forests and Grassland,2002),专家已测算的生态效益值巨大,而且各不相同,尚未得到公认。反对按照生态效益补偿的专家(李周,1993)认为:"一种产品的价值和它的效益是两个截然不同的概念,其价值是生产过程中技术进步、资源配置水平的函数,其效益则是消费过程中利用水平的函数,不能以效益计量代替价值计量的方法计算森林生态效益的价值",营林是生产过程,因此营林者获得的是价值补偿,不是效益补偿。

(2)美国奥本大学张耀启教授等认为生态公益林的边际机会成本是补偿标准计算的基础(中国生态补偿机制与政策研究课题组,2002)。有的专家认为按照实施生态公益林管护后放弃采伐林木的经济损失来确定(孔凡斌,2003)。哥斯达黎加生态公益林生态补偿标准以土地利用的机会成本为基础计算,人工林和天然林补偿标准分别为每年每亩 35 美元和 14 美元,连续补偿 5 年。此外,5 年每公顷补偿森林保护费 210 美元、可持续森林管理费 327 美元、再造林费 537 美元。从理论上说,这种方法比较有说服力,但是,实际机会成本难以测算(CCICED Task Force on Forests and Grassland,2002),而且测算成本也高。

(3)补偿标准的确定应根据营林成本确定(中国生态补偿机制与政策研究课题组,2002),以此作为补偿的最低标准,比较切实可行(万志芳,1999)。以生态公益林所有者或经营者的直接投入为依据,即生态公益林生态补偿标准可以根据营林、护林过程中的人力、财力和物力等直接支出。

(4)以劳动价值论为理论依据,按照价值确定补偿标准(崔一梅,2008)。由于目前缺乏公认的森林生态价值核算体系,实际操作困难。

(5)利用市场机制采用竞标办法确定补偿标准(谷振宾,2007),鼓励当地林农参与竞标确定补偿标准。

(6)按生态破坏的恢复成本来计算。区域内不合理的发展活动会造成植被减少、水土流失等生态破坏后果,进而影响所在区域的固碳吸氧、水源涵养、水土保持等生态效益的发挥,因此应将环境治理与生态恢复的成本作为生态公益林生态补偿的参考标准(曾晓东,2012)。

(7)以生态公益林生态受益者所获利益为依据。在实际中,生态效益受益者免费享有生态公益林生态系统提供的生态效益和生态产品,而生态效益提供者的付出却未得到回报,因此补偿标准可以通过生态产品或服务的市场交易价格和交易数量来确定。

(8)以支付或受偿意愿为依据(冯艳芬,2009)。部分学者认为可以通过问卷、访谈等途径了解生态受益者对生态公益林生态补偿的支付意愿以及生态效益提供者的受偿意愿,并据此确定生态公益林生态补偿标准。

另外一些专家认为补偿依据为:森林资源状况(谷振宾,2007)、森林生态服务功能(黄选瑞,2002)、边际收益(崔一梅,2008)、森林蓄积(孔凡斌,2003)。

在上述观点中,多数学者倾向于依据生态效益提供者的成本和生态效益的价值来确定补偿标准。一方面,生态公益林生态效益具有明显的外部性,私人成本与社会成本的差额反映了生态公益林生态服务对于社会所具有的潜在的经济价值,因而生态效益价值的评估结果是较为理想的补偿标准,但是由于生态系统本身的复杂性以及目前理论和研究方法的水平相对滞后,导致对生态效益价值的测算较为困难,而且不同方法计算出的结果存在较大的差异。另一方面,生态公益林的营造及管护需要生态公益林所有者或经营者投入人力、物力和财力,以及因林木限伐所造成利益损失。因此,按照直接投入成本和机会成本来确定补偿标准,可以直接补偿生态效益提供者因建设生态公益林所造成的经济损失,并且计算方法也比生态效益价值的估算简单(CCICED Task Force on Forests and Grassland,2002)。相比之下,其他几类依据如按照生态效益受益者所获利益计算补偿标准,主要适用于可进行市场化交易的生态产品或服务方面的交易。而根据支付或受偿意愿调查结果确定补偿标准存在一定的缺陷,调查对象选取、问卷设计以及调查对象偏好等方面都直接影响着最终的调查结果能否反映真正的意愿(丁希滨,2006)。综合以上几种补偿标准依据的分析,可以看出,要保持生态公益林正外部性的持续发挥,补偿标准的依据需要继续研究,以便科学、合理地确定生态公益林生态补偿标准。

2.2.4　补偿标准计量的研究

现有研究成果主要包括:采用意愿调查法调查发现79.3%农户认为生态公益林生态补偿标准应达到20元以上(田淑英,2009);按照资产评估法和替代市场法计算千岛湖生态公益林生态补偿费每公顷为570元(汪建敏,2004);葛亲红计算出福建省合理的生态公益林补偿标准为22元/(年·亩)(葛亲红,

2005）；根据禁伐损失、生态公益林建设投入、管护费用计算，补偿标准每年每公顷为 1781 元（高素萍，2006）；湖北森林生态资源价值理论补偿标准每年为682.80 元/公顷（张家来，2007）；川西九龙县生态公益林 2002 年平均补偿 1.745万元/公顷（高素萍，2006）等。以上成果体现了专家们对补偿标准计量的积极探索，不过没有全面考虑影响生态公益林补偿标准的影响因素，没有探讨按照多种因素进行分类的补偿标准。所以，要建立科学的森林生态系统补偿模型（李文华，2006），用于计算补偿标准。李或挥、孙娟认为受偿意愿的影响因素分析可以采用累积 Logistic 回归理论模型或者多元线性回归理论模型（李或挥，2009），以研究环保意识、信息获取情况、特殊经历、人均收入、林业收入比重、土地面积、地域、村生态公益林面积对受偿意愿的影响，但是没有考虑生态公益林特征变量。

沈田华（2013）基于生态公益林成本和效益补偿的视角，通过计算公式最终确定三峡水库重庆库区生态公益林合理的生态补偿标准应为每年 120 元/亩。王娇（2015）认为应以成本标准作为森林的最低补偿标准，而最高补偿标准则是森林成本和效益的综合，并结合成本与价值两种补偿标准的研究成果计算出辽宁省森林生态补偿标准区间为 344.8~605.3 元/（公顷·年）。张艳（2012）根据效益补偿法求得江西省瑞昌市森林生态效益年补偿标准的上限为 194.77 元/（年·亩），根据损失补偿法和成本费用补偿法求得瑞昌市森林生态补偿标准的下限为 23.33 元/（年·亩），因而最终确定瑞昌市森林生态补偿标准的范围为23.33~194.77 元/（年·亩）。

此外，部分学者依据生态公益林生态效益受益者的补偿意愿或提供者的受偿意愿的实地调查结果来确定补偿标准，如王雅敬（2016）通过贵州省部分林农生态公益林生态补偿受偿意愿的调查得到，林农每年愿意接受的最小补偿金额为 314.14~365.15 元/公顷，远高于当前实际的补偿标准，但低于林农建设生态公益林的机会成本。张眉（2012）以昆明市生态公益林为例，采用条件价值评估法对生态公益林生态效益价值进行了评估，结果显示：昆明市生态公益林生态效益的年经济价值为 1.92 亿元，并依据评估结果进一步提出生态公益林的补偿标准应介于生产者成本支出额和消费者对生态公益林生态效益意愿支付额之间。

2.2.5　补偿标准确定原则的研究

生态公益林生态补偿标准确定原则是生态补偿机制得以顺利构建和实施的前提，贯穿于生态公益林生态补偿机制的全过程，对整个生态公益林生态补偿机制的运行具有普遍的指导意义。因此，补偿标准确定原则的制定要兼顾生态公益林生态补偿涉及的各个方面，体现出生态补偿的基本要义，从协调生态环境保护和社会经济发展的关系、生态补偿的主体和对象等多个方面提出指导性建议。

张颖、金笙(2013)强调补偿标准的确定需充分考虑到相关利益团队的经济承受能力、公共意识、森林可持续经营成本及其缺口,即应以生态上合理、经济上可行和社会可接受作为合理确定补偿标准的基本原则,但对于这些原则的含义并未加以具体说明。另有学者提出,生态公益林生态补偿标准的确定必须遵循公平性、可持续性和受益者补偿这三个基本原则,其中公平性原则的核心内容是等利交换关系,体现在对生态公益林所有者或经营者给予合理的经济补偿;可持续性原则既要求对生态公益林所有者或经营者实行长期补偿,又要求生态补偿标准应符合社会经济的可承受能力;受益者补偿原则指的是生态公益林生态补偿要采用"谁受益谁付费"的政策,对享受和使用生态服务者收取补偿费用(黄李煌,2012)。由此可见,生态公益林生态补偿标准确定既要注重公平也要注重效率,要正确处理好经济发展与生态保护之间的关系以及生态公益林保护相关利益主体之间的利益关系,实现可持续发展。孔凡斌(2012)提出了建立和完善我国区域生态补偿机制的原则:一是坚持"谁开发、谁保护,谁破坏、谁恢复,谁受益、谁补偿,谁污染、谁付费"的责任原则;二是坚持"责、权、利"相统一的均衡原则;三是坚持"共建共享,多赢发展"的协作原则;四是坚持"政府主导与市场调控相结合"的综合运行原则;五是坚持"因地制宜,突出重点,循序渐进"的实施原则。

2.2.6 生态公益林生态补偿标准的研究趋势

学者们认为今后研究内容包括:

(1)分阶段补偿研究:按照我国经济发展状况划分适合我国国情的发展阶段,研究与发展阶段相适应的生态公益林生态补偿标准(赖晓华,2004)。

(2)补偿标准核算方法和计量研究,补偿标准的科学性、客观性和可接受性很大程度上依赖于核算方法是否科学和完善(冯艳芬,2009)。

(3)分类补偿研究:由于各地生态公益林、自然、经济等状况不同,全国实行统一的补偿标准会产生补偿不足或者补偿太多的状况,因此学者们提出分类补偿的思想。但是,分类补偿的理论研究和实证研究都不够充分(宋莎,2009)。

(4)补偿标准的理论分析框架。

(5)现行补偿标准普遍偏低(巨文珍,2011),如何筹集资金提高补偿标准需要进一步研究(Sara Scherr, 2004)。

3 生态公益林保护及其生态补偿标准的理论分析

在对各种相关理论分析的基础上,建立生态公益林保护的成本收益分析框架,为后面评估生态公益林保护对林农的经济影响提供理论平台。结合已有相关文献,归纳生态公益林生态补偿标准的主要影响因素,对补偿标准的影响因素进行理论探讨,从而将后面的实证研究建立在理论分析的基础上。

3.1 运用外部性理论分析生态公益林生态补偿标准

对于具有外部经济性的物品,由于私人边际收益小于社会边际收益,一般情况下,会造成私人供应量少于社会最佳需要量,导致社会福利损失;对于外部不经济的物品则正好相反,由于私人边际成本小于社会边际成本,可能造成私人供给量多于社会最佳供给量,对社会造成更多的危害。因此,西方新古典经济学家认为外部性问题是市场失灵的原因之一,需要政府直接或间接干预,干预的目的是使外部效应内部化。对于企业污染等负外部性,通过向企业征收排污费等措施,提高企业边际成本,使之等于社会边际成本。生态公益林生态效益属于正外部性,理论上要按照"谁受益,谁付费(或谁补偿)"和"谁受损,谁受偿"原则,增加生态公益林经营者的边际收益,使之等于社会边际收益。按照外部性理论的涵义,生态公益林生态补偿标准应该按照经营者的私人收益与社会收益差额确定。

3.1.1 政府干预生态公益林外部性及补偿标准分析

生态公益林具有明显的外部经济性,因为生态公益林所发挥的生态效益,目前社会有关各方从中受益,而且是无偿受益,而生态公益林的经营者却几乎没有收益,这就使生态公益林的经营者私人边际收益小于社会边际收益。如果没有补偿机制,在市场经济体制下,不可能使生态公益林达到最佳的供给水平。

以外部性理论为基础,生态公益林补偿标准应该按照生态公益林提高的外部性效益大小来确定,也就是说要按照生态公益林保护增加的生态效益和社会效益数量计算补偿标准。政府确定生态公益林生态补偿标准比较困难。不过,专家们提出了许多生态效益和社会效益计量方法,可供选择,作为确定生态公益林补偿标准的参考。

3.1.2　市场机制解决生态公益林外部性及补偿标准分析

按照市场机制解决生态公益林补偿问题,从理论上,应该按照市场交易价格确定补偿标准,可以从国内外收集生态公益林补偿交易案例信息。

生态公益林外部性问题,可以根据各地生态公益林的不同情况,分别采用政府直接出面解决和科斯提倡的自主交易方式。但是,目前中国后者较少,政府有必要为此创造条件。

3.2　运用产权理论分析生态公益林生态补偿标准

3.2.1　生态补偿有利于发挥生态公益林产权的激励作用

产权具有激励功能、制约功能和高效率配置稀缺资源功能。通过产权的变更或者交易使资源的利用向高收益方向流动。斯蒂格利茨(2000)认为:"产权既包括所有者按他认为合适的方式使用其财产的权利,也包括出售它的权利。……产权向人们提供重要的激励,它不仅使人们投资和储蓄,而且使他们的财产得到最佳使用。……产权失灵表现为未明确界定的产权和有限制的产权,这往往导致多种形式的低效率。"中国生态公益林产权不明晰、产权交易困难、产权收益无法实现,也就是说,目前中国生态公益林产权是有限制的产权、残缺的产权,所有者没有收益权,起不到激励作用。因此,这种产权不可能激励人们投资造林和保护森林(担心被划为生态公益林),生态公益林的供给数量和质量都受影响。如果对生态公益林产权主体进行补偿,并且这种补偿是长期稳定的,就会激励林农建设和保护生态公益林。森林所有者和生产者未能从保护生态系统效益中获益导致生态服务供应不足。经济学家和其他人主张建立补偿机制使森林所有者能够从提供生态服务中获益,这种收入流的预期将激励他们保护森林。

3.2.2　生态公益林生态补偿需要明晰产权

产权的明确界定必须做到:一是权利得到全面分配,并且所有权利必须得到明确和有效的执行;二是权利是独占的,即从资源使用中获得的权益和发生的费用应直接地或通过他人自然增加到所有者名下;三是权利可转移,所有的产权都可以在一个所有者与其他所有者之间转移,在通常被认为公正的条件下自愿交换;四是权利必须是安全的,产权应当得到保护(金勤献·文希罗[法]著,刘自敏等译,1996)。然而,对于生态公益林生态产权而言,以上四个方面中国目前都难以做到:首先,许多生态公益林是国有和集体所有,产权边界不清晰,而且产权纠纷时有发生;其次,目前生态公益林生态效益无法独占;第三,生态公益林生态产权交易困难;第四,生态公益林生态产权不安全,收益权得不到保障。所以,目前生态公益林生态产权界定困难。

必须设法建立生态公益林生态产权制度,界定产权主体,明晰产权的各种权能,制定保护产权主体各种权能的一系列行为规范,赋予产权主体行使权利的范围,给其行为以受益的权利。必须利用政府权威,通过生态公益林产权登记制度等,明晰生态公益林生态产权。《中华人民共和国森林法实施条例》第十五条规定:"防护林和特种用途林的经营者,有获得森林生态效益补偿的权利。"不过,规定不够具体,无法贯彻落实。所以,政府必须制定实施细则,明确和详细地界定生态公益林生态产权,有助于市场机制在生态公益林生态补偿中发挥一定作用。

3.2.3 生态公益林产权保护的形式—— 生态补偿

产权明晰后,还必须得到保护,才有实际意义。《中华人民共和国森林法》第三条规定,"森林、林木、林地的所有者和使用者的合法权益,受法律保护,任何单位和个人不得侵犯";第七条规定,"国家保护林农的合法权益"。森林具有经济、社会和生态效益。由于目前生态公益林被禁伐,使所有者无法享有生态公益林经济效益的收益权;虽然所有者享有社会效益和生态效益的收益权,但是由于生态公益林具有非竞争性和非排他性,其生态效益具有外部性、计量困难性,其生态产权的界定和保护困难等,使其收益权无法兑现。因此,目前生态公益林产权收益没有保障。过去二十多年,中国生态公益林区划调整了几次,目前还在微调,面对这种随时可能发生的产权限制,社会资本难以流向林业。林农没有免费提供生态产品的义务,政府也没有权力强迫林农免费提供生态产品。政府强调森林的公益性,而忽视了所有者的经济利益;政府基于生态建设的理由将人工林划为生态公益林,并无限期地禁止采伐生态公益林,林农的生态公益林木材采伐收益权丧失,没有得到充分补偿。保护产权是中国社会主义市场经济的法则,该法则在林农的生态公益林收益权上却得不到体现。

党的十六大提出,"完善保护私人财产的法律制度";近几年,中央农村政策多次强调要保护农民利益。产权保护是政府的职能,但是目前政府没有很好地保障生态公益林产权收益的实现。必须强调政府立法和执法对保障生态公益林产权的重要作用,制定保障生态公益林生态效益收益权实现的具体措施,通过生态补偿制度创新来保护生态公益林产权,赋予生态公益林所有者向受益者收取生态补偿费的权利。

以产权理论为基础,生态公益林补偿标准应该按照拥有生态公益林的林农接受生态补偿标准意愿确定,也可以按照生态公益林保护造成林农不能实现的林业产权收益确定。

3.3 运用公平理论分析生态公益林生态补偿标准

公平理论所用的比较包括横向比较和纵向比较,横向比较是指一个人投入和收益的比值与组织内其他人的投入和收益的比值相等时,才是公平的;纵向比较是指把自己目前投入与目前所获得报偿的比值,同自己过去投入与过去所获得报偿的比值进行比较,只有相等时才是公平的。目前生态公益林所有者进行横向比较时,觉得自己投资报酬率不如商品林所有者;由于部分生态公益林是近几年刚划定或禁伐的,这些生态公益林所有者感觉到报酬率不如从前。

公平观主要解决社会资源分配中个人权利与责任的关系问题,即个人在享有社会权利和承担社会责任时,与社会上其他人相比是否合理,也就是说个人承担的责任和享有的权利必须成正比。这种公平观也可以称为贡献律,即奖酬与贡献成正比,也就是多劳多得。生态公益林生态补偿按照这种公平观执行,质量好的生态公益林应该补偿更多,这有利于促进生态公益林质量的提高。

要实现社会公平,就要形成从制度安排到规则执行的一整套科学体系。政府的政策和法规对所有公民都应该一视同仁,依据特定的规则,使社会成员通过同样的规则被无歧视地对待,包括承认各人对财产的所有权,并且按照自己对生产所作出的贡献大小取得属于自己的收入份额。规则不公平主要体现在两个方面:一方面是规则制定不公平,这是由规则制定者所持有的标准决定的,是对各方面利益兼顾不够造成的,例如同样是生态公益林,目前只有部分生态公益林得到中央、省级财政补助。另一方面,由于管理不善、人为操纵等情况,造成规则执行不公平,例如生态公益林生态效益补偿政策执行过程中存在不公平的现象。

林农面临着承担提供全社会所需森林生态产品的成本。以人为本的科学发展观要求不能为了某些人(即使是大部分人)的生存利益,而不公平地牺牲另一些人的生存利益(即使是少数人)。大部分林区属于经济不发达地区,禁伐又减少了林区的财政收入;林农收入低、生活水平低,生态公益林禁伐又使林农遭受损失。因此,林农和林区地方政府生态公益林供给能力都低,承受能力有限,无力长期承担生态公益林保护和建设成本。李周(2004)通过实证研究得出:"森林丰富的贫困县往往防护林比重较大,用材林比重较小;森林丰富的贫困县与非贫困县的人均防护林蓄积量的差异显著大于用材林蓄积量的差异,说明贫困县受到防护林面积大的影响。森林丰富但经济发展落后的地区,通常存在问题之一是相当一部分的森林被国家划为防护林、又得不到任何经济补偿。"目前生态公益林生态效益全社会受益,营林者负担;富裕地区受益,贫困地区负担。例如让长江上游贫困县建设生态公益林,下游经济较发达的江苏、上海等因此受益,却不要承担任何费用。于是,哪个地方生态公益林越多,它们保护生态公益林任务越重,导致培育和保护生态公益林越多的地方和单位就越亏本。

按照公平理论,首先,生态公益林保护的费用应该由受益者共同负担,必须建立受益者支付生态公益林保护费用的机制,使受损者能够获得补偿;其次,由于补偿资金不足,目前生态公益林保护费用不能得到全部补偿,因此,就涉及生态公益林补偿资金在生态公益林所有者、经营者或管护者之间如何公平地分配。

以公平理论为基础,生态公益林补偿标准应该按照相同商品林的收益确定。

3.4 用成本收益理论分析生态公益林生态补偿标准

成本收益分析概念界定首次出现于 19 世纪法国著名经济学家朱乐斯·帕帕特的著作中。随后,意大利著名经济学家帕累托重新界定了这一概念。至 1940 年,美国经济学家尼古拉斯·卡尔德和约翰·希克斯在总结前人已有研究经验的基础上,提出了"成本收益"分析的理论基础,即卡尔德-希克斯准则。成本收益分析方法作为一种传统的分析方法,在经济学中用于研究各种条件约束下的潜在行为选择与预期结果的关系,探究如何以最小的成本获取最大的收益。其他社会科学在分析现实中的各种现象时也常用到成本收益分析(盛洪,1999)。

成本—收益分析是指以货币单位为基础对投入与产出进行估算和衡量的方法。它是一种计划方案,是预先作出的。在市场经济条件下,任何一个企业在进行经济活动时,都要考虑具体经济行为在经济价值上的得失,以便对投入与产出关系进行尽可能科学的估计。成本—收益分析是一种量入为出的经济理念,它要求对未来行动有预期目标,并对预期目标的几率进行预测。经济学可以用它来研究各种条件下的行为与效果的关系,探究如何以最小的成本取得最大的收益。

其实,人类的一切行为都蕴含着效用最大化的经济动机,都可以运用经济学的成本—收益分析方法进行研究和说明。当代行为科学已用大量事实证明,决定人的道德行为选择的最根本的动因是人们对其行为结果的预期,这种预期是建立在人们对行为结果的收益及其成本分析的基础之上。并且,在这种行为结果的预期中,经济利益上的考虑通常起着最重要的作用。自利性、经济性是成本—收益分析的特征。这种方法的内在精神是追求效益,但这种对效益的追求带有强烈的自利性。成本—收益分析的出发点和目的是追求行为者自身的利益,它只不过是行为者获得自身利益的一种计算工具。

成本—收益分析追求的效用是行为者自己的效用,不是他人的效用,这是其指向性,即自利性;由于行为者具有自利的动机,总是试图在经济活动中以最少的投入获得最大的收益,使经营活动经济、高效。成本—收益分析的前提—效用最大化就蕴含着经济、高效的要求。行为者要使自己的经济活动达到自利的目的,达到经济、高效,必须对自己的投入与产出进行计算,因此,成本—收益分析蕴含着一种量入为出的计算理性,没有这种精打细算的计量,经济活动要想获得好的效果是不可能的。因此,成本—收益的计算特性是达到经济性的必要手段,也是保证行为者自利目的的基本工具。由此可见,成本—收益分析具有极强的功利性。

在经济活动中,人们都是理性的,人们参加经济活动,都希望预期收益大于预期成本,这是人们参与经济活动的基本出发点和动力。人们投资的主要目的是获得收益,只有当其收益大于成本时,才是经济合理的。一般而言,农户作为经济主体,其生态公益林建设和保护也是为了追求潜在的经济收益,即通过比较其成本和收益,只有预期收益大于预期成本,才会产生生态公益林营林行为。由此可见,在生态公益林建设和保护过程中,成本和收益是农户决策的核心与关键。

以成本收益理论为基础,生态公益林补偿标准应该按照生态公益林木材采伐收益减去相应成本确定,也就是说按照禁伐生态公益林所造成的经济损失计算补偿标准。

4 我国生态公益林保护与补偿标准现状

4.1 生态公益林保护

4.1.1 我国生态公益林保护

20 世纪 90 年代末,我国开始实施林业六大工程:天然林保护工程;退耕还林还草工程;京津风沙源治理工程;"三北"和长江流域等重点防护林体系建设工程;野生动植物保护及自然保护区建设工程;重点地区以速生丰产用材林为主的林业产业建设工程。其中,前五个工程属于生态公益林保护和建设工程。

中国天然林保护工程主要解决天然林的休养生息和恢复发展问题。该工程1998 年开展试点,2000 年在全国 17 个省、自治区和直辖市全面启动。在首期十年投入的 962 亿元中,基本建设投资 180 亿元,财政专项资金投入 782 亿元。除大兴安岭林业集团公司国家全额补助外,其他省(自治区、直辖市)中央财政补助 80%,地方政府财政配套 20%。

1999 年,四川、陕西、甘肃三省率先开展了退耕还林试点工作。2000 年 3月,朱总理在政府工作报告中明确提出"退耕还林(草),封山绿化,以粮代赈,个体承包"的方针。同月,国家发展计划委员会、财政部和国家林业局联合下文,确定了全国 174 个退耕还林试点县,明确规定了要对退耕农民进行粮食补助、现金补助和种苗补助,确定了具体的补助标准。2000 年 9 月,国务院颁布《国务院关于进一步做好退耕还林试点工作的若干意见》,对退耕还林政策做了补充规定,主要涉及粮食和现金补助标准、补助年限、种苗补助方式,并且对退耕还林的林种比例做了补充规定。

京津风沙源治理工程主要通过退耕还林、禁牧、小流域治理等措施,尽快恢复北京周围地区的林草植被,解决首都的风沙危害问题。目前工程建设已经取得明显成效:一是林业用地面积呈扩大趋势,森林覆盖率增长明显;二是工程区沙化土地面积明显减少,土地沙化扩展的趋势得到初步遏制;三是林业产业发展良好,森林生态旅游产业已成为工程区重要的后续新兴产业;四是农民生活状况有所改善,农民收入来源中种植业、林业、外出务工比重明显上升。

"三北"和长江流域等重点防护林体系建设工程是我国涵盖面最大的防护

林体系建设工程,由三北防护林四期、长江流域防护林二期、沿海防护林二期、珠江流域防护林二期、平原绿化二期和太行山绿化二期 6 个工程组成,主要目的是解决"三北"地区的防沙治沙问题和其他区域各不相同的生态问题。

野生动植物保护及自然保护区建设工程主要通过抢救濒危珍稀物种、恢复典型生态系统等措施,解决野生动植物资源、生物多样性和湿地资源的保护问题。2001 年该工程正式启动实施。

2013 年年底国家林业局公布了第八次全国森林资源清查结果显示,我国生态公益林面积 1.16 亿公顷,占森林面积的 56%,其中防护林 9967 万公顷,占 48%,特用林 1631 万公顷,占 8%。5 年间,生态公益林面积增加 654 万公顷,占森林面积的总体比例有所增大。生态公益林的增长对国土生态安全、生物多样性保护和经济社会可持续发展具有重要作用,特别是对国家重要的生态区位或生态状况极为脆弱的地区。天然林保护工程、退耕还林工程等重点生态工程的实施,增加了生态公益林的资源总量,降低了天然林的损耗,增强了森林的防护、固土、涵养水源等多种生态功能,为我国生态文明建设做出了巨大贡献。

4.1.2 福建省生态公益林保护

1987 年福建省生态公益林面积占林地面积的比例为 7.7%,1997 年上升为 24.6%。2001 年 2 月 2 日福建省人民政府批转省林业厅关于《福建省生态公益林规划纲要》的通知(闽政〔2001〕文 21 号),规划目标为:生态公益林经营区林地总面积 4278.41 万亩,占全省林地面积的 30.6%。2001 年全省实际区划界定生态公益林 4294 万亩,占全省林地面积的 30.7%。

福建省生态公益林按照权属来分,集体林 3888.3 万亩,占 90.5%;国有林 406.1 万亩,占 9.5%。按照功能划分,水源涵养林 1907.02 万亩,防风固沙林 123.02 万亩,水土保持林 1093.65 万亩,护岸林 13.76 万亩,自然保护区林 630.39 万亩,国防林 283.12 万亩,其他 243.32 万亩。按照级别分,国家级重点生态公益林占 66.2%,省级生态公益林占 33.8%。

根据《福建省生态公益林管理办法》(闽林〔2005〕1 号),福建省将生态公益林分为一级保护、二级保护和三级保护生态公益林,并且改革了采伐管理办法,对于二级保护和三级保护的生态公益林,允许让林农适当利用,减少林农经济损失。

一级保护(严格保护):自然保护区(实验区毛竹林除外)、列入世界自然遗产名录、名胜古迹和革命纪念地,以及生态区位极端重要和生态环境极端脆弱地区的生态公益林。不允许进行任何形式的经营活动。共计 778 万亩,占全省生态公益林面积的 18.13%。

二级保护(重点保护):国防林、风景林、环境保护林、母树林、科学实验林;

闽江干流源头及两岸、闽江一级支流源头及两岸、库容6亿立方米以上等重要区位的生态公益林、红树林、沿海基干林带。可开展必要的抚育性、更新性活动。共计1878万亩,占全省生态公益林面积的43.73%。

三级保护(一般保护):除了一级保护和二级保护区域以外的生态公益林。在保护的前提下,可进行合理的改造,逐步更替单一树种和单层林分,引导形成复层混交林。共计1638万亩,占全省生态公益林面积的38.14%。

2001年,根据《福建省人民政府批转省林业厅关于福建省生态公益林规划纲要的通知》(闽政〔2001〕21号),福建省区划界定生态公益林面积4294.4万亩,占全省林地面积的30.7%。

"十五"期间,福建省加大沿海防护林建设投入,共完成造林更新面积8.5万公顷。全省已建立森林和野生动物类型的国家级自然保护区10个,省级自然保护区22个,市县级自然保护区61个,自然保护小区3322个,自然保护区(小区)总面积达83.56万公顷,占全省土地总面积的6.88%,居华东地区首位。全省普查登记保护名木古树49432株,其中一级保护2954株、二级保护6485株、三级保护39993株。全省自然保护区保护网络逐步形成,一批濒危物种得到抢救性保护。

"十一五"期间,福建省进一步加大生态公益林投入。加快建立和完善省、市、县三级森林生态效益补偿制度,进一步创新并拓展生态公益林限制性利用途径,建立生态公益林监测信息管理系统。"十一五"期间,完成人工造林3.1万公顷、封山育林3.8万公顷、低产低效林分改造1.5万公顷,至2010年,沿海基干林带建成长度达3085公里,初步建立起与沿海经济和社会发展相适应的、结构较为稳定、功能较为完善的海峡西岸绿色屏障。重点加强濒危物种与滨海湿地保护、自然保护区建设和名木古树保护。新建国家级自然保护区4个、省级自然保护区7个、省级以下自然保护区(小区)1043个。

"十二五"期间,福建植树造林1665万亩,比"十一五"期间增长48%。全省累计投入"四绿"工程绿化资金137.67亿元,新增国家森林城市3个,城市建成区森林覆盖率达30.37%,人均公园绿地面积从10.8平方米提高到12.76平方米。据2013年全国第八次森林资源清查结果,福建森林覆盖率达65.95%,比上轮清查增长2.85个百分点,继续保持全国首位;森林蓄积量为6.08亿立方米,比上轮清查增加1.24亿立方米,其中天然林蓄积35942.92万立方米,人工林蓄积24853.23万立方米。森林面积801.27万公顷,竹林面积106.75万公顷。"十二五"期间,福建省省级以上财政投入林业建设资金达176.53亿元,比"十一五"期间增加4.2倍。中央和省级财政投入林下经济资金2.17亿元,现有生态公益林林下经济种植面积750万亩,拓展了生态公益林所有者的收入途径。截至2015年年底,全省生态公益林面积4292万亩,其中国家级2228万亩,省级

2064 万亩。全省超额完成了"十二五"森林资源"双增"目标。

根据《福建省林业厅关于建立健全重点生态公益林储备库有关工作的通知》(闽林资〔2015〕1 号)要求,决定从 2015 年 3 月 1 日起对建设项目占用重点生态公益林林地建立储备库制度。即对建设项目使用重点生态公益林林地"占一补一"不再逐件审核,改为采取先建立重点生态公益林储备库,在建设项目占用征收审核审批时从重点生态公益林储备库核减,年终进行统一调整的方式实现重点生态公益林林地占补平衡。

4.2　中央财政生态公益林生态补偿标准现状

2001 年 11 月 23 日,财政部和国家林业局宣布,森林生态效益补助资金将从 2001 年 11 月 23 日起在全国 11 个省区 658 个县、24 个国家级自然保护区进行试点,当年中央财政投入 10 亿元人民币,共涉及 2 亿亩国家重点生态公益林。根据财政部、国家林业局关于印发《关于开展森林生态效益补偿资金试点工作的意见》的通知(财农函〔2001〕7 号),补助资金不包括对重点防护林、特种用途林的营林投入,也不是对禁止商业性采伐所带来的全部影响进行补偿,而是对制约重点防护林、特种用途林保护和管理的关键性因素(如管护费)进行一定的补助。其他如财政减收、经营者减收和职工社会保障问题,地方政府要作出承诺,自行消化解决。

在 2001~2003 年 3 年试点的基础上,中央财政于 2004 年正式建立了森林生态效益补偿制度,支持国家级生态公益林的保护和管理,国有、集体和个人的国家级生态公益林补偿标准均为每年每亩 5 元。中央财政不断加大森林生态效益补偿基金投入,逐步提高了补偿标准,2010 年,对国有的国家级生态公益林补偿标准为每年每亩 5 元;对属集体和个人所有的国家级生态公益林补偿标准从原来的每年每亩 5 元提高到 10 元。2013 年,中央财政进一步将属集体和个人所有的国家级生态公益林补偿标准提高到每年每亩 15 元,当年中央财政共下拨森林生态效益补偿基金 149 亿元,主要用于国家级生态公益林的保护和管理。2014 年中央财政安排森林生态效益补偿 149 亿元,纳入补偿的国家级生态公益林面积为 13.9 亿亩。2001~2014 年,中央财政共安排森林生态效益补偿资金 801 亿元。

2016 年,中央财政积极盘活存量,用好增量,通过林业补助资金拨付 165 亿元,支持做好森林生态效益补偿工作,加强国家级生态公益林保护和管理。同时,积极完善森林生态效益补偿机制,将国有国家级生态公益林补偿标准提高33%,进一步加大对生态环境的支持保护力度。

由表 4-1 可见,中央财政从 2001 年开始对生态公益林的森林生态效益进行补助、补偿,分别在 2001、2004、2007、2009 和 2014 年制订或者修改了资金管理

表 4-1　我国生态公益林生态效益补偿政策对照表

年份及文件	2001年《森林生态效益补助资金管理办法(暂行)》(财农[2001]190号)	2004年《中央森林生态效益补偿基金管理办法》(财农[2004]169号)	2007年《中央财政森林生态效益补偿基金管理办法》(财农[2007]7号)	2009年《中央财政森林生态效益补偿基金管理办法》(财农[2009]381号)	2014年《中央财政林业补助资金管理办法》(财农[2014]9号)
遵循的法规、文件	1.《中华人民共和国森林法》 2.《中华人民共和国森林法实施条例》	1.《中华人民共和国森林法》 2.《中共中央、国务院关于加快林业发展的决定》([2003]9号) 3.《中华人民共和国预算法》	1.《中华人民共和国森林法》 2.《中共中央、国务院关于加快林业发展的决定》([2003]9号) 3.《重点生态公益林区划界定办法》	1.《中共中央国务院关于全面推进集体林权制度改革的意见》(中发[2008]10号) 2.《中华人民共和国预算法》 3.《中华人民共和国森林法》 4.《国家级生态公益林区划界定办法》	1.《中华人民共和国预算法》 2.《中华人民共和国森林法》
性质	补助资金是用于重点防护林和特种用途林保护和管理的专项资金	中央补偿基金是用于重点生态公益林管护者发生的营造、抚育、保护和管护的专项补助资金,由中央财政预算安排	森林生态效益补偿基金用于重点生态公益林的营造、抚育、保护和管理。中央财政补偿基金是森林生态效益补偿基金的重要来源	中央财政森林生态效益补偿基金是指各级政府依法设立用于生态公益林营造、抚育、保护和管理的资金。中央财政补偿基金作为森林生态效益补偿基金的重要组成部分	中央财政林业补助资金是指中央财政预算安排的用于森林生态效益补偿、林业补贴,森林公安、国有林场改革等方面的补助资金
补偿资金用途	用于重点防护林和特种用途林保护和管理费用的支出	用于重点生态公益林专职管护人员的劳务费或林农的补偿费,以及管护区内的补植苗木费、整地费和林木抚育费等	用于重点生态公益林的营造、抚育、保护和管理	重点用于国家级生态公益林的保护和管理	森林生态效益补偿用于国家级生态公益林的保护和管理

（续）

项目					
补偿标准	补助标准为每年每亩5元,其中管护5元,其中用于补助管护人员费用不得低于补助标准的70%	平均补助标准为每年每亩5元,其中4.5元用于补偿性支出,0.5元用于森林防火等公共管护支出	平均标准为每年每亩5元,其中用于补偿性支出4.75元用于林业单位、集体和个人的管护等开支;0.25元由省级财政部门列支,用于省级生态公益林管护情况的重点检查验收、跨区域开展的重点生态公益林区域森林火灾预防,以及带等森林火灾隔离道路维护林区道路的开支	依据国家级生态公益林权属实行不同的补偿标准。国有的国家级生态公益林平均补助标准为每年每亩5元,其中管护支出0.25元;集体和个人所有的国家级生态公益林补偿标准为每年每亩10元,其中管护补助为每年每亩9.75元,公共管护支出0.25元	国有的国家级生态公益林平均补偿标准为每年每亩5元,其中补助支出4.75元,公共管护支出0.25元;集体和个人所有的国家级生态公益林补偿标准为每年每亩15元,其中管护补助为每年每亩14.75元,公共管护支出0.25元
补偿对象	承担重点防护林及特种用途林保护和管理的单位,包括国有林场、国有苗圃、林业系统的自然保护区、集体林场,其他所有制形式的单位和个人	重点生态公益林专职管护人员;林农;国有林业单位或村集体、集体林场	个体生态公益林所有者或经营者;重点生态公益林所有者或经营者为国有林区、自然保护区等国有林业单位或集体林场、集体林场	国有林场、苗圃、自然保护区、自然保护国有单位;集体和个人;各级林业主管部门(公共管护支出)	国有林场、苗圃、自然保护区、森工企业等国有单位;集体和个人;地方各级林业主管部门
补偿范围	由地方政府与森林木、林地所有者或经营者签字确认,并经国家林业局核查认定的防护林和特种用途林	国家林业局公布的重点生态公益林地中的有林地,以及荒漠化和水土流失严重地区的疏林地、灌木林地、灌丛地	按照国家印发的《重点生态公益林划界界定办法》(林策发[2004]94号)核查认定的,生态区位极为重要或生态状况极其脆弱的生态公益林地	依据国家印发的《国家级公益林区划界定办法》(林资发[2009]214号)区划界定的生态公益林地	根据国家林业局、财政部联合印发的《国家级生态公益林区划界定办法》(林资发[2009]214号)区划界定的生态公益林地

（续）

费用分类				
1. 管护人员费用; 2. 森林防火、森林公安和病虫害防治等费用; 3. 资源监督管理费用; 4. 林区道路维护费用	1. 管护劳务费或林农的补偿费,以及管护区内的补植苗木费、整地费和林木抚育费; 2. 按江河源头、自然保护区、湿地、水库等区划的重点生态公益林的森林火灾预防与扑救、林业有害生物害预防与救治,森林资源的定期定点监测支出	1. 国有林业单位、集体和个人的管护等开支; 2. 重点生态公益林管护情况检查验收、跨重点生态公益林区域开设防火隔离带等森林火灾预防、以及维护林区道路的开支	1. 用于国有林场、苗圃,自然保护区、森工企业等国有单位管护国家级生态公益林的劳务补助等支出; 2. 用于集体和个人管护国家级生态公益林的经济补偿; 3. 用于地方各级林业主管部门开展国家级生态公益林监测,管护情况检查验收,林业有害生物防治,林火灾预防与扑救等支出	1. 国有的国家级生态公益林管护补助支出,用于国有林场,苗圃,自然保护区、森工企业等国有单位管护国家级生态公益林的劳务补助等支出; 2. 集体和个人所有的国家级生态公益林管护补助支出,用于集体和个人的经济补偿和管护国家级生态公益林的劳务补助等支出; 3. 公共管护支出主要用于各级林业主管部门开展国家级生态公益林监督检查和评价监测等支出

（续）

补助资金分配	资金补助标准按重点防护林和特种用途林管护面积计算,适当控制,实行总量控制,其中管护人员使用管护人员补助费用不得低于补助标准的70%。各省按照上述支出内容,制定具体支出的分项补助标准	1. 国有林场组织的专职管护人员,根据承担的任务量划分专职管护人员劳务费的不同补助标准,实行补植和抚育补助由国有林场提出具体使用计划,报上级管理部门审核批准后安排; 2. 集体林业经营管理的重点国有林场执行国有林场有关规定; 3. 自然保护区内的重点生态公益林,补偿性支出由上级财政部门和林业主管部门统筹安排,其中属于林农个人所有或保护区管理单位的重点生态公益林,由自然保护区管理单位的重点生态公益林将每亩4.5元的补偿经费全部拨给林农; 4. 村集体支出由村集体根据生态公益林,补偿性支出由村集体根据生态公益林,包括承包林农; 5. 指定专职护林员统一管护的,专职护林员获得的劳务费用不低于每亩3元,其他补植和抚育补助由乡(镇)林业工作站提出具体使用计划,报县级财政部门审核批准后安排; 6. 林农个人所有或经营的重点生态公益林,补偿性支出全部拨给林农个人,并由林农个人承担重点生态公益林营造,抚育和管护的全部责任	省级财政部门,根据管护任务,经营状况,当地经济社会发展水平等因素,合理确定国有林业单位生态公益林管护的重点委派标准,开支水平	地方各级财政部门会同林业主管部门测算审核管护成本,合理确定国有单位国家级生态公益林管护人员数量和管护劳务补助标准。 各省(含自治区,直辖市,计划单列市,新疆生产建设兵团,下同)财政部门会同各省林业主管部门,在本办法规定的开支范围内,明确中央财政补偿基金的具体开支范围和要求	1. 林业补助资金采取因素法分配; 2. 财政部根据各省,国家林业局报送的国家级生态公益林征占用等资源变化情况,相应调整用于森林生态效益补偿方面的预算

（续）

不得列支的费用	重点防护林和特种用途林保护和管理所必需的规划、界定、设计、检查、验收等项目管理费，由地方财政适当安排，不得在中央财政补助资金中提取和列支	林业主管部门为营造、抚育、保护和管理重点生态公益林所需的规划、界定的区划、界定、宣传、培训、检查、验收等经费由各级财政预算另行安排，不得在中央财政补偿基金中列支		各级财政部门和林业主管部门发生的相关管理经费由同级财政预算另行安排，不得在中央财政补偿基金中列支	林业补助资金应按规定的用途和范围分配使用，任何部门和单位不得截留、挤占和挪用
发放方式	通过财政国库，按照预算预算级次下拨。对县及县以下单位，由县级财政部门根据县级林业主管部门汇总后的凭证进行审核，无误后由县级财政拨款到县级林业主管部门，再由县级林业主管部门拨款到用款单位、集体和林农个人	中央补偿基金按照预算级次下拨付，对不符合规定的，财政部暂不拨付或不予拨付中央补偿基金。省级财政部门必须对本省上年度中央补偿基金使用管理检查合格后再逐级拨付	中央财政补偿基金年度预算确定后，财政部根据各省、自治区、直辖市，计划单列市生态公益林面积和平均补偿标准，按照财政国库管理制度有关规定拨付	一、国有单位、集体和个人应按照保护合同规定履行管护义务，承担管护责任，根据管护合同履行情况领取中央财政补偿基金；2. 财政部根据国家级公益林面积和补偿标准以及各省申请的资金申请，确定各省、大兴安岭林业集团公司的中央财政补偿基金数额，及时下达预算文件。中央财政补偿基金的支付管理按照财政国库管理制度有关规定执行	财政部根据预算安排、各省资金申请文件、国家林业局的资金分配建议函等，确定林业补助资金使用方案，并在全国人民代表大会批准预算后三个月内，按照预算级次下达资金

（续）

资金申报	1. 每年3月31日之前联合向财政部申请补助资金，并抄报国家林业局； 2. 财政部、国家林业局对各省上报的补助资金申请进行审定	省级财政部门、林业主管部门于每年3月31日之前向财政部上报当年中央补偿基金申请报告，并抄报国家林业局。申请报告包括上年度中央补偿基金检查总结情况，当年补偿性支出和公共管护支出数额以及安排计划	省级财政部门和林业主管部门应于每年3月31日之前，联合向财政部报送中央财政森林生态效益补偿基金申请报告，森林防火计划、当年林区道路维护计划，上年度中央财政补偿基金使用情况、重点生态公益林管护情况总结，以及上年度批准的征占用等点生态公益林地情况	各省财政部门和林业主管部门于每年4月30日之前，联合向财政部和国家林业局申请，申请的内容还包括上年度中央财政补偿基金使用管理情况，国家级生态公益林管理和征占用等资源变化情况等	于每年3月31日之前向财政部和国家林业局报送林业补助资金申请文件。申请文件主要内容包括：基本情况和存在的主要问题，年度任务或计划，申请林业补助资金数额、上年度林业补助资金安排使用情况总结等
资金管理办法	1. 对管护人员费用支出应严格制定的定员和定额标准，实行定员和定额管理；	1. 不得搞平均分配。每三年编制公共管护支出规划； 2. 财政部门应设置专账；	1. 各级财政部门应对中央财政补偿基金实行专项管理，分账核算；	1. 各级财政部门应对中央财政补偿基金实行专项管理，分账核算。其他渠道筹集的补偿资金可与中央财政补偿基金并账核算；	1. 林业补助资金的支付应按照财政国库管理制度有关规定执行。林业补助资金使用中属于国家政府采购管理范围的，按照国家有关政府采购的规定执行；

（续）

资金管理办法					
2. 对森林防火、森林公安、森林病虫害防治和林区道路维护费用支出实行报账制管理办法; 3. 补助资金的使用单位要加强财务管理,设立台账,健全会计账目,定期提供补助资金使用及有关情况; 4. 按照中央财政助地方专款有关规定进行管理	3. 各级财政部门和林业主管部门应建立健全中央补偿基金拨付、使用和管理档案; 4. 国有林场,自然保护区,村集体林业体应建立健全财务管理和会计核算制度,设置专账独立核算。	2. 国有林业单位和集体应建立健全财务管理和会计核算制度,对中央财政补偿基金实行分账核算; 3. 各级财政部门和林业主管业主管部门不得脱离管护任务随意切块下达资金,也不得搞平均分配; 4. 凡存在下列问题之一的,财政部将在下年度一次性调减有关省区1%的中央财政补偿基金:中央财政补偿基金使用中重点生态公益林管护违反有关规定,出现严重问题的;征用占用重点生态公益林地情况弄虚作假的;连续两年逾期1个月以上上报送有关材料或报送的材料内容不符合规定的;	2. 各级财政和林业主管部门应建立健全中央财政拨付,使用森林生态效益补偿其中和管理档案; 3. 国有单位和集体林应建立会计核算制度,对中央财政补偿基金实行分账核算; 4. 各省,大兴安岭林业集团公司存在下列问题的,财政部调减其中央财政补偿基金支出的20%:违反中央财政补偿基金使用和国家级生态公益林管护有关规定,问题严重的;上报征占用生态公益林等资源变化情况弄虚作假的;连续两年逾期一个月以上报送资金申请或报送的资金申请内容不符合规定的;经财政部认定需调减资金的其他违法违规行为	2. 各级财政和资金主管部门和资金部门要建立健全预算决算制度,实行预算决算管理 林业主管,林业主管使用单位健全资金使用制度,严格林业补助资金管理

（续）

资金监督办法	各级财政部门和林业主管部门要加强使用和管理的资金使用和管理的监督检查，同时接受各部门财政驻审计部门和财政专员办的审计检查。对违反资金使用规定，截留、挪用、挤占、造成资金损失浪费的部门和单位，省级财政部门可视情节轻重，采取扣减、停拨、取消补助资金等惩罚措施。报财政部同意后，削减的资金可用于本省其他试点地区重点防护林和特种用途林管护的补助	各级财政部门和林业主管部门应加强中央补偿基金使用和管理的监督检查，接受财政部驻各省财政监察专员办和审计部门的审查，违反财经纪律的按照国家有关规定处理。凡截留、挪用中央补偿基金有关责任者以自有资金补拨，拒不补拨的，省级财政部门从下年度起暂不予安排中央补偿基金，直到补拨为止。对违反中央生态公益林管理规定的，由国家林业局提出建议，财政部适度扣减中央补偿基金	1. 财政部根据各省、自治区、直辖市、计划单列市上报的征占用重点生态益林情况，调减中央财政补偿基金； 2. 各级财政部门应加强对中央财政补偿基金的监督管理，对违反本办法规定截留、挤占、挪用中央财政补偿基金的，按照《财政违法行为处罚处分条例》（国务院令第427号）及其他法律法规追究有关单位及其责任人的法律责任	各省、大兴安岭林业集团公司对中央财政补偿基金的使用管理规范、成效显著的，财政部可用因本办法第十六条原因调减的资金对其进行奖励	各级财政部门和林业主管部门应加强对林业补助资金的申请、分配，管理使用情况的监督检查，发现问题及时纠正。对各类违法违规以及违反本办法规定的行为，按照处罚处分及国家《财政违法行为处罚处分条例》等国家有关法律法规追究相关责任

办法,变化如下:

(1)补偿标准不断提高:从森林生态效益补偿标准来看,处于上升趋势,2001年每年每亩5元,2009年提高到10元,2014年提高到15元。

(2)不同权属的生态公益林补偿标准从相同变成不同:2001年国有和集体、个人的生态公益林补偿标准相同,都是每年每亩5元。2009年以后,集体、个人的生态公益林补偿标准高于国有的,国有的生态公益林一直到2016年才提高33%,而集体、个人的生态公益林补偿标准2009年提高到10元,2014年之后提高到15元。

(3)纳入中央财政补偿范围的生态公益林面积不断增加,2001年2亿亩,2004年增加到4亿亩,逐步增加到2014年13.9亿亩。

(4)从2001年以生态公益林管护费补助为主,过渡到现在管护费补助和经营者损失补偿相结合。

(5)补偿资金发放方式,原来逐级拨付到政府基层林业管理部门,直到村委,再由村委发放给个人,但是,现在大部分通过银行卡直接发放到农民个人银行账户中,没有经过乡镇政府或村委会。

(6)管理、监督、处罚办法从单独规定,改为与其他财政资金一样处理。

(7)2001年对补助资金没有进行具体分类,从2004年开始分为补偿性支出(或管护补助支出)和公共管护支出。

(8)2001、2004、2007和2009年文件都是专门针对森林生态效益颁布《中央财政森林生态效益补偿基金管理办法》,2014年开始将森林生态效益补偿与其他林业财政补助合并,制定了《中央财政林业补助资金管理办法》。

4.3 我国部分省、市生态公益林生态补偿标准现状

目前,全国超过25个省(自治区、直辖市)建立了地方森林生态效益补偿基金制度。

2009年以前,广东省生态公益林补偿采取中央和省补助叠加的补偿方式,同年度不同级生态公益林补助标准不一,从2010年起统一省级以上生态公益林补偿标准,不分国家级和省级、国有和集体,按照统一的标准进行补偿。2012年全省国家级和省级生态公益林统一按照既定政策18元/亩的标准进行补偿,每年每亩递增2元,2017年每亩达到28元。《广东省省级生态公益林效益补偿专项资金管理办法》(粤财农〔2014〕159号)规定:损失性补偿资金占专项资金总额的75%,公共管护经费占专项资金总额的25%。2015年,省财政安排省级以

上生态公益林效益补偿资金就达 17.33 亿元。

广东省部分地区实施了地方配套补偿政策,补偿标准更高,如深圳市按省、市、区 1∶1∶1 的比例给予补偿。广州市实行分区分类补偿办法,最高每年每亩补偿资金达 80 元,其中广州市番禺区将补偿标准提高到每年每亩 200 元。中山市已将补偿标准提高到每年每亩 100 元。东莞市除按省、市 1∶1 的比例落实配套补偿资金外,还额外给予每年每亩 100 元的补助。2003 年广东省佛山市根据《广东省生态公益林建设管理和效益补偿办法》和《广东省生态公益林效益补偿资金管理办法》,制订了佛山市生态公益林效益补偿资金的实施方案,按省、市、区 4∶2∶4 的比例落实地方补偿资金,并列入财政预算,到 2010 年,省级生态公益林补偿标准达到每年每亩 35 元。近年来,随着木材市场价格的持续升高以及个体投资者承包山地营造丰产林的增多,林地产出效益凸现,林地租金价格明显提高,部分地区林地租金已达每年每亩 150 元以上。同时,佛山市的补偿标准与周边城市的补偿标准相比略低。这些差距加剧了生态公益林与商品林的用地矛盾,部分农村群众对划定生态公益林产生抵触情绪,个别地方甚至出现侵占生态公益林现象,造成生态公益林的管理难度加大,因此,提高生态公益林效益补偿标准势在必行。佛山市政府印发了《关于提高省级生态公益林效益补偿标准的通知》,决定 2011～2013 年期间将省级生态公益林效益补偿标准从 2010 年的每亩每年 35 元提高至 70 元,并要求将补偿资金直接拨付至农户手中;2016 年又将补偿标准提高到 120 元。

浙江按照省财政厅、省林业厅联合文件精神,2009～2010 年补偿标准提高到每亩 17 元(国有林场每亩 19 元),其中补偿性支出 15.5 元,公共管护支出 1.5元。2011～2012 年补偿标准为 19 元,2013 年提高到 21 元,2015 年又进一步提高到 30 元,其中损失性补偿每亩 26 元(直接拨付给林权所有者);护林人员劳务费(包括护林人员人身意外保险、护林人员培训等支出)每亩 2.5 元。不同市、县情况不同,省、市、县分担补偿资金比例也不同。

根据浙江宁波市林业局、宁波市财政局联合印发的《宁波市森林生态效益补偿基金管理办法》文件精神和宁波市林业局下发的《关于做好 2016 年度生态公益林补偿资金发放工作的通知》文件规定,为加快生态公益林建设力度,按照当前生态公益林建设实际,2016 年市级以上生态公益林补偿标准为每亩 40 元(其中补偿支出 36 元/亩,管护支出 4 元/亩),大中型饮用水水库周边水源地生态公益林每亩增加 5 元补偿支出,即补偿标准为每亩 45 元。

其他省、市的生态公益林补偿标准见表 4-2。与这些省、市相比,福建省生态公益林补偿标准偏低。

表 4-2 一些省、市森林生态效益补偿标准〔元/（年·亩）〕

	2012 年	2013 年	2014 年	2015 年	2016 年
中央财政	10	15	15	15	15
福建省	12	17	17,自然保护区 20	19,自然保护区 22	22,自然保护区 25
厦门市	12	24	60	62	65
浙江省	19	21	27	30	30,省级自然保护区 35
广东省	18	20	22	24	26
北京市	20	20	40	40	40
江苏省	23.75	23.75	23.75	25	30
江西省	15.5	17.5	17.5	20.5	20.5
海南省	20	20	20	23	23
东莞市	140	140	140	140	152
佛山市	70	70	70	70	120

4.4 福建省生态公益林保护资金及其生态补偿标准现状

4.4.1 福建省生态公益林保护资金筹集政策

2004 年,中共福建省委、人民政府《关于加快林业发展 建设绿色海峡西岸的决定》(闽委发〔2004〕8 号)规定:①要把生态公益林建设和重大林业基础设施建设的投资纳入各级政府的财政预算,并予以优先安排。林业重点生态工程建设资金,省级财政予以重点保证;市、县(区)规划的重点生态工程建设,纳入同级财政预算。②加强对林业发展的金融支持。继续对林业实行长期限、低利息的信贷扶持政策。各级财政要安排专项资金,按实际贷款规模和年限给予贴息。金融机构对个私造林育林,要适当放宽贷款条件,参照农户小额贷款政策,扩大面向林业生产经营者的小额信贷和联保贷款。林业生产经营者可依法以林木所有权和林地使用权抵押申请银行贷款。③各市、县(区)人民政府每年应从财政总支出中划出不低于 1% 的比例用于林业事业发展。④建立森林生态效益补偿资金制度。按照政府投入为主,受益者合理承担的原则,多渠道筹集森林生态效益补偿资金。森林生态效益补偿资金的主要来源包括:中央财政补助资金;各级政府安排的财政资金;从利用水资源发电收入中提取的资金和对以森林景观为主要旅游资源的景点门票收入中提取的资金;社会各界捐赠的资金。

2006 年,中共福建省委 福建省人民政府《关于深化集体林权制度改革的意见》(闽委发[2006]19 号)规定:突出林业投融资体制改革。加大财政对林业的扶持力度。生态公益林建设应以政府投入为主,积极引导社会资金投入。林业生态工程、森林灾害防治工程等投入要纳入各级财政预算,予以重点保证。按照"落实主体、维护权益、强化保护、科学利用"的原则,完善生态公益林管护和补偿制度。省级财政每年要安排一定资金以转移支付的方式专门用于重点生态公益林区群众经济损失的补偿。要建立江河下游地区对上游地区森林生态效益补偿机制,江河下游的市、县(区)人民政府要安排一定资金用于上游生态公益林的补偿。依托森林资源开展旅游的,应从旅游经营收入中提取一定资金,直接用于生态公益林所有者的补偿。从利用水资源发电企业收取的水资源费,要考虑生态公益林保护和建设成本,并从所收取的水资源费中安排一定比例用于生态公益林补偿。

2007 年,中共福建省委、人民政府颁布的《福建省人民政府关于推进生态公益林管护机制改革的意见》(闽政文[2007]359 号)规定:森林生态效益补偿基金使用项目是:生态公益林所有者的补偿费;管护主体的管护费;村级组织(含护林监管员)监管费;防火、林业有害生物防治、造林补植、林区道路维护、资源监测、检查验收等公共管护费。市、县级人民政府要加强对上级财政拨付、下游补偿上游和按规定提取,以及社会捐赠等补偿资金的使用管理,建立健全规章制度,确保专户存储、专款专用,不得挪用。按照政府投入为主,受益者合理承担的原则,多渠道筹集生态公益林补偿资金,健全和完善森林生态效益补偿基金制度,一是加大政府投入,各级政府要随着财政收入增长,逐步增加森林生态效益补偿资金的投入,提高辖区内生态公益林的补偿标准。二是建立受益者合理负担的直接补偿机制,依托森林资源开展旅游的,应从旅游经营收入中提取一定资金,直接用于生态公益林所有者的补偿;从利用水资源发电企业收取的水资源费,要安排一定比例用于生态公益林补偿。三是认真落实下游地区对上游地区生态公益林补偿的政策;鼓励社会各界通过认养、冠名等方式,捐资保护和建设生态公益林。

4.4.2 福建省生态公益林生态补偿政策演变

2001 年至今福建省先后出台了 7 个与生态公益林生态效益补偿直接相关的政策文件,见表 4-3。

4.4.2.1 关于补偿资金使用比例

2001 年闽财农[2001]119 号规定管护人员费用不低于 70%,五项公共管护支出不高于 30%。2007 年闽政文[2007]129 号规定江河下游地区对上游地区

表4-3 福建省生态公益林生态补偿政策

	2001年	2002年	2007年		2010年	2015年
文件名称	福建省森林生态效益财政补助资金管理办法实施细则(暂行)	福建省森林生态效益补助资金管理实施细则(暂行)补充意见	福建省人民政府关于实施江河下游地区对上游地区森林生态效益补偿的通知	福建省森林生态效益补偿基金管理暂行办法	福建省森林生态效益补偿基金管理暂行办法	福建省财政厅福建省林业厅关于转发《中央财政林业补助资金管理办法》的通知
文号	闽财农〔2001〕119号	闽财农〔2002〕20号	闽政文〔2007〕129号	闽财农〔2007〕119号	闽财农〔2010〕33号	闽财农〔2015〕14号
用途	重点防护林和特种用途林保护和管理的专项资金	重点防护林和特种用途林保护和管理的专项资金	补偿生态公益林的所有者	补偿重点生态公益林的营造、抚育、保护和管理支出	用于生态公益林的营造、抚育、保护和管理的资金	用于国家级生态公益林的保护和管理
资金来源	中央、省财政	中央、省财政	地级市财政	中央、省财政	中央、省财政	中央、省财政

森林生态效益补偿100%用于补偿生态公益林的所有者。2007年闽财农〔2007〕119号规定集体和个人的生态公益林补偿费不低于50%,村监管费不高于15%,直接管护费(护林员工资)不高于35%。2010年闽财农〔2010〕33号规定集体和个人的生态公益林补偿费不低于65%,村监管费不高于15%,护林员直接管护费不高于20%。2015年闽财农〔2015〕14号没有规定具体比例,只规定具体分配办法由县级林业主管部门和财政部门共同确定。

4.4.2.2 关于不同权属的生态公益林补偿比例

2001、2002年文件中没有分山权和林权进行补偿。2007、2010和2015年文件分山权和林权,如2015年规定:山权、林权均属国有的,全部用于国有单位管护支出;山权属集体、林权属国有的,30%用于林地所有者经济补偿,70%用于国有单位管护支出;山权、林权均属集体的,70%用于所有者经济补偿,30%用于国有单位管护支出。

4.4.2.3 关于补偿的林地范围

2001年文件未规定,2007、2010和2015年文件指出:根据国家林业局、财政部联合印发的《国家级生态公益林区划界定办法》(林策〔2004〕94号或者林资发〔2009〕214号)和《福建省生态公益林区划界定实施细则》区划界定的生态公益林林地。

4.4.2.4　关于管护人员费用及其他费用

2001 年闽财农〔2001〕119 号中规定了管护人员费用及其他费用的分配比例:管护人员费用不低于补助标准的 70%,并根据界定确认的面积计算;森林防火、森林公安、森林病虫害防治、资源监测管理以及林区道路维护等五项费用不高于补助标准的 30%。

2002 年文件中提出了以管护面积不同为标准的管护人员费用计算方法:专职护林员每人管护面积不高于 3000 亩,其工资按管护面积计算,单位标准每亩不低于 2 元;管护组织劳务性费用单位标准每亩不高于 1.5 元。2002 年补偿意见进一步细化了管护人员费用和五项费用。

2007 年闽财农〔2007〕119 号规定公共管护支出每亩 0.25 元,其余 4.75 元为补偿性支出,对于补偿性支出中的管护费支出,国有的生态公益林不高于补偿性支出 70%,集体和个人的生态公益林不高于 35%。

2010 年闽财农〔2010〕33 号规定公共管护支出每亩 0.25 元,其余 11.75 元为补偿性支出,对于补偿性支出中的管护费支出,国有的生态公益林不高于补偿性支出 70%,集体和个人的生态公益林不高于 30%。2015 年闽财农〔2015〕14 号文件规定的比例与 2010 年相同。

4.4.2.5　关于补偿标准

2001 年闽财农〔2001〕119 号文件规定部分国家级生态公益林按照中央规定的补偿标准,其他国家级生态公益林和省级生态公益林,福建省森林生态效益财政补助资金管理办法实施细则(暂行)未明确规定具体补偿标准;2002 年补充意见中规定了生态公益林专职护林员工资单位标准为每亩不低于 2 元。

2007 年闽政文〔2007〕129 号规定从各个地市级财政中筹集的江河下游地区对上游地区森林生态效益补偿标准为每年每亩 2 元。

2007 年〔2007〕119 号文件中指出重点生态公益林平均补偿标准为每年每亩 7 元,其中中央和省级财政补偿 5 元,江河下游地区对上游地区补偿 2 元。

2010 年补偿标准进一步提高,规定国家级和省级生态公益林补偿标准均为每年每亩 12 元,其中中央和省级财政补偿 10 元,江河下游地区对上游地区补偿 2 元。

2015 年闽财农〔2015〕14 号规定国家级和省级生态公益林补偿标准均为每年每亩 17 元。加上江河下游地区对上游地区补偿为每亩 2 元,合计 19 元/(年·亩)。

4.4.2.6　关于补偿性支出执行标准

(1)山权、林权同属于国有的,补偿性支出全部用于国有单位重点生态公益林的管护支出(2007、2010、2015 年文件规定)。

(2)山权属村集体、林权属国有的,国有单位应将不低于 30% 的补偿性支出支付给山权所有者,作为林地所有者的补偿费,其余不高于 70%用于国有单位的重点生态公益林管护支出(2007、2010 年文件规定);山权属集体、林权属国有的,30%用于林地所有者经济补偿,70%用于国有单位管护支出(2015 年文件规定)。

(3)山权、林权都属于村集体的,国有单位应将不低于 70%的补偿性支出支付给山权、林权所有者,作为林地、林木所有者的补偿费,其余不高于 30%部分用于国有单位的重点生态公益林管护支出(2007、2010 年文件规定);山权、林权均属集体的,70%用于所有者经济补偿,30%用于国有单位管护支出(2015 年文件规定)。

(4)村集体取得的林地、林木补偿费,要按照责任共担、利益共享的原则由全体村民共享(2007、2010 年文件规定)。

(5)2007 年文件规定:所有者补偿费占全部补偿性支出比例一般不低于 50%,具体比例由村民会议或村民代表会议审定,并按照责任共担、利益共享的原则由全体村民共享;而 2010 年文件中,将这一比例提高为一般不低于 65%。

(6)村级集体组织监管费占全部补偿性支出比例一般不高于 15%(2007、2010 年文件规定)。

(7)2007 年文件规定:直接管护费占全部补偿性支出比例一般不高于 35%,具体标准应视当地生态公益林管护难易程度和农民平均收入而定,并在当年《重点生态公益林管护合同》中给予明确;而 2010 年文件中,将这一比例改为一般不高于 20%。

(8)村集体重点生态公益林面积较小(500 亩以下)、重点生态公益林分布情况复杂或管护难度较大的,所有者补偿费、村级集体组织监管费和直接管护费之间的具体比例由村民会议或村民代表会议审定(2007、2010 年文件规定)。

4.4.2.7 关于公共管理支出

2007 年文件中指出:用于重点生态公益林管护情况检查验收、跨区域的森林火灾预防、重大林业有害生物的防治、资源监测以及林区道路维护等开支,由省级财政部门和林业主管部门按照项目管理统筹安排。2010 年文件改为:用于省级以上重点生态公益林监测、管护情况检查验收、森林火灾预防、重大林业有害生物防治与监测等开支,由省级财政部门和林业主管部门按照项目管理统筹安排。2015 年文件规定:主要用于地方各级林业主管部门开展国家级生态公益林监督检查和评价监测等方面的支出。

4.4.2.8 关于资金拨付与管理

(1)2001 年和 2007 年的文件都规定在 2 月底前,将中央和省级重点生态公益林资金申请报告、上年度工作总结以及上年度批准的征占用重点生态公益林林地情况等报送给省林业厅和财政厅,这一时间在2010年改为3月底前。审核通过后,2001年是省财政厅和林业厅根据中央财政和省财政安排的补助资金和批准实施的试点方案,联合下达补助资金,并说明按照预算级次下达,即省属单位,由省财政部门将资金直接拨付到省林业主管部门,再由省林业主管部门转拨到用款单位;对设区市属单位,由设区市财政部门将资金直接拨付到设区市林业主管部门,再由设区市林业主管部门转拨到用款单位;对县级及县级以下单位、集体和林农个人,由县级财政部门根据县级林业主管部门汇总后的凭证进行审核,确认无误后将资金拨到县级林业主管部门,县级林业主管部门要及时将资金通过乡(镇)林业站或直接拨到用款单位、集体或林农个人;2007年和2010年是按照财政国库管理制度有关规定拨付下达。

(2)2007年时,各市、县(区)林业主管部门以及国有林场、自然保护区、乡(镇)、村集体等管护责任单位相应设立"中央补偿基金""省级补偿基金"和"下游地区对上游地区森林生态补偿基金"明细会计科目。2010年将设立名称和内容修改为"国家级生态公益林补偿基金"和"省级生态公益林补偿基金"明细会计科目。

(3)2007年文件规定:补偿性支出中的所有者补偿费和直接管护费,有条件的地方应在金融部门建卡,将所有者补偿费和直接管护费直接发放到个人手中,确保兑现。2010年文件里把金融部门改为银行。

(4)2015年文件指出按照中央文件执行。

4.4.2.9 关于检查与监督

(1)2007年文件中提出国家林业局和省林业厅对重点生态公益林征占用林地情况进行检查,而2010年文件将这一表述改为进行适时抽查。

(2)2007年文件规定:省林业厅在各县(市、区)核查的基础上,会同省财政厅采用随机抽样和典型抽样方法进行抽查,而2010年规定在各县(市、区)核查的基础上进行抽查,没有指出方法。

(3)2007年文件规定:各级财政部门和林业主管部门应加强对补偿基金的监督管理,对违反本规定,截留、挤占补偿基金的,按照《财政违法行为处罚处分条例》(国务院令第427号)及其他法律法规追究有关单位及其责任人的法律责任;对挪用或骗取补偿基金的,一经发现,立即查处,并视查证情况,追究责任单位主要领导和直接责任人员的行政责任,构成犯罪的移交司法部门追究法律责任。2010年文件改为:对违反本规定,截留、挪用或造成资金损失的单位和个人,按照《财政违法行为处罚处分条例》(国务院令第427号)有关规定处理、处罚和处分,省财政厅会同省林业厅按照有关规定和程序,对相关违法违规情况进行通报。

(4)2015年文件指出按照中央文件执行。

4.4.3　福建省生态公益林生态补偿资金来源和数量

2001~2005年,福建省生态公益林保护从中央财政每年获得补偿金6500万元;2006~2008年每年获得补偿金10340万元;2009年获得11057万元;2010年、2011年每年获得21728万元;2012年获得21868万元;2013~2015年每年获得32592万元;2016年获得32760万元。

2001~2005年,福建省生态公益林保护从省级财政每年获得补偿金分别为5720万元、3000万元、3400万元、5015万元、6515万元;2006~2010年每年获得补偿金分别为11015万元、20721万元、20695万元、20739万元、30124万元;2011~2015年每年获得补偿金分别为30421万元、30423万元、40707万元、43336万元、56784万元;2016年获得补偿金61689万元(表4-4)。近3年增长速度较快。

表4-4　历年福建省级以上生态公益林补偿情况统计表

年　度	补偿标准〔元/(亩·年)〕		面积 (万亩)	补偿资金(万元)		
	中　央	省　级		合　计	中　央	省　级
2001	5.00	1.35	4294.40	12220	6500	5720
2002	5.00	1.35	4094.4	9500	6500	3000
2003	5.00	1.35	3800.5	9900	6500	3400
2004	5.00	2.00	3770.7	11515	6500	5015
2005	5.00	一级4.5;二级2.6;三级2	3785.8	12965	6450	6515
2006	5.00	一级、二级4.5;三级3	4294.27	21355	10340	11015
2007			4294.27	31061	10340	20721
2008		省级以上生态公益林统一为7	4226.26	31035	10340	20695
2009			4226.27	31796	11057	20739
2010			4226.35	51852	21728	30124
2011		省级以上生态公益林统一为12	4289.75	52149	21728	30421
2012			4289.75	52291	21868	30423
2013		省级以上生态公益林统一为17	4289.75	73299	32592	40707
2014			4289.75	75928	32592	43336
2015		省级以上生态公益林统一为19	4291.92	89376	32592	56784
2016		省级以上生态公益林统一为22	4293.05	94449	32760	61689

注:2013年开始自然保护区生态公益林补偿标准比上表高3元。

2007年开始福建省每年从各个设区市财政筹集生态公益林补偿资金,补偿标准的制定以 2005 年城市工业和生活用水量为依据,针对各区市生态公益林面积的大小、对流域贡献的多少、地方经济发展水平的不同,分为:①福州、厦门、泉州三个经济比较发达地区,处在江河下游地区,也是生态公益林受益地区,按 0.1 元/吨(用水量)测算;②南平、三明、龙岩三个流域上游生态公益林地区,按 0.05 元/吨测算;③漳州、莆田、宁德三个区域,处于上述两者之间,按 0.06 元/吨测算。各设区市承担补偿资金额度为:福州市 2700 万元,厦门市 2100 万元,泉州市 2000 万元,南平市 220 万元,三明市 420 万元、龙岩市 160 万元,漳州市 300 万元,莆田市 460 万元、宁德市 230 万元,全省合计 8590 万元。各区市政府筹措的补偿资金统一上缴省财政专户,进而对全省 4294 万亩生态公益林进行补偿,平均每亩生态公益林可提高补偿标准 2 元 ,即 2007 年补偿标准从 5 元/亩提高到 7 元/亩。

4.4.4 福建省部分市、县生态公益林生态补偿状况

南平地区:2015 年武夷山、光泽县级财政对县级生态公益林按省级以上补助标准每年每亩补偿 19 元。2005 年开始,武夷山风景区管委会对景区内的生态公益林每年每亩支付 26 元给村委会或者林农,2005 年以后,每年按照景区门票收入增长的比例,增加支付款。

三明地区:2015 年沙县县级财政对省级以上生态公益林每年每亩再补 2 元。2005 年沙县出台《沙县县级森林生态效益补偿资金筹集和使用管理暂行办法》,规定资金筹集途径如下:一是从县级财政统筹安排资金 20 万元;二是从木材生产两费计征价上浮部分(5%)划出补偿资金 40 万元;三是从县官昌水库管理处、县自来水公司等受益单位筹集水源涵养资金 20 万元。全县每年可筹集资金 80 万元用于生态公益林补偿,具体补偿标准为:一级保护的生态公益林每亩每年补偿 2.5 元;二级保护的生态公益林每亩每年补偿 1.5 元;三级保护的生态公益林每亩每年补偿 1 元。永安市以市委、市政府文件下发《永安市创新生态公益林补偿机制试点工作方案》,规定森林生态效益补偿资金的征收标准为:水费附加费按照每吨 0.01 元征收;林木采伐按照每立方米 10 元征收;旅游风景区按门票收入的 8%征收;水电附加费每千瓦时按 0.005 元征收。补偿标准采取"一定三年"的办法执行。

龙岩地区:2015 年武平县级财政对县级生态公益林按省级以上补助标准每年每亩补偿 19 元。

厦门地区:福建省厦门市在中央和省级补偿资金的基础上,从 2002 年起,市财政每年按 6 元/亩安排专门资金用于生态公益林补偿支出,2008 年起,市财政补偿标准提高到 12 元/亩,从而使厦门市生态公益林补偿标准达到 19 元/亩。2011 年补偿标准提高到 24 元/(亩·年),2012 年补偿标准又提高到 36 元/(亩·年)。

2014 年起市级财政补偿标准提高到 43 元/(亩·年),加上中央和省级补偿 17 元/(亩·年),2014 年厦门市生态公益林补偿标准达到 60 元/(亩·年),2016 年达到 65 元/(亩·年)。

泉州地区:市级财政每年拨出 1000 万元,对省级以上生态公益林每年每亩再补偿 2 元,对市、县级生态公益林每年每亩补偿 4 元。晋江市在省、市补助的基础上对省级以上生态公益林每年每亩再补偿 5 元。德化县对县级生态公益林由水电部门在市级财政补助的基础上补齐到省级以上生态公益林补助标准。

莆田地区:2016 年起市级财政对省级以上生态公益林每年每亩再补偿 2 元;市级生态公益林按省级以上生态公益林标准进行补助。

福州地区:市级财政对省级以上生态公益林每年每亩再补偿 4 元。2004 年福建省永泰县委、县人民政府提出建立县级森林生态效益补偿资金制度,资金来源除各级财政资金外,还从利用水资源发电收入中提取 1% 资金,从以森林景观为主要旅游资源的景区(点)门票收入中提取 3% 资金,吸纳社会各界捐赠的资金,作为森林生态效益补偿基金。上一年度没有缴交的,下一年度景区内的生态公益林护林员劳务费(工资)由景区业主支付。

4.4.5　福建省部分市、县生态公益林补偿资金分配、发放情况

尤溪县扣除下游地区补偿上游地区的 2 元和公共管护费后的补偿性支出按照比例发放,村民不低于 65%,护林员工资不超过 20%,村监管费不超过于 15%,除非:①生态公益林 1000 亩以下村,补偿资金全部不发放给林农,作为护林、管护费;②村民代表大会三分之二票数通过的其他方案,如用于公益事业、统一缴纳农村合作医疗保险、农村社会养老保险。

建瓯市补偿性支出村民不低于 50%,护林员工资不超过 25%,村监管费不超过 10%,林木所有者不超过 15%,除非:①生态公益林 1500 亩以下村,补偿资金全部不发放给林农,作为护林、管护费;②村民代表大会三分之二票数通过的其他方案,如用于公益事业、统一缴纳农村合作医疗保险、农村社会养老保险。

屏南县补偿性支出村民不低于 55%,护林员工资不超过 30%,村监管费不超过 15%,除非:村民代表大会三分之二票数通过的其他方案,如用于公益事业、统一缴纳农村合作医疗保险、农村社会养老保险。

东山县除了公共管护费、护林员工资 20%(留在县林业局统一支付护林员工资)外,其余部分:2001 年前承包的生态公益林,补偿费给个人,除此之外全部留在村里,用于森林防火、森林保险、村公益事业。

云霄县补偿资金很少的村,没有领取。因为领取后,需要召开村民代表大会,讨论补偿资金分配方案,然而没有会议经费,无法召开会议,没有办法使用该资金。补偿资金较多的村,10 万元以下留在村里做公益事业,10 万元以上按照

福建省林业厅规定比例发放。

4.4.6 福建省生态公益林生态补偿标准的演变

从 2001 年开始中央财政对福建省国家重点防护林和特种用途林中的 1300 万亩进行补助,平均每年每亩补助 5 元。2001 年开始福建省财政对中央财政补助范围以外的省级以上生态公益林进行补助,2001~2004 年每年每亩补偿性支出分别为 1.35 元、1.35 元、1.35 元和 2 元;2005 年实行分级补助,一级保护、二级保护和三级保护的生态公益林每年每亩补偿性支出分别为 4.5 元、2.6 元和 2元;2006 年一级和二级保护的生态公益林每年每亩补偿性支出为 4.5 元,三级为 3 元。《福建省人民政府关于实施江河下游地区对上游地区森林生态效益补偿的通知》(闽政文〔2007〕129 号)规定:省财政厅、省林业厅应将各设区市政府筹集的补偿资金 8590 万元并入中央和省级森林生态效益补偿基金统一管理,按照每年每亩 2 元标准支付给全省生态公益林的所有者。于是,2007 年开始福建省生态公益林生态效益补偿标准从 5 元提高到 7 元。2010 年,福建省国家级、省级生态公益林每亩补偿标准从 7 元提高到 12 元;2013 年,福建省进一步加大生态公益林补偿力度,国家级、省级生态公益林每亩补偿标准提高 5 元,达到每年每亩 17 元,2015 年达到 19 元/(年·亩)。根据《中共福建省委 福建省人民政府关于推进精准扶贫打赢脱贫攻坚战的实施意见》(闽委发〔2015〕25 号)精神,2016 年起,省级以上生态公益林补偿标准每亩比上年提高 3 元,达到每亩 22 元。

4.4.7 福建省生态公益林补偿标准特点

第一,补偿标准逐步增加。福建省国家重点生态公益林每年每亩补偿性支出从 2001 年 3.5 元提高到 2007 年 6.75 元;省级生态公益林每年每亩补偿性支出从 2001 年 1.35 元提高到 2007 年 6.75 元。2010~2012 年,省级生态公益林和国家级生态公益林实行相同的补偿标准,每年每亩 12 元,2013 年增加到每年每亩 17 元,2015 年增加到 19 元,2016 年增加到 22 元。

第二,林权所有者获得的补偿标准因权属变化。根据生态公益林不同权属,补偿性支出执行以下不同标准:①国有的生态公益林。如果山权和林权都是国有,那么全部补偿资金用于管护生态公益林,由国有林管理单位负责;如果山权属于集体而林权归国有,那么超过 30%的补偿资金分配给集体,用来补偿林地所有者,其余归国有林管理单位。②集体所有的生态公益林。如果生态公益林的山权和林权都归集体所有,补偿资金交付集体,补偿款、监管费和直接管护费之间的具体比例通过村民或村民代表表决确定。③个人所有的生态公益林。林权属于个人时,补偿款全部支付给个人。如果林权所有者认同的话,可以通过村委会安排护林员对个人所有生态公益林进行管护。这种情况下,把高于65%的补偿性支出支付给林权所有者,护林员的管护费低于20%,村委会的监管费低于15%。

第三,福建省不同地区生态公益林补偿标准存在差异。2016年对于国家级和省级生态公益林,中央和省政府统筹发放的生态补偿标准为每年22元/亩,有些市或者县政府会对本地的生态公益林进一步追加补偿;对于市级和县级生态公益林,中央和省政府没有给予补偿,少数市、县政府对本辖区内的市、县级生态公益林进行补偿。其中,2016年厦门市补偿标准达到每年65元/亩;泉州市省级补偿标准已达到每年24元/亩;晋江市在泉州市增加补偿的基础上,再对省级以上生态公益林每亩增加补偿5元,达到每年29元/亩。

综上所述,福建省生态公益林生态补偿不断完善,但是仍然存在不足之处:第一,现行的补偿标准虽逐步提高,但只是小幅度提升,补偿标准依然偏低;第二,生态公益林管护经费低;第三,单一的补偿标准无法满足地区间的不同需求。

4.4.8　福建省各市、县生态公益林补偿面积、补偿资金及其变化

福建省2003年全面实施集体林权制度改革,本研究团队对林农在集体林权制度改革前后变化情况做过大样本的问卷调查,本研究所需的部分数据从中采集,所以本研究将2002年确定为研究的基期。从表4-5至表4-10可以看出2002年以来福建省各市、县生态公益林补偿面积、补偿资金及其变化情况。

4.4.8.1　2002年基期生态公益林补偿面积、补偿资金情况

由表4-5可见,2002年福建省国家级和省级重点生态公益林面积为4294.4万亩,其中国家级2842万亩,占66.18%,列入中央财政补助面积1300万亩,占30.27%。南平市、三明市和龙岩市是林区、山区,重点生态公益林面积较多,分别占19.49%、17.00%和15.29%,合计占51.78%,超过一半,重点生态公益林保护和补偿压力较大。厦门市重点生态公益林面积最少,只有47.1万亩,仅占1.10%。

表4-5　2002年福建省各市、县(区)省级及以上生态公益林面积 (万亩)

项　　目	省级及以上重点生态公益林面积	国家级重点生态公益林面积	列入中央财政补助面积
福建省合计	4294.4	2842.0	1300.0
南平市	837.1	633.9	415.1
延平区	62.6	50.9	29.8

（续）

项　目	省级及以上重点生态公益林面积	国家级重点生态公益林面积	列入中央财政补助面积
邵武市	89.4	66.7	43.1
建阳市	107.5	76.1	53.6
顺昌县	48.7	36.5	22.0
建瓯市	104.7	48.5	31.2
浦城县	101.0	97.4	50.2
武夷山市	93.2	77.1	49.4
光泽县	57.0	48.9	35.1
松溪县	30.5	18.1	11.0
政和县	59.0	30.3	12.9
武夷山国家级自然保护区	83.5	83.5	76.9
三明市	730.2	569.6	388.7
三元区	22.6	18.9	9.8
梅列区	8.3	6.4	4.4
明溪县	56.5	45.7	33.6
永安市	86.8	68.5	43.9
清流县	63.5	49.8	38.8
宁化县	80.0	71.9	53.5
大田县	66.9	45.2	26.0
尤溪县	106.8	70.1	45.8
沙县	53.0	40.9	25.3
将乐县	53.3	31.2	23.0
泰宁县	50.5	41.5	24.5
建宁县	59.1	56.3	37.5
陇栖山国家级自然保护区	23.0	23.0	22.6
龙岩市	656.8	456.6	251.2
新罗区	91.1	31.7	
漳平市	104.5	29.2	
武平县	89.8	59.9	41.4
上杭县	78.7	69.1	45.7
永定县	68.5	46.4	33.8

（续）

项　目	省级及以上重点 生态公益林面积	国家级重点生态 公益林面积	列入中央财政 补助面积
连城县	76.3	72.4	36.5
长汀县	116.0	116.0	62.9
梅花山国家级自然保护区	31.9	31.9	31.0
漳州市	467.8	250.7	30.7
南靖县	66.7	24.8	4.2
平和县	86.8	56.2	26.5
长泰县	27.9	9.7	
漳浦县	90.0	56.9	
云霄县	53.4	26.5	
东山县	7.1	5.3	
龙海县	31.3	16.8	
芗城区	2.9	0.3	
华安县	51.1	14.9	
诏安县	48.6	38.5	
龙文区	2.0	0.7	
厦门市	47.1	5.0	
同安区	35.6	2.4	
集美区	6.9	2.6	
杏林区	3.1		
海沧区	1.5		
泉州市	416.3	160.3	40.0
鲤城区	0.9		
丰泽区	4.3	4.3	
洛江区	12.2	10.3	
肖厝区	12.9	9.4	
惠安县	23.1	5.9	
晋江市	5.9	1.6	
石狮市	2.6	0.4	
南安市	73.9	11.4	
安溪县	132.8	36.6	
永春县	50.0	19.3	

（续）

项　目	省级及以上重点 生态公益林面积	国家级重点生态 公益林面积	列入中央财政 补助面积
德化县	97.7	61.1	40.0
莆田市	130.4	43.9	
城厢区	2.1	1.3	
北岸管委会	8.1	2.5	
湄州区	0.4	0.4	
莆田县	62.2	24.6	
仙游县	57.6	15.2	
涵江区			
福州市	488.0	348.6	133.3
马尾区	17.0	16.2	10.8
晋安区	36.7	22.8	9.7
鼓楼区	0.3	0.3	0.2
仓山区	0.4	0.4	
闽候县	89.7	85.8	38.9
闽清县	52.8	46.5	30.1
永泰县	106.5	64.4	38.9
连江县	49.0	37.0	
罗源县	49.2	20.0	
长乐市	19.3	15.3	4.7
福清市	52.4	31.9	
平潭县	14.8	8.2	
宁德市	518.8	373.5	41.0
屏南县	54.9	38.4	18.5
古田县	77.6	65.8	22.5
柘荣县	21.6	15.9	
周宁县	42.6	20.7	
寿宁县	54.4	31.2	
福安市	71.4	61.4	
霞浦县	64.0	58.2	
福鼎市	66.4	38.9	
蕉城区	67.5	42.9	

注：各市、县面积含国有林场。

　　由表4-6可见,2002年福建省省级及以上生态公益林补助资金合计9500万元,其中中央财政6500万元,省财政3000万元。2002年中央对国家级重点生态公益林1300万亩给予补助,每亩5元;省级生态公益林补助标准每亩不足2元。补助资金大部分为直接管护费,合计7070万元,占74.42%;其次,公共管护费(即五项费用)2200万元,占23.16%,并且对五项费用(包括森林防火经费、森林公安经费、病虫害防治经费、资源监测经费、林区道路维护经费)支出分别进行了详细规定。中央财政补助6500万元,其中1950万元作为五项费用,4550万元作为管护人员经费。获得补助资金最多的是三明市,达到2223.6万元,占23.41%,虽然南平市重点生态公益林总面积、国家级重点生态公益林面积都比三明市多,但是因为当年列入中央财政补助的1300万亩,补助标准较高,而这1300万亩中,三明市达到378.5万亩,高于南平市331.9万亩。

　　可见,2002年财政资金是用于管护,不是对生态公益林所有者或经营者的经济损失进行补偿。所以,当时称为补助资金,而不是称为补偿资金。

4.4.8.2　2013年报告期生态公益林补偿面积、补偿资金情况

　　本研究是2012年立项的国家自然基金,所以将2013年作为研究报告期。由表4-7可见,2013年与2002年相比,生态公益林面积从4294.4万亩减少到4289.75万亩,减少4.65万亩,主要原因是铁路、高速公路等基础设施建设征占用林地。其中国家级生态公益林面积减少613.32万亩,从2842万亩减少到2228.68万亩,省级生态公益林增加608.67万亩。2002~2013年,补偿(补助)资金总额从9500万元增加到73299万元,增长了约7倍。

　　与2002年相比,2013年补偿资金使用不同点在于:①2002年称为五项费用,并且对五项费用支出进行详细规定;2013年称为公共管护费,没有详细规定具体细项支出金额,但是对省、地市、县公共管护资金分别进行单列。②2002年没有单列林业站监管费,2013年单列林业站监管费。③2002年除了五项费用,其余资金用于管护费,没有对经济损失进行补偿;2013年除了公共管护和林业站监管费,其余资金作为补偿性支出,包括直接管护费、村监管费和损失补偿费。

　　此外,2013年补偿资金还在2012年提前预拨一部分;国有林场生态公益林补偿资金单列,没有列入所在地县、市,直接拨到国有林场;2013年开始自然保护区生态公益林补偿标准为20元/(年·亩),比非自然保护区17元/(年·亩)高3元。

4.4.8.3　2016年福建省各市县省级及以上生态公益林面积和生态效益补偿资金分配

　　由表4-8可见,与2013年相比,2016年补偿标准进一步提高,从17元/亩提高到22元/亩(其中2015年比2013年增加2元,2016年比2015年增加3元),增加的资金来源于省级财政,省级财政补偿资金从2013年40706.89万元

表4-6　2002年福建省森林生态效益补助资金安排汇总表(中央、省财政)

单位	补助资金合计(万元)	管护费合计(万元) 合计	中央级	省级	"五项费用"合计(万元) 合计	其中 中央	省级	森林防火经费	森林公安经费	其中 病虫害防治经费	资源监测经费	林区道路维护经费	武夷山市薪炭林专项补助(万元)	检查验收经费(万元)	中央补助试点面积(万亩)
总　计	9500.0	7070.0	4550.0	2520.0	2200	1950	250	550	250	300	475	375	200	30	1300
各地市合计	6408.6	4198.6	4198.6		2010	1760	250	484	197	275	461	343	200		1199.6
南平市	2207.9	1506.9	1161.7	345.2	501	477	24	114	55	75	116	117	200		331.9
三明市	2223.6	1603.6	1324.6	279.0	620	546	74	148	55	85	120	138			378.5
龙岩市	1573.6	1207.9	873.6	334.3	366	344	22	76	45	55	80	88			249.6
漳州市	531.1	428.1	106.8	321.3	103	77	26	27	5	10	35				30.5
厦门市	44.9	29.9		29.9	15		15								
泉州市	541.6	448.6	140.0	308.6	93	63	30	21	7	10	25				40
莆田市	125.9	108.9		108.9	17		17								
福州市	904.6	718.6	452.2	266.4	186	161	25	63	23	30	45				129.2
宁德市	626.2	517.2	139.7	377.5	109	92	17	35	7	10	40				39.9
省直单位合计	720.3	500.3	351.4	148.9	190	190		66	53	25	14	32		30	100.4
其中:保护区	333.4	273.4	269.1	4.3	60	60		10	22	10	8	10			76.9
林场	295.9	226.9	82.3	144.6	69	69		26		15	6	22			23.5
其他	91.0				61	61		30	31					30	

表 4-7 2013 年福建省省级及以上生态公益林补偿资金分配表

单位：万亩，万元

单 位	面积合计	省级生态公益林面积	国家级生态公益林面积			省级生态公益林补偿资金			国家级生态公益林补偿资金			2013年下达省级财政合计	2013年下达中央财政合计
			合 计	集体林	国有林	补偿性支出 省级财政	公共管护 省级财政	林业站监管费 省级财政	补偿性支出 省级财政	补偿性支出 中央财政	公共管护 中央财政		
总 计	4289.7522	2061.0701	2228.6821	2144.8521	83.83	34522.93	515.27	373.04	5295.65	32034.80	557.2	40706.89	32592
2012 年预拨地区						9044.93				10001.77		9044.93	10001.77
2012 年预拨厅直						745.14				584.22		745.14	584.22
厅直合计	279.862	156.8706	122.9914	83.4673	39.5241	1882.44	288.27		641.22	834.66	55.2	2811.93	889.86
国有林场	196.3947	156.8706	39.5241		39.5241	1882.44	105		474.29	0.01		2461.73	0.01
武夷山保护区	83.4673		83.4673	83.4673			94.8		166.93	834.65	55.2	261.73	889.85
福州植物园							70					70	
林科院							8					8	
资源站							10.47					10.47	
设区市合计	4009.8902	1904.1995	2105.6907	2061.3848	44.3059	22850.42	227.00	373.04	4654.43	20614.15	502.00	28104.89	21116.15
福州市	450.8192	211.8713	238.9479	238.9479		2542.46	33.00	48.17	477.91	2389.52	58.00	3101.54	2447.52
市本级						7.00	7.00					7	
鼓楼区	0.3018	0.0870	0.2148	0.2148		1.05		0.10	0.43	2.15		1.58	2.15
仓山区	0.4179	0.4179				5.01	6.00	0.10				11.11	
晋安区	32.2851	19.0423	13.2428	13.2428		228.51		3.73	26.49	132.43		258.73	132.43
马尾区	16.0458	3.2596	12.7862	12.7862		39.12		1.63	25.57	127.87	6.00	66.32	133.87

（续）

单 位	面积合计	省级生态公益林面积	国家级生态公益林面积			省级生态公益林补偿资金			国家级生态公益林补偿资金			2013年下达省级财政合计	2013年下达中央财政合计
			合　计	集林林	国有林	补偿性支出	公共管护 省级财政	林业站监管费	补偿性支出 省级财政	中央财政	公共管护 中央财政		
琅岐区	1.5914	0.3709	1.2205	1.2205		4.45		0.17	2.44	12.20		7.06	12.2
闽侯县	80.8881	34.3140	46.5741	46.5741		411.77		8.62	93.15	465.75	21.00	513.54	486.75
福清市	49.7737	0.9739	48.7998	48.7998		11.68		4.99	97.60	488.01	21.00	114.27	488.01
闽清县	47.6628	4.3902	43.2726	43.2726		52.69		5.17	86.55	432.73	21.00	144.41	453.73
长乐市	18.0899	11.7305	6.3594	6.3594		140.77		1.92	12.72	63.59		155.41	63.59
永泰县	111.473	77.0194	34.4536	34.4536		924.23	5.00	12.05	68.91	344.54	10.00	1010.19	354.54
连江县	46.6595	23.3632	23.2963	23.2963		280.35		4.65	46.59	232.97		331.59	232.97
罗源县	45.6302	36.9024	8.7278	8.7278		442.83	15.00	5.04	17.46	87.28		480.33	87.28
宁德市	481.7913	279.5991	202.1922	202.1922		3355.21	59.00	48.99	404.39	2021.94	28.00	3867.59	2049.94
市本级							7.00					7	
福鼎市	61.4401	38.6799	22.7602	22.7602		464.16	5.00	6.12	45.52	227.60	6.00	520.8	233.6
福安市	68.1148	40.9543	27.1605	27.1605		491.45	5.00	6.82	54.32	271.61	16.00	557.59	287.61
霞浦县	55.5384	0.4072	55.1312	55.1312		4.89		6.09	110.26	551.32	6.00	121.24	557.32
古田县	74.0347	39.6660	34.3687	34.3687		476.00		7.37	68.74	343.69		552.11	343.69
屏南县	49.3627	31.6198	17.7429	17.7429		379.44		4.84	35.49	177.43		419.77	177.43
寿宁县	53.3974	53.3974				640.77	21.00	5.25				667.02	

（续）

| 单位 | 面积合计 | 省级生态公益林面积 | 国家级生态公益林面积 | | | 省级生态公益林补偿资金 | | | 国家级生态公益林补偿资金 | | | 2013年下达省级财政合计 | 2013年下达中央财政合计 |
			合计	集体林	国有林	补偿性支出	公共管护（省级财政）	林业站监管费	补偿性支出省级财政	补偿性支出中央财政	公共管护中央财政		
周宁县	36.3546	36.3546				436.26	5.00	3.63				444.89	
柘荣县	21.7844	21.7844				261.41	16.00	2.18				279.59	
蕉城区	61.7642	16.7355	45.0287	45.0287		200.83		6.69	90.06	450.29		297.58	450.29
莆田市	122.7448	61.7778	60.9670	60.9304	0.0366	741.34	20.00	12.55	122.30	609.34	15.00	896.19	624.34
市本级							5.00				15.00	5	
仙游县	53.9579	45.1609	8.7970	8.7970		541.94		5.39	17.59	87.98		564.92	87.98
荔城区	3.548	0.0614	3.4866	3.4866		0.74		0.40	6.97	34.87		8.11	34.87
城厢区	22.7783	16.1249	6.6534	6.6534		193.50	15.00	2.33	13.31	66.54		224.14	66.54
涵江区	29.37	0.0108	29.3592	29.3592		0.13		2.98	58.72	293.60	15.00	61.83	308.6
秀屿区	12.7415	0.4160	12.3255	12.2889	0.0366	4.99		1.45	25.02	122.90		31.46	122.9
湄洲岛	0.3491	0.0038	0.3453	0.3453		0.04			0.69	3.45		0.73	3.45
泉州市	372.0731	335.8867	36.1864	36.1769	0.0095	4030.64	34.00	39.39	72.47	361.79	72.00	4176.5	433.79
市本级							7.00					7	
泉港区	12.2767	10.6241	1.6526	1.6526		127.49		1.26	3.31	16.53	6.00	132.06	22.53
鲤城区	1.1493	1.1493				13.79	6.00	0.10				19.89	
丰泽区	3.7162	3.7162				44.60		0.46				45.06	

（续）

单位	面积合计	省级生态公益林面积	国家级生态公益林面积			省级生态公益林补偿资金			国家级生态公益林补偿资金			2013年下达省级财政合计	2013年下达中央财政合计
			合计	集体林	国有林	补偿性支出 省级财政	公共管护 省级财政	林业站监管费	补偿性支出 省级财政	补偿性支出 中央财政	公共管护 中央财政		
洛江区	6.5847	6.5847				79.01	6.00	0.67				85.68	
惠安县	15.6286	10.8930	4.7356	4.7356		130.72		1.73	9.47	47.36	6.00	141.92	53.36
晋江市	3.1532	2.7768	0.3764	0.3669	0.0095	33.32		0.44	0.85	3.67	6.00	34.61	9.67
石狮市	1.7972	1.3470	0.4502	0.4502		16.16		0.32	0.90	4.50	6.00	17.38	10.5
南安市	55.7038	50.3934	5.3104	5.3104		604.72		5.60	10.62	53.11	21.00	620.94	74.11
安溪县	119.5643	119.5643				1434.77		13.20				1447.97	
永春县	44.8242	44.8192	0.0050	0.0050		537.83	10.00	4.39	0.01	0.05	15.00	552.23	15.05
德化县	103.1381	79.5557	23.5824	23.5824		954.67	5.00	10.72	47.16	235.83	6.00	1017.55	241.83
台商投资区	4.5368	4.4630	0.0738	0.0738		53.56		0.50	0.15	0.74	6.00	54.21	6.74
漳州市	415.8941	268.7492	147.1449	146.9469	0.1980	3224.97	40.00	41.78	296.27	1469.49	44.00	3603.02	1513.49
市本级							7.00					7	
龙海市	28.3356	25.6604	2.6752	2.4772	0.1980	307.92		2.78	7.33	24.77	8.00	318.03	32.77
长泰县	24.1918	24.1918				290.30		2.45				292.75	
东山县	6.5261	2.7297	3.7964	3.7964		32.75		0.70	7.59	37.97		41.04	37.97
南靖县	60.7139	56.1661	4.5478	4.5478		673.99	5.00	5.01	9.10	45.48	31.00	693.1	76.48
平和县	81.8717	55.4851	26.3866	26.3866		665.83		8.02	52.77	263.87		726.62	263.87

（续）

单位	面积合计	省级生态公益林面积	国家级生态公益林面积 合计	国家级 集体林	国家级 国有林	省级补偿资金 补偿性支出	省级补偿资金 公共管护（省级财政）	省级补偿资金 林业站监管费（省级财政）	国家级补偿资金 补偿性支出（省级财政）	国家级补偿资金 补偿性支出（中央财政）	国家级补偿资金 公共管护（中央财政）	2013年下达省级财政合计	2013年下达中央财政合计
华安县	39.7475	39.7475				476.97	6.00	4.07				487.04	
云霄县	46.3749	17.6516	28.7233	28.7233		211.81		4.89	57.45	287.24		274.15	287.24
漳浦县	79.9251	38.0758	41.8493	41.8493		456.91	10.00	8.55	83.70	418.50	5.00	559.16	423.5
诏安县	45.336	6.1697	39.1663	39.1663		74.03		5.00	78.33	391.66		157.36	391.66
芗城区	0.9754	0.9754				11.71	6.00	0.10				17.81	
龙文区	1.8961	1.8961				22.75	6.00	0.21				28.96	
龙岩市	687.9623	401.6644	286.2979	283.8657	2.4322	4819.96	12.00	54.27	596.92	2838.69	57.00	5483.15	2895.69
市本级	134.5033	134.5033				1614.04						1614.04	
新罗区	115.1229	52.0605	63.0624	63.0624		624.72		9.44	126.12	630.63	15.00	760.28	645.63
长汀县	66.2805	13.8799	52.4006	50.4277	1.9729	166.56		9.98	124.53	504.28	8.00	301.07	512.28
永定县	78.8537	21.6937	57.1600	57.1600		260.32		5.84	114.32	571.61	7.00	380.48	578.61
上杭县	87.6712	42.3425	45.3287	45.3287		508.11		8.09	90.66	453.29	12.00	606.86	465.29
武平县	99.0084	99.0084				1188.10		5.94				1194.04	
漳平市	74.7178	38.1761	36.5417	36.0824	0.4593	458.11		8.47	77.68	360.83	15.00	544.26	375.83
连城县	31.8045		31.8045	31.8045				6.51	63.61	318.05		70.12	318.05
梅花山							12.00					12	
三明市	708.1831	90.3249	617.8582	588.0388	29.8194	1083.90	12.00	61.27	1533.89	5880.45	98.00	2691.06	5978.45

（续）

单位	面积合计	省级生态公益林面积	国家级生态公益林面积			省级生态公益林补偿资金			国家级生态公益林补偿资金			2013年下达省级财政合计	2013年下达中央财政合计
			合计	集体林	国有林	补偿性支出	公共管护	林业站监管费	补偿性支出		公共管护		
						省级财政	省级财政		省级财政	中央财政	中央财政		
市本级							7.00					7	7
永安市	79.0506	7.2961	71.7545	64.3639	7.3906	87.55		5.62	217.42	643.64	10.00	310.59	653.64
宁化县	85.5053		85.5053	85.5053				7.16	171.01	855.06	15.00	178.17	870.06
大田县	64.9036	24.6199	40.2837	40.2837		295.44		6.33	80.57	402.84	25.00	382.34	427.84
清流县	58.4694	4.5534	53.9160	53.9160		54.64		6.50	107.83	539.17	21.00	168.97	560.17
明溪县	60.2247	11.7691	48.4556	43.6584	4.7972	141.23		5.16	144.88	436.59		291.27	436.59
尤溪县	100.19	20.6201	79.5699	74.3374	5.2325	247.44		9.75	211.46	743.38	6.00	468.65	749.38
沙县	43.0295	2.2563	40.7732	36.3414	4.4318	27.07		3.56	125.86	363.42		156.49	363.42
将乐县	74.84	12.8000	62.0400	62.0400		153.60	5.00	4.76	124.08	620.41	15.00	287.44	635.41
其中:龙栖山	23.0222		23.0222	23.0222					46.04	230.23		46.04	230.23
泰宁县	47.5634	0.4536	47.1098	44.6384	2.4714	5.45		4.47	118.93	446.39		128.85	446.39
建宁县	66.6528	0.0502	66.6026	62.5679	4.0347	0.60		5.69	173.55	625.68		179.84	625.68
三元区	19.5425	5.7862	13.7563	12.2951	1.4612	69.44		1.50	42.12	122.95	6.00	113.06	128.95
梅列区	8.2113	0.1200	8.0913	8.0913		1.44		0.77	16.18	80.92		18.39	80.92
南平市	724.3714	213.9262	510.4452	498.6350	11.8102	2567.14	12.00	62.31	1138.98	4986.42	130.00	3780.43	5116.42
市本级							7.00					7	
延平区	58.4075	26.7891	31.6184	30.8058	0.8126	321.47	5.00	5.52	71.36	308.07		403.35	308.07

（续）

单位	面积合计	省级生态公益林面积	国家级生态公益林面积 合计	国家级生态公益林面积 集体林	国家级生态公益林面积 国有林	省级生态公益林补偿资金 补偿性支出（省级财政）	省级生态公益林补偿资金 公共管护（省级财政）	省级生态公益林补偿资金 林业站监管费	国家级生态公益林补偿资金 补偿性支出（省级财政）	国家级生态公益林补偿资金 补偿性支出（中央财政）	国家级生态公益林补偿资金 公共管护（中央财政）	2013年下达省级财政合计	2013年下达中央财政合计
邵武市	85.6396	5.1072	80.5324	80.5324		61.29		7.40	161.06	805.33	25.00	229.75	830.33
建阳市	101.8994	34.9697	66.9297	66.9297		419.63		9.15	133.86	669.30		562.64	669.3
顺昌县	45.187	16.4344	28.7526	28.5913	0.1613	197.22		3.65	59.12	285.92	27.00	259.99	312.92
建瓯市	94.7152	46.0386	48.6766	46.0437	2.6329	552.47		9.51	123.68	460.44	6.00	685.66	466.44
浦城县	98.7508	0.0362	98.7146	94.0822	4.6324	0.44		7.74	243.75	940.84	20.00	251.93	960.84
武夷山市	92.111	30.2908	61.8202	61.7194	0.1008	363.49		6.55	124.65	617.20	40.00	494.69	657.2
光泽县	71.0231	1.2079	69.8152	66.3450	3.4702	14.49		4.98	174.33	663.46		193.8	663.46
松溪县	24.5412	13.5629	10.9783	10.9783		162.76		2.07	21.96	109.78	6.00	186.79	115.78
政和县	52.0966	39.4894	12.6072	12.6072		473.88		5.74	25.21	126.08	6.00	504.83	132.08
厦门市	34.4182	32.8978	1.5204	1.5204		394.77	5.00	3.10	3.04	15.20		405.91	15.2
同安区	21.7546	20.7314	1.0232	1.0232		248.78	5.00	1.92	2.05	10.23		257.75	10.23
集美区	2.5369	2.0397	0.4972	0.4972		24.47		0.28	0.99	4.97		25.74	4.97
翔安区	8.2485	8.2485				98.98		0.73				99.71	
海沧区	1.8782	1.8782				22.54		0.17				22.71	
思明区													
湖里区													
平潭实验区	11.6327	7.5021	4.1306	4.1306		90.03		1.21	8.26	41.31		99.5	41.31

注：各省市、县面积不含该市、县国有林场。

表4-8 2016年福建省各市县省级及以上生态公益林生态效益补偿资金分配表

单位	补偿资金总计 总计（万元）	补偿资金总计 中央财政（万元）	补偿资金总计 省级财政（万元）	管护补助支出合计 合计（万元）	管护补助支出合计 中央财政（万元）	管护补助支出合计 省级财政（万元）	管护补助支出（18.75+3）（元/亩）国家级生态公益林 18.75（元/亩）中央财政（万元）	国家级生态公益林 18.75（元/亩）省级财政（万元）	省级生态公益林 18.75（元/亩）中央财政（万元）	省级生态公益林 18.75（元/亩）省级财政（万元）	增加 3（元/亩）省级财政（万元）	公共管护支出 0.25（元/亩）小计（万元）	中央财政	省级财政
总　计	94449.00	32760.00	61689.00	93376.00	32203.00	61173.00	30841.00	10938.00	1362.00	37355.00	12880.00	1073.00	557.00	516.00
厅直合计	6367.00	2821.00	3546.00	6295.00	2790.00	3505.00	1428.00	913.50	1362.00	1722.50	869.00	72.00	31.00	41.00
国有林场	4522.46	1773.46	2749.00	4471.46	1763.46	2708.00	401.46	368.50	1362.00	1722.50	617.00	51.00	10.00	41.00
武夷山保护区	1844.54	1047.54	797.00	1823.54	1026.54	797.00	1026.54	545.00			252.00	21.00	21.00	
设区市合计	88082.00	29939.00	58143.00	87081.00	29413.00	57668.00	29413.00	10024.50		35632.50	12011.00	1001.00	526.00	475.00
福州市	9882.48	3457.57	6424.91	9770.48	3399.57	6370.91	3399.57	956.42		4066.85	1347.64	112.00	58.00	54.00
鼓楼区	7.13	2.80	4.33	7.13	2.80	4.33	2.80	0.82		2.53	0.98			
仓山区	9.63		9.63	9.63		9.63		8.30		8.30	1.33			
晋安区	699.76	185.91	513.85	699.76	185.91	513.85	185.91	61.00		356.34	96.51			
马尾区	382.83	207.69	175.14	382.83	207.69	175.14	207.69	56.45		65.89	52.80			
琅岐区														
闽侯县	1769.53	685.68	1083.85	1769.53	685.68	1083.85	685.68	198.48		641.30	244.07			
福清市	1086.90	687.56	399.34	1086.90	687.56	399.34	687.56	197.59		51.83	149.92			
闽清县	1037.15	564.21	472.94	1037.15	564.21	472.94	564.21	153.01		176.88	143.05			
长乐市	392.14	92.17	299.97	392.14	92.17	299.97	92.17	25.00		220.88	54.09			

（续）

单位	补偿资金总计			管护补助支出合计			管护补助支出(18.75+3)（元/亩）					公共管护支出 0.25（元/亩）		
							国家级生态公益林 18.75（元/亩）		省级生态公益林 18.75（元/亩）		增加 3（元/亩）			
	总计（万元）	中央财政（万元）	省级财政（万元）	合计（万元）	中央财政（万元）	省级财政（万元）	中央财政（万元）	省级财政（万元）	中央财政（万元）	省级财政（万元）	省级财政（万元）	小计（万元）	中央财政	省级财政
永泰县	2372.62	495.10	1877.52	2372.62	495.10	1877.52	495.10	134.26		1416.00	327.26			
连江县	1014.41	347.57	666.84	1014.41	347.57	666.84	347.57	94.32		432.60	139.92			
罗源县	998.38	130.88	867.50	998.38	130.88	867.50	130.88	35.49		694.30	137.71			
宁德市	10542.68	3016.72	7525.96	10422.68	2966.72	7455.96	2966.72	813.34		5205.01	1437.61	120.00	50.00	70.00
福鼎市	1332.78	336.04	996.74	1332.78	336.04	996.74	336.04	91.19		721.72	183.83			
福安市	1467.45	395.90	1071.55	1467.45	395.90	1071.55	395.90	107.69		761.45	202.41			
霞浦县	1240.49	808.72	431.77	1240.49	808.72	431.77	808.72	219.37		41.30	171.10			
古田县	1600.60	503.88	1096.72	1600.60	503.88	1096.72	503.88	136.87		739.08	220.77			
屏南县	1072.44	260.84	811.60	1072.44	260.84	811.60	260.84	71.17		592.51	147.92			
寿宁县	1136.23		1136.23	1136.23		1136.23				979.51	156.72			
周宁县	755.06		755.06	755.06		755.06				650.91	104.15			
柘荣县	471.45		471.45	471.45		471.45				406.42	65.03			
蕉城区	1346.18	661.34	684.84	1346.18	661.34	684.84	661.34	187.05		312.11	185.68			
莆田市	2692.03	905.52	1786.51	2661.03	890.52	1770.51	890.52	241.84		1161.62	367.05	31.00	15.00	16.00
仙游县	1210.00	145.26	1064.74	1210.00	145.26	1064.74	145.26	39.39		858.45	166.90			

（续）

单位	补偿资金总计			管护补助支出合计			管护补助支出(18.75+3)(元/亩)					公共管护支出 0.25(元/亩)		
							国家级生态公益林 18.75(元/亩)		省级生态公益林 18.75(元/亩)		增加 3(元/亩)			
	总计 (万元)	中央财政 (万元)	省级财政 (万元)	合计 (万元)	中央财政 (万元)	省级财政 (万元)	中央财政 (万元)	省级财政 (万元)	中央财政 (万元)	省级财政 (万元)	省级财政 (万元)	小计 (万元)	中央财政	省级财政
荔城区	86.14	55.83	30.31	86.14	55.83	30.31	55.83	15.14		3.29	11.88			
城厢区	472.61	90.79	381.82	472.61	90.79	381.82	90.79	24.62		292.01	65.19			
涵江区	629.51	425.24	204.27	629.51	425.24	204.27	425.24	115.53		1.91	86.83			
秀屿区	238.87	158.63	80.24	238.87	158.63	80.24	158.63	43.15		4.14	32.95			
湄洲岛	6.95	4.64	2.31	6.95	4.64	2.31	4.64	1.26		0.09	0.96			
北岸	16.95	10.13	6.82	16.95	10.13	6.82	10.13	2.75		1.73	2.34			
泉州市	8173.67	620.44	7553.23	8080.67	609.44	7471.23	609.44	197.85		6158.82	1114.56	93.00	11.00	82.00
泉港区	252.28	17.44	234.84	252.28	17.44	234.84	17.44	13.75		186.29	34.80			
鲤城区	21.47		21.47	21.47		21.47				18.51	2.96			
丰泽区	79.09		79.09	79.09		79.09				68.18	10.91			
洛江区	150.43	4.68	145.75	150.43	4.68	145.75	4.68	1.27		123.73	20.75			
惠安县	337.15	70.95	266.20	337.15	70.95	266.20	70.95	19.24		200.46	46.50			
晋江市	66.36	5.47	60.89	66.36	5.47	60.89	5.47	1.58		50.16	9.15			
石狮市	34.03	6.31	27.72	34.03	6.31	27.72	6.31	1.71		21.32	4.69			
南安市	1210.90	76.70	1134.20	1210.90	76.70	1134.20	76.70	20.80		946.38	167.02			

（续）

| 单位 | 补偿资金总计 | | | 管护补助支出(18.75+3)(元/亩) | | | | | | | | | 公共管护支出 0.25(元/亩) | | |
| | | | | 管护补助支出合计 | | | 国家级生态公益林 18.75(元/亩) | | 省级生态公益林 18.75(元/亩) | | 增加 3(元/亩) | | | | |
	总计（万元）	中央财政（万元）	省级财政（万元）	合计（万元）	中央财政（万元）	省级财政（万元）	中央财政（万元）	省级财政（元/亩）	中央财政（万元）	省级财政（万元）	省级财政（万元）	小计（万元）	中央财政	省级财政
安溪县	2614.60		2614.60	2614.60		2614.60				2253.97	360.63			
永春县	968.05		968.05	968.05		968.05				834.53	133.52			
德化县	2247.16	427.18	1819.98	2247.16	427.18	1819.98	427.18	138.95		1371.08	309.95			
台商投资区	99.15	0.71	98.44	99.15	0.71	98.44	0.71	0.55		84.21	13.68			
漳州市	9065.57	2075.87	6989.70	8962.57	2038.87	6923.70	2038.87	712.04		4975.45	1236.21	103.00	37.00	66.00
龙海市	542.21	37.17	505.04	542.21	37.17	505.04	37.17	10.42		419.83	74.79			
台商投资区	46.62	0.53	46.09	46.62	0.53	46.09	0.53	0.14		39.52	6.43			
长泰县	507.41		507.41	507.41		507.41				437.42	69.99			
东山县	138.60	52.69	85.91	138.60	52.69	85.91	52.69	17.03		49.76	19.12			
南靖县	1312.35	67.57	1244.78	1312.35	67.57	1244.78	67.57	20.52		1043.25	181.01			
平和县	1777.94	328.27	1449.67	1777.94	328.27	1449.67	328.27	175.93		1028.51	245.23			
华安县	857.47		857.47	857.47		857.47				739.20	118.27			
云霄县	984.76	410.56	574.20	984.76	410.56	574.20	410.56	111.34		327.03	135.83			
漳浦县	1739.88	613.73	1126.15	1739.88	613.73	1126.15	613.73	170.06		716.11	239.98			

（续）

| 单位 | 补偿资金总计 | | | 管护补助支出(18.75+3)(元/亩) | | | | | | | | 公共管护支出 0.25(元/亩) | | |
| | | | | 管护补助支出合计 | | | 国家级生态公益林 18.75(元/亩) | | 省级生态公益林 18.75(元/亩) | | 增加 3(元/亩) | | | |
	总计(万元)	中央财政(万元)	省级财政(万元)	合计(万元)	中央财政(万元)	省级财政(万元)	中央财政(万元)	省级财政(万元)	中央财政(万元)	省级财政(万元)	省级财政(万元)	小计(万元)	中央财政	省级财政
诏安县	987.19	528.35	458.84	987.19	528.35	458.84	528.35	206.60		116.08	136.16			
芗城区	21.09		21.09	21.09		21.09		21.09		18.18	2.91			
龙文区	47.05		47.05	47.05		47.05		47.05		40.56	6.49			
龙岩市	15153.67	4115.44	11038.23	14981.67	4044.44	10937.23	4044.44	1302.77		7568.03	2066.43	172.00	71.00	101.00
新罗区	2930.11		2930.11	2930.11		2930.11				2525.96	404.15			
长汀县	2507.18	912.25	1594.93	2507.18	912.25	1594.93	912.25	259.01		990.10	345.82			
永定区	1454.56	738.38	716.18	1454.56	738.38	716.18	738.38	239.46		276.09	200.63			
上杭县	1698.66	837.96	860.70	1698.66	837.96	860.70	837.96	227.32		399.08	234.30			
武平县	1914.69	640.51	1274.18	1914.69	640.51	1274.18	640.51	208.66		801.43	264.09			
漳平市	2151.45		2151.45	2151.45		2151.45				1854.70	296.75			
连城县	1632.77	510.49	1122.28	1632.77	510.49	1122.28	510.49	176.40		720.67	225.21			
梅花山	692.25	404.85	287.40	692.25	404.85	287.40	404.85	191.92			95.48			
三明市	15603.37	8796.78	6806.59	15426.37	8640.78	6785.59	8640.78	3052.12		1605.69	2127.78	177.00	156.00	21.00
永安市	1715.40	943.41	771.99	1715.40	943.41	771.99	943.41	401.21		134.17	236.61			

（续）

单位	补偿资金总计 总计（万元）	补偿资金总计 中央财政（万元）	补偿资金总计 省级财政（万元）	管护补助支出合计 合计（万元）	管护补助支出合计 中央财政（万元）	管护补助支出合计 省级财政（万元）	国家级生态公益林 18.75（元/亩） 中央财政（万元）	国家级生态公益林 18.75（元/亩） 省级财政（万元）	省级生态公益林 18.75（元/亩） 中央财政（万元）	省级生态公益林 18.75（元/亩） 省级财政（万元）	增加 3（元/亩） 省级财政（万元）	公共管护支出 0.25（元/亩） 小计（万元）	公共管护支出 0.25（元/亩） 中央财政	公共管护支出 0.25（元/亩） 省级财政
宁化县	1859.36	1243.95	615.41	1859.36	1243.95	615.41	1243.95	358.95			256.46			
大田县	1412.37	578.26	834.11	1412.37	578.26	834.11	578.26	176.54		462.76	194.81			
清流县	1345.59	756.13	589.46	1345.59	756.13	589.46	756.13	319.00		84.86	185.60			
明溪县	1333.43	614.57	718.86	1333.43	614.57	718.86	614.57	289.24		245.70	183.92			
尤溪县	2158.88	1088.94	1069.94	2158.88	1088.94	1069.94	1088.94	380.76		391.40	297.78			
沙县	862.39	537.11	325.28	862.39	537.11	325.28	537.11	201.25		5.08	118.95			
将乐县	1632.89	974.14	658.75	1632.89	974.14	658.75	974.14	276.23		157.29	225.23			
其中:龙栖山	497.59	336.27	161.32	497.59	336.27	161.32	336.27	92.69			68.63			
泰宁县	1047.70	691.55	356.15	1047.70	691.55	356.15	691.55	200.66		10.98	144.51			
建宁县	1449.37	930.65	518.72	1449.37	930.65	518.72	930.65	317.95		0.86	199.91			
三元区	422.07	171.61	250.46	422.07	171.61	250.46	171.61	83.23		109.01	58.22			
梅列区	186.92	110.46	76.46	186.92	110.46	76.46	110.46	47.10		3.58	25.78			
南平市	15966.00	6861.90	9104.10	15785.00	6735.90	9049.10	6735.90	2724.19		4147.82	2177.09	181.00	126.00	55.00
延平区	1271.78	372.36	899.42	1271.78	372.36	899.42	372.36	111.70		612.30	175.42			

（续）

| 单位 | 补偿资金总计 | | | 管护补助支出(18.75+3)(元/亩) | | | | | | | | 公共管护支出 0.25(元/亩) | | |
| | | | | 管护补助支出合计 | | | 国家级生态公益林 18.75(元/亩) | | 省级生态公益林 18.75(元/亩) | 增加 3(元/亩) | | | |
	总计(万元)	中央财政(万元)	省级财政(万元)	合计(万元)	中央财政(万元)	省级财政(万元)	中央财政(万元)	省级财政(万元)	省级财政(万元)	省级财政(万元)	小计(万元)	中央财政	省级财政
邵武市	1854.63	1013.29	841.34	1854.63	1013.29	841.34	1013.29	484.82	100.71	255.81			
建阳市	2212.92	907.39	1305.53	2212.92	907.39	1305.53	907.39	347.95	652.35	305.23			
顺昌县	966.65	385.40	581.25	966.65	385.40	581.25	385.40	144.44	303.48	133.33			
建瓯市	2067.90	690.36	1377.54	2067.90	690.36	1377.54	690.36	223.35	869.12	285.07			
浦城县	2149.17	1410.30	738.87	2149.17	1410.30	738.87	1410.30	441.70	0.73	296.44			
武夷山市	2034.00	821.81	1212.19	2034.00	821.81	1212.19	821.81	346.69	584.95	280.55			
光泽县	1552.30	809.80	742.50	1552.30	809.80	742.50	809.80	505.43	22.96	214.11			
松溪县	527.43	150.72	376.71	527.43	150.72	376.71	150.72	53.38	250.58	72.75			
政和县	1148.22	174.47	973.75	1148.22	174.47	973.75	174.47	64.73	750.64	158.38			
厦门市	743.78	23.16	720.62	734.78	22.16	712.62	22.16	6.41	604.86	101.35	9.00	1.00	8.00
同安区	467.74	15.23	452.51	467.74	15.23	452.51	15.23	4.13	383.86	64.52			
集美区	52.51	6.93	45.58	52.51	6.93	45.58	6.93	2.28	36.06	7.24			
翔安区	172.20		172.20	172.20		172.20			148.45	23.75			
海沧区	42.33		42.33	42.33		42.33			36.49	5.84			
平潭实验区	258.75	65.60	193.15	255.75	64.60	191.15	64.60	17.52	138.35	35.28	3.00	1.00	2.00

提高到 2016 年的 61689 万元,增加了 20982 万元。福建省被确定为全国首个生态文明先行示范区以后,不断加大生态补偿力度。

由表 4-9 可见,福建省级以上生态公益林面积从 2013 年的 4289.75 万亩增加到 2016 年的 4293.05 万亩,增加 3.3 万亩,其中省级生态公益林面积增加 3.8 万亩,国家级生态公益林面积减少 0.5 万亩。国家级生态公益林中,集体林面积从 2013 年 2144.85 万亩减少到 2016 年 1993.82 万亩,减少 151 万亩;国有林面积从 2013 年 83.83 万亩增加到 2016 年 234.36 万亩,增加 150.5 万亩。

表 4-9   2016 年福建省各市县省级及以上生态公益林补偿资金总额与面积表

单　位	补偿资金总计（万元）			省级及以上生态公益林面积（按行政界统计）（万亩）				
	总　计	中央财政	省级财政	面积合计	省级生态公益林面积	国家级生态公益林面积		
						小　计	集体林	国有林
总　计	94449.00	32760.00	61689.00	4293.0511	2064.8730	2228.1781	1993.8176	234.3605
厅直合计	6367.00	2821.00	3546.00	289.3487	164.5019	124.8468	69.5054	55.3414
国有林场	4522.46	1773.46	2749.00	205.5631	164.5019	41.0612	18.3394	22.7218
武夷山保护区	1844.54	1047.54	797.00	83.7856		83.7856	51.166	32.6196
设区市合计	88082.00	29939.00	58143.00	4003.7024	1900.3711	2103.3313	1924.3122	179.0191
福 州 市	9882.48	3457.57	6424.91	449.2133	216.8990	232.3143	229.2980	3.0163
鼓 楼 区	7.13	2.80	4.33	0.3276	0.1356	0.1920	0.1888	0.0032
仓 山 区	9.63		9.63	0.4425	0.4425			
晋 安 区	699.76	185.91	513.85	32.1692	19.0048	13.1644	12.2371	0.9273
马 尾 区	382.83	207.69	175.14	17.6016	3.5142	14.0874	14.0766	0.0108
琅 岐 区								
闽 侯 县	1769.53	685.68	1083.85	81.3580	34.2027	47.1553	46.0597	1.0956
福 清 市	1086.90	687.56	399.34	49.9721	2.7642	47.2079	46.2344	0.9735
闽 清 县	1037.15	564.21	472.94	47.6849	9.4335	38.2514	38.2514	
长 乐 市	392.14	92.17	299.97	18.0291	11.7800	6.2491	6.2491	
永 泰 县	2372.62	495.10	1877.52	109.0859	75.5201	33.5658	33.5658	
连 江 县	1014.41	347.57	666.84	46.6398	23.0721	23.5677	23.5618	0.0059
罗 源 县	998.38	130.88	867.50	45.9026	37.0293	8.8733	8.8733	
宁 德 市	10542.68	3016.72	7525.96	479.2033	277.5998	201.6035	200.8339	0.7696
福 鼎 市	1332.78	336.04	996.74	61.2770	38.4917	22.7853	22.7800	0.0053

（续）

单　位	补偿资金总计（万元）			省级及以上生态公益林面积（按行政界统计）（万亩）				
	总　计	中央财政	省级财政	面积合计	省级生态公益林面积	国家级生态公益林面积		
						小　计	集体林	国有林
福安市	1467.45	395.90	1071.55	67.4687	40.6107	26.8580	26.8294	0.0286
霞浦县	1240.49	808.72	431.77	57.0341	2.2027	54.8314	54.8269	0.0045
古田县	1600.60	503.88	1096.72	73.5912	39.4174	34.1738	34.1539	0.0199
屏南县	1072.44	260.84	811.60	49.3075	31.6004	17.7071	17.6695	0.0376
寿宁县	1136.23		1136.23	52.2406	52.2406			
周宁县	755.06		755.06	34.7152	34.7152			
柘荣县	471.45		471.45	21.6755	21.6755			
蕉城区	1346.18	661.34	684.84	61.8935	16.6456	45.2479	44.5742	0.6737
莆田市	2692.03	905.52	1786.51	122.3462	61.9530	60.3932	60.3631	0.0301
仙游县	1210.00	145.26	1064.74	55.6324	45.7841	9.8483	9.8483	
荔城区	86.14	55.83	30.31	3.9603	0.1752	3.7851	3.7851	
城厢区	472.61	90.79	381.82	21.7291	15.5739	6.1552	6.1552	
涵江区	629.51	425.24	204.27	28.9429	0.1019	28.8410	28.8225	0.0185
秀屿区	238.87	158.63	80.24	10.9826	0.2207	10.7619	10.7503	0.0116
湄洲岛	6.95	4.64	2.31	0.3193	0.0047	0.3146	0.3146	
北岸	16.95	10.13	6.82	0.7796	0.0925	0.6871	0.6871	
泉州市	8173.67	620.44	7553.23	371.5255	328.4699	43.0556	40.2084	2.8472
泉港区	252.28	17.44	234.84	11.5991	9.9357	1.6634	0.8754	0.7880
鲤城区	21.47		21.47	0.9870	0.9870			
丰泽区	79.09		79.09	3.6364	3.6364			
洛江区	150.43	4.68	145.75	6.9163	6.5989	0.3174	0.3174	
惠安县	337.15	70.95	266.20	15.5012	10.6910	4.8102	4.8102	
晋江市	66.36	5.47	60.89	3.0510	2.6751	0.3759	0.3671	0.0088
石狮市	34.03	6.31	27.72	1.5648	1.1369	0.4279	0.4279	
南安市	1210.90	76.70	1134.20	55.6736	50.4734	5.2002	5.2002	
安溪县	2614.60		2614.60	120.2115	120.2115			

（续）

单 位	补偿资金总计（万元）			省级及以上生态公益林面积（按行政界统计）（万亩）				
	总 计	中央财政	省级财政	面积合计	省级生态公益林面积	国家级生态公益林面积		
						小 计	集体林	国有林
永春县	968.05		968.05	44.5082	44.5082			
德化县	2247.16	427.18	1819.98	103.3177	73.1245	30.1932	28.1740	2.0192
台商投资区	99.15	0.71	98.44	4.5587	4.4913	0.0674	0.0362	0.0312
漳州市	9065.57	2075.87	6989.70	412.0725	265.3566	146.7159	132.8072	13.9087
龙海市	542.21	37.17	505.04	24.9290	22.3909	2.5381	2.5084	0.0297
台商投资区	46.62	0.53	46.09	2.1437	2.1075	0.0362	0.0362	
长泰县	507.41		507.41	23.3288	23.3288			
东山县	138.60	52.69	85.91	6.3726	2.6539	3.7187	3.4790	0.2397
南靖县	1312.35	67.57	1244.78	60.3379	55.6398	4.6981	4.5062	0.1919
平和县	1777.94	328.27	1449.67	81.7446	54.8540	26.8906	19.2944	7.5962
华安县	857.47		857.47	39.4239	39.4239			
云霄县	984.76	410.56	574.20	45.2763	17.4418	27.8345	27.8345	
漳浦县	1739.88	613.73	1126.15	79.9948	38.1926	41.8022	41.4857	0.3165
诏安县	987.19	528.35	458.84	45.3882	6.1907	39.1975	33.6628	5.5347
芗城区	21.09		21.09	0.9696	0.9696			
龙文区	47.05		47.05	2.1631	2.1631			
龙岩市	15153.67	4115.44	11038.23	688.8122	403.6278	285.1844	267.1807	18.0037
新罗区	2930.11		2930.11	134.7180	134.7180			
长汀县	2507.18	912.25	1594.93	115.2724	52.8052	62.4672	61.4518	1.0154
永定区	1454.56	738.38	716.18	66.8762	14.7248	52.1514	48.7232	3.4282
上杭县	1698.66	837.96	860.70	78.0996	21.2844	56.8152	56.8081	0.0071
武平县	1914.69	640.51	1274.18	88.0315	42.7427	45.2888	42.2332	3.0556
漳平市	2151.45		2151.45	98.9172	98.9172			
连城县	1632.77	510.49	1122.28	75.0697	38.4355	36.6342	33.3156	3.3186
梅花山	692.25	404.85	287.40	31.8276		31.8276	24.6488	7.1788
三明市	15603.37	8796.78	6806.59	709.2582	85.6372	623.6210	561.6619	61.9591

（续）

单　位	补偿资金总计（万元）			省级及以上生态公益林面积（按行政界统计）（万亩）				
	总　计	中央财政	省级财政	面积合计	省级生态公益林面积	国家级生态公益林面积		
						小　计	集体林	国有林
永安市	1715.40	943.41	771.99	78.8688	7.1559	71.7129	59.0067	12.7062
宁化县	1859.36	1243.95	615.41	85.4882		85.4882	83.5997	1.8885
大田县	1412.37	578.26	834.11	64.9364	24.6807	40.2557	38.5318	1.7239
清流县	1345.59	756.13	589.46	61.8659	4.5256	57.3403	47.3808	9.9595
明溪县	1333.43	614.57	718.86	61.3073	13.1038	48.2035	37.4891	10.7144
尤溪县	2158.88	1088.94	1069.94	99.2593	20.8749	78.3844	70.9148	7.4696
沙　县	862.39	537.11	325.28	39.6500	0.2710	39.3790	34.5196	4.8594
将乐县	1632.89	974.14	658.75	75.0751	8.3887	66.6864	65.6328	1.0536
其中:龙栖山	497.59	336.27	161.32	22.8777		22.8777	22.7465	0.1312
泰宁县	1047.70	691.55	356.15	48.1702	0.5856	47.5846	46.4378	1.1468
建宁县	1449.37	930.65	518.72	66.6379	0.0459	66.5920	60.8603	5.7317
三元区	422.07	171.61	250.46	19.4051	5.8140	13.5911	10.3841	3.2070
梅列区	186.92	110.46	76.46	8.5940	0.1911	8.4029	6.9044	1.4985
南平市	15966.00	6861.90	9104.10	725.7297	221.1905	504.5392	426.0901	78.4491
延平区	1271.78	372.36	899.42	58.4731	32.6562	25.8169	24.8796	0.9373
邵武市	1854.63	1013.29	841.34	85.2703	5.3710	79.8993	61.5409	18.3584
建阳市	2212.92	907.39	1305.53	101.7437	34.7922	66.9515	58.0468	8.9047
顺昌县	966.65	385.40	581.25	44.4435	16.1855	28.2580	24.7687	3.4893
建瓯市	2067.90	690.36	1377.54	95.0576	46.3262	48.7314	45.5728	3.1586
浦城县	2149.17	1410.30	738.87	98.8122	0.0391	98.7731	93.5948	5.1783
武夷山市	2034.00	821.81	1212.19	93.5177	31.1975	62.3202	51.4970	10.8232
光泽县	1552.30	809.80	742.50	71.3697	1.2243	70.1454	45.1622	24.9832
松溪县	527.43	150.72	376.71	24.2500	13.3642	10.8858	9.7923	1.0935
政和县	1148.22	174.47	973.75	52.7919	40.0343	12.7576	11.2350	1.5226
厦门市	743.78	23.16	720.62	33.7831	32.2588	1.5243	1.4890	0.0353
同安区	467.74	15.23	452.51	21.5054	20.4727	1.0327	1.0327	

（续）

单 位	补偿资金总计（万元）			省级及以上生态公益林面积(按行政界统计)(万亩)				
	总　计	中央财政	省级财政	面积合计	省级生态公益林面积	国家级生态公益林面积		
						小　计	集体林	国有林
集美区	52.51	6.93	45.58	2.4147	1.9231	0.4916	0.4563	0.0353
翔安区	172.20		172.20	7.9171	7.9171			
海沧区	42.33		42.33	1.9459	1.9459			
平潭实验区	258.75	65.60	193.15	11.7584	7.3785	4.3799	4.3799	

注：各市、县面积不含该市、县国有林场。

4.5　福建省生态公益林生态补偿存在的问题

2001年以来福建省生态公益林生态补偿机制不断改革和完善，取得一定的成效。但是，如何解决政府生态效益目标和林农经济效益目标之间的矛盾？需要进一步探索。本课题在调研中，了解到存在以下尚待解决的问题。

4.5.1　利益相关者参与不够

制定生态公益林生态补偿政策时，应该建立林农和其他利益相关者的参与机制，如召开听证会、发布征求意见稿等。但是，福建省生态公益林生态补偿政策制定时，没有充分征求利益相关者的意见。

4.5.2　补偿标准单一

目前福建省省级以上财政发放的生态公益林生态效益补偿资金平均每年每亩22元，全省一致，未能充分体现优质优价，没有制定分级分类补偿资金分配政策，以至于拥有好的生态公益林的所有者经济损失更大，而林地贫瘠、林分极差、没有经济利用价值的生态公益林，却从中获益。也就是说，对于有的生态公益林补偿标准太低，经济损失大；对于有的生态公益林，补偿标准偏高，净收益大于零。如果该生态公益林没有经济利用价值，或者生态公益林处于偏远地区，或者是风水林，林农对现行补偿标准意见不大；如果该生态公益林有经济利用价值，尤其公路边杉木、桉树人工成熟林的生态公益林所有者意见大。

不同树种、不同龄级、不同蓄积量生态公益林，经济损失不同，目前同一补偿标准显然不公（如在生态公益林区位内的经济林、竹林的生态补偿标准与阔叶树生态公益林相同），这对生态公益林的保护和建设不利。如何合理、有效地分配补偿资金，形成一种公平和效率均衡的生态公益林保护的激励机制至关重要。

4.5.3 补偿标准偏低

如果是对生态公益林所有者进行补偿,目前每年每亩22元补偿标准不够,林农从前投入生态公益林的成本基本无法回收,与商品林相比,经济收入差距大。2016年福建省一些地方每年每亩林地租金已经超过25元,也就是说,在这些地方每年每亩22元不够支付林地地租,更不用说弥补已付出的造林成本和取得经济收益,从而对生态公益林经营主体积极性产生了一定程度的挫伤。虽然福建省采取许多措施,如"拓展非木质资源利用途径""套种珍贵树种"和发展"森林人家"旅游项目等,然而前2项措施受技术限制,尚未形成一套全面推广的模式,难以解决现有禁伐给林农造成的经济损失;对于第3项措施而言,并非所有生态公益林都可开发旅游,加上许多旅游景点都在各地方单位管辖中,真正能够带给林农经济实惠的较少。

在专家咨询中,专家们一致认为补偿标准低。在本课题调研座谈会上,林农都说补偿标准低。一部分林农提出要提高补偿标准,一部分林农指出不要补偿费,只希望能够把自己生态公益林转为商品林。由于大部分生态公益林所有者,生态公益林面积少,补偿标准提高一些,收入也增加不多,所以没有到有关部门提意见和上访。一般情况下,生态公益林面积多的林业大户到有关部门提意见较多。

4.5.4 补偿资金分配出现分歧

生态公益林补偿政策文件规定了相关主体的资金分配比例,但是,不同主体对这个分配比例存在不同的看法,尤其是村集体。林区"靠山吃山",许多村集体除了林地,没有其他的资源,村财收不抵支,村干部希望从生态公益林生态补偿费中获得一定收入,用于集体公益事业,但是目前村集体取得的只有生态公益林监管费,而作为集体林地所有者或者生态公益林所有者,没有获得补偿费(目前补偿资金分配包括公共管护费、村监管费、护林员经费和村民的补偿费)。林业行政主管部门和村民都认为要把补偿资金分配给村民,生态公益林承包者或者所有者认为自己应该得到补偿费。

对于村集体生态公益林承包给个人经营的,村集体对生态公益林的林木和林地都具有所有权,个人只有经营权;对于村集体把生态公益林出售或抵债给个人的,村集体只有生态公益林的林地所有权,个人拥有生态公益林的林木所有权和林地经营权。这就需要研究补偿资金在所有者和经营者之间如何分配的问题?

4.5.5 生态公益林面积差异带来经济损失差异

首先,不同地区之间的差异,闽西北受保护的生态公益林多,闽东南少;其次,同一地区不同县市之间分布不均衡;再次,同一县市不同乡镇和同一乡镇不同村生态公益林面积也不尽相同。加上生态补偿偏低,划分生态公益林给当地生产生活带来损失与各地生态公益林面积密切相关,生态公益林面积比重越大,当地林农经济损失越大,带来的矛盾也越大,比重小则矛盾也较小。

在福建省永安市,邻近的两个村,一个村基本上是生态公益林,另一个村基本上是商品林,前一个村的生态公益林补偿费按照政策文件规定,分给村民,村财收入几乎没有,村集体工作运转困难;而后一个村,通过商品林采伐,村财收入较多。

4.5.6 补偿资金发放存在问题

一些地方生态公益林补偿基金没有及时发放,出现滞留现象,挫伤了林农的管护积极性,影响了生态公益林的管护成效。亟需加大资金的检查力度和补偿政策的宣传力度,调动各种监督力量督促有关部门及时足额将补偿资金发放到位。

在闽南有的村,五年前,因为补偿标准低,没有发放给村民。现在补偿标准提高了,开始发放,村民才知道有补偿资金,而且从 2001 年就有,有些村民开始追讨从前的补偿费。

仙游县赖店村、漳平市双洋镇等林地已经承包出去,但是生态公益林补偿费按照人口平均发放给村民,没有发放给生态公益林的承包主体和经营主体。在专家咨询中,75%专家认为要把补偿资金发放给经营者,25%专家认为按比例分配。

对于个人所有的生态公益林,或者个人承包经营、管护的生态公益林[包括从前村集体卖给个人,或者承包给个人的,或者作为资产还债(主要是基础设施建设的工程款)给个人的生态公益林],补偿性支出发放给所有村民,这部分人对这种补偿资金发放意见大。

在集体林权制度改革中,有的村民分到的是生态公益林,有的村民是商品林,但是村里生态公益林补偿资金均分,拥有生态公益林的村民只能获得均分的补偿金,但是,拥有商品林的村民除了获得均分的补偿金,还有商品林的木材采伐收入。对此,拥有生态公益林的村民对这种补偿资金发放意见大。

4.5.7 有的村补偿费不够支付护林费

大部分村护林员每个月工资只有几百元,如尤溪县梅仙镇,各个村的护林员工资每年在 800~5000 元之间,平均每月不到 500 元;尤溪县溪尾乡护林员工资会高点,如山连村护林员工资每月 650 元。

护林员工资低,无法维持家庭生计,每天巡山护林不现实,有些护林员只有重大事件才会及时向林业主管部门汇报。

为了解决护林员工资低的问题,福建省东山县除了 20%补偿性支出用于护林外,县财政每年拨付 30 万元用于支付护林员工资。护林员工资达到每月 1500 元,并且为护林员缴纳五险一金。县林业局统一采用聘用制,负责巡山、值夜班等,并且规定了每周巡山次数。

此外,有些市、县由于财政资金有限,没有对本辖区市、县级生态公益林进行补偿,这些市、县级生态公益林所有者或经营者意见比较大。

4.6 福建省生态公益林赎买、收储现状

据统计,2015 年福建省重点生态区位内约有 977 万亩的商品林(形式上是商品林,实质上类似于三级保护生态公益林),严格限制木材采伐。2015 年 7 月,福建省财政厅与林业厅联合下发《关于开展重点生态区位商品林赎买等试点工作的通知》,正式启动福建省重点生态区位商品林赎买试点工作,确定武夷山、永安、沙县、武平、东山、永泰、柘荣等 7 个县(市)为 2016 年省级试点县。2016 年又确定建阳、顺昌、新罗、诏安、永春、闽清、福安 7 个县(市、区)为 2017 年省级试点县。

2013 年年底,永安率先在全省开展重点生态区位商品林赎买,专门成立非营利性的永安市生态文明建设志愿者协会,委托森林资产评估机构进行赎买价格评估,确保公正公平。在同年底举行的第一场赎买竞标现场会上,14 片山场、1312 亩重点生态区位商品林参与竞标,最终共有 10 片山场、751 亩商品林被赎买,成交价 262.3 万元。赎买的做法,既保住原待砍伐的林木,又得到当地林农的拥护。永安市很快下定决心,计划 10 年内在重点生态区位赎买 10 万亩以上商品林。商品林赎买后并没放任不管。永安市罗范钦时隔一年再度来到西洋镇岭头村曾属于自己那片林子时,发现这片纯杉木林内套种了不少乡土阔叶树种——闽楠,有的树干已有碗口粗。原来,当地林业部门对这片林子进行近自然改造提升,通过两次间伐,砍掉一些长势不好的杉木,保留长势较好的杉木,同时也为补植乡土阔叶树留下空间,未来的管护工作将交给专业的社会化组织,以提升森林的水土保持能力和生物多样性,实现森林生态价值的最大化。2016 年,永安市开始计划赎买生态公益林。

仙游木兰溪源自然保护区,准备从 26 万亩扩大到 30 万亩,计划赎买或者租赁 4 万亩林地,已经评估了 2 万多亩私人的有林地,赎买价平均每亩 2000 多元,

购买50年林地经营权。

漳州市规定生态公益林赎买可以使用植被恢复费。古雷PX项目占用生态公益林采用占一补一赎买,每亩3万元,向漳州天宝国有林场购买1500亩,向东山赤山国有林场购买37亩。

东山县重点水源涵养林赎买,福建省财政下拨800多万元,每亩2000元,不足部分由东山县财政配套,已经规划好红旗水库两边2500亩左右林地赎买。东山县沿海旅游开发,占用沿海基干林带,政府每亩支付1.1万元,开发商每亩出资0.7万元,合计每亩1.8万元向业主赎买360多亩,由开发商管理、使用该片生态公益林。

政和县按照树种分类定价赎买,杉木每立方米650元左右,马尾松每立方米350元左右,阔叶树每立方米300元左右,由国有林业企业出资购买。

武夷山市重点生态区位人工商品林赎买价格每立方米杉木456元,马尾松230元,赎买条件为:重点生态区位内人工林、商品林、成过熟林。2015年赎买资金500多万元,收储20年,20年后归还。资金来源为省政府拨款1000万元,市政府出资1000万元,准备租赁一部分,赎买一部分。

建瓯市林木收储资金来源为:政府投入、政策银行贷款、国债、企业、政府风险金。林木收储对象包括:林权抵押贷款违约拍卖不了的、生态公益林、重点生态区位商品林、林农卖不掉的森林。

本研究咨询了专家,专家们认为:①应该分批、分层次进行生态公益林赎买;②沿海地区(流域下游地区)向山区(流域上游地区)进行赎买;③委托国有林场或者当地林业站管理;④资金来源于财政和占用林地企业。

4.7　福建省生态公益林非木质利用调查分析

前面部分对政府财政森林生态效益补偿基金进行了阐述,本节应用抽样调查数据,分析除了政府财政补偿基金外,生态公益林的其他收入来源,包括发展林下经济、森林碳汇、生态旅游等。

4.7.1　林下经济发展调查分析

2013年福建省扶持17个林下经济发展示范基地,本研究对2013年福建省10个县490个样本农户进行调查,了解林下经济发展情况。2015~2018年福建省财政每年安排7000万元专项补助资金,扶持引导林下经济发展。2016年新发展林下经济基地52.2万亩,林下经济投资17231万元。

4.7.1.1　样本林农林下经济发展状况抽样调查分析

在调查中,发展林下经济的占10.26%,没有发展林下经济的占89.74%,说明大部分林农没有发展林下经济,见表4-10。

表4-10 是否发展林下经济情况表

	百分比	累积百分比
是	10.26	10.26
否	89.74	100

在有发展林下经济的样本农户中,林下经济类型为林下种植的占59.57%,林下养殖的占27.66%,林下产品采集加工的占12.77%,说明大部分类型是林下种植,见表4-11。

表4-11 林下经济类型分布

	百分比	累积百分比
林下种植	59.57	59.57
林下养殖	27.66	87.23
林下产品采集加工	12.77	100

对于林下经济经营形式,单户经营林下经济的占91.84%,联户经营的占6.12%,其他占2.04%,可见大部分林下经济是单户经营,见表4-12。

表4-12 林下经济经营形式分析

	百分比	累积百分比
单户经营	91.84	91.84
联户经营	6.12	97.96
其 他	2.04	100

对于林下经济信息来源,通过朋友获得林下经济项目信息来源的占30.19%,通过乡镇或村委会获得信息的占13.21%,通过报纸、广播、电视等媒体获取信息的占1.89%,发现本地其他人发展林下经济效益比较好的占22.64%,从其他渠道获取信息的占32.08%(表4-13)。可见,政府和媒体宣传还有待加强。

表4-13 林下经济信息来源情况分析

	百分比	累积百分比
朋 友	30.19	30.19
乡镇或村委会组织	13.21	43.4
报纸、广播、电视等媒体	1.89	45.28
其他人发展林下经济效益比较好	22.64	67.92
其 他	32.08	100

对于林下经济产品销售渠道,林下经济产品销售渠道为自行销售的占
37.25%,等待上门收购的占49.02%,通过合作社组织销售的占1.96,通过涉林
企业收购的占3.92%,其他渠道销售的占7.84%(表4-14)。说明主要是等待
经销商上门收购林下经济产品,林下经济产品销售服务体系有待建立和完善。

表4-14 林下经济产品销售渠道情况分析

	百分比	累积百分比
自行销售	37.25	37.25
等待上门收购	49.02	86.27
合作组织销售	1.96	88.24
涉林企业收购	3.92	92.16
其 他	7.84	100

发展林下经济遇到的主要困难为销售难的占9.28%,缺乏技术的占
8.25%,缺少经验的占15.46%,缺乏劳动力的占15.46%,林地问题(没有林地或
者自己林地不适合发展林下经济等)的占30.93%,其他问题占20.62%(表4-
15)。

表4-15 发展林下经济遇到的主要困难分析

	百分比	累积百分比
销售难	9.28	9.28
缺乏技术	8.25	17.53
缺少经验	15.46	32.99
缺乏劳动力	15.46	48.45
林地问题	30.93	79.38
其 他	20.62	100

从希望政府出台扶持政策类型来看,希望政府提供技术指导的占21.54%,
希望提供生产和销售信息的占10%,希望提供资金补贴的占33.08%,希望提供
金融支持的占6.15%,希望成立合作组织的占9.23%,其他占20%(表4-16)。
可见,林农最需要资金补贴。

表4-16 希望政府出台扶持政策的类型分布

	百分比	累积百分比
技术指导	21.54	21.54
提供生产和销售信息	10	31.54
资金补贴	33.08	64.62
金融支持	6.15	70.77
成立合作组织	9.23	80
其 他	20	100

4.7.1.2 部分样本县林下经济发展情况

（1）林下种植产值。样本县林下种植产值小于等于 100 万元的占 30%，在 101 万～1000 万元之间的占 30%，在 1001 万～3000 万元之间的占 30%，超过 3000 万元的占 10%（表 4-17）。可见，绝大部分样本县林下种植规模较小。

表 4-17　样本县林下种植产值分布

产　值	百分比(%)	累积百分比
≤ 100 万元	30	30
101 万～1000 万元	30	60
1001 万～3000 万元	30	90
≥ 3001 万元	10	100

（2）林下养殖产值。样本县林下养殖产值小于等于 500 万元的占 30%，在 501 万～1000 万元之间的占 30%，在 1001 万～3000 万元之间的占 20%，超过 3000 万元的占 20%（表 4-18）。

表 4-18　样本县林下养殖产值分布

产　值	百分比(%)	累积百分比
≤ 500 万元	30	30
501 万～1000 万元	30	60
1001 万～3000 万元	20	80
≥ 3001 万元	20	100

（3）森林景观利用产值。样本县森林景观利用产值小于等于 50 万元的占 20%，在 51 万～100 万元之间的占 30%，在 101 万～1000 万元之间的占 30%，超过 1000 万元的占 20%（表 4-19）。可见，样本县森林生态旅游还有待于开发。

表 4-19　样本县森林景观利用产值分布

产　值	百分比(%)	累积百分比
≤ 50 万元	20	20
51 万～100 万元	30	50
101 万～1000 万元	30	80
≥ 1001 万元	20	100

（4）林下产品采集加工产值。样本县林下产品采集加工产值小于等于 100 万元的占 30%，在 101 万～1000 万元之间的占 30%，在 1001 万～3000 万元之间的占 20%，超过 3000 万元的占 20%（表 4-20）。

表 4-20 样本县林下产品采集加工产值分布

产　值	百分比(%)	累积百分比
≤ 100 万元	30	30
101 万~1000 万元	30	60
1001 万~3000 万元	20	80
≥ 3001 万元	20	100

4.7.1.3　部分样本村林下经济发展情况

在 50 个样本村中,有"林下种植"的只有 3 个村,其林下种植收入分别为 10000 元、165000 元和 2320000 元。

在 50 个样本村中,有林下养殖的有 21 个村,其中林下养殖产值在 10 万元及以下占 28.57%,在 11 万~100 万元之间的占 42.86%,在 101 万~300 万元之间的占 19.05%,超过 300 万元的占 9.52%(表 4-21)。

表 4-21 样本村林下养殖产值

产　值	百分比(%)	累积百分比
≤ 10 万元	28.57	28.57
11 万~100 万元	42.86	71.43
101 万~300 万元	19.05	90.48
≥ 301 万元	9.52	100

在 50 个样本村中,有林下产品采集加工的有 17 个村,其中林下产品采集加工产值在 10 万元及以下占 28.57%,在 11 万~100 万元之间的占 23.81%%,在 101 万~1000 万元之间的占 14.29%,超过 1000 万元的占 14.29%(表 4-22)。

表 4-22 样本村林下产品采集加工产值分布

产　值	百分比(%)	累积百分比
≤ 10 万元	28.57	28.57
11 万~100 万元	23.81	52.38
101 万~1000 万元	14.29	66.67
≥ 1001 万元	14.29	100

4.7.2　森林碳汇经营意愿调查分析

在样本县做了 300 份森林碳汇经营意愿调查问卷,以下为调查问卷的问题、答案及其统计分析结果。

问题一:你认为碳汇林的经费(购买碳汇支出)应由谁来承担(　　　)。

选择项：A. 政府；B. 排放 CO_2 企业；C. 其他(请说明)

答案：回答应由政府承担的占 30%，回答应由排放 CO_2 企业承担的占 70%，如图 4-1。

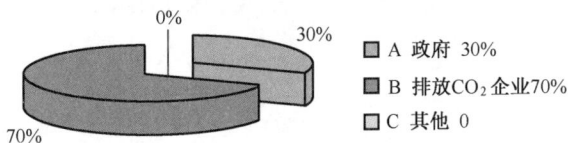

图 4-1　碳汇林的经费(购买碳汇支出)应由谁来承担的调查结果

问题二：你愿意将自有的商品林(已有林分)作为碳汇林吗？(　　)。

选择项：A. 愿意；B. 较愿意；C. 都可以；D. 较不愿意；E. 不愿意；F. 不知道

答案：回答愿意的占 90%，回答不愿意的仅占 0.9%，8.2% 的受访者回答不知道，如图 4-2。

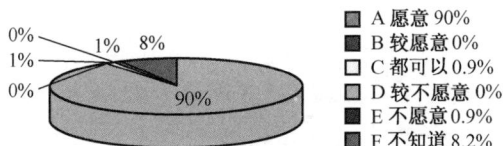

图 4-2　你是否愿意将自有的商品林(已有林分)作为碳汇林的调查结果

问题三：你愿意将自有的生态公益林(已有林分)作为碳汇林，并获得政府补助和碳汇收入吗？(　　)。

选择项：A. 愿意；B. 较愿意；C. 都可以；D. 较不愿意；E. 不愿意；F. 不知道

答案：回答愿意的占 81%，回答较愿意的占 13.8%，回答不愿意的仅占 2.6%，如图 4-3。

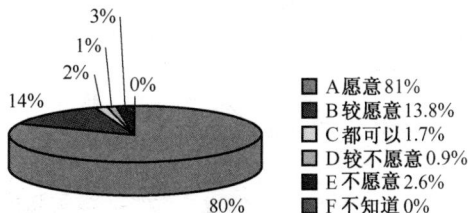

图 4-3　你是否愿意将自有的生态公益林作为碳汇林，并获得政府补偿和碳汇收入的调查结果

问题四：您认为政府是否应对森林碳汇项目进行补偿？(　　　)

选择项：A. 是；B. 否；C. 不知道

答案：回答"是"的占 81.48%，回答"否"的占 7.41%，回答不知道的占 11.11%，如图 4-4。

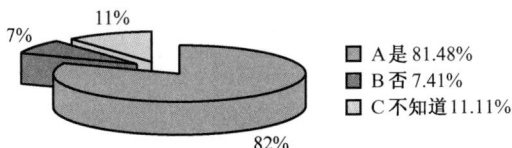

图 4-4　您认为政府是否应对碳汇交易进行补偿的调查结果

问题五:您认为政府是否应该鼓励并支持森林碳汇的发展?(　　)

选择项:A. 是;B. 否;C. 不知道

答案:回答"是"的占 92.60%,回答"否"的占 3.70%,回答不知道的占 3.70%,如图 4-5。

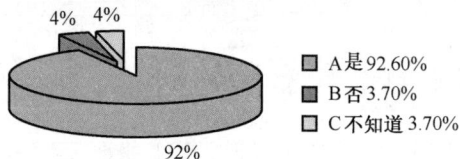

■	A是92.60%
■	B否3.70%
□	C不知道3.70%

图 4-5　您认为政府是否应该鼓励并支持森林碳汇发展的调查结果

问题六:您是否愿意投资营造碳汇林(新造林)

选择项:A. 愿意;B. 不愿意;C. 不知道

答案:回答愿意的占 78%,回答不愿意的占 21%,回答不知道的占 1%,如图 4-6。

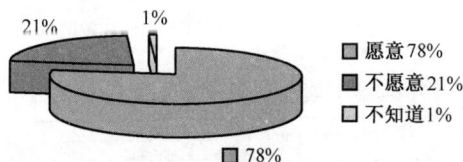

■	愿意78%
■	不愿意21%
□	不知道1%

图 4-6　您是否愿意投资营造碳汇林的调查结果

问题七:您愿意投资营造的碳汇林是?(　　)

选择项:A. 商品林;B. 生态公益林;C. 不知道

答案:回答"商品林"的占 61%,回答"生态公益林"的占 25%,回答不知道的占 14%,可见只有少部分人愿意投资营造生态公益林碳汇林。如图 4-7。

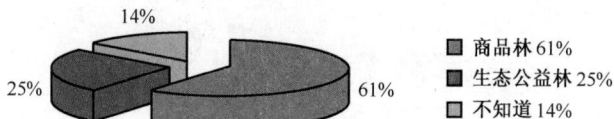

■	商品林61%
■	生态公益林 25%
□	不知道14%

图 4-7　您愿意投资哪一类碳汇林的调查结果

4.7.3　森林生态旅游发展调查分析

4.7.3.1　森林公园生态旅游发展现状

根据福建省林业统计年鉴的数据,福建省森林公园发展生态旅游情况如下:

(1)按级别划分。福建省森林公园按级别可以划分为国家级森林公园和省级森林公园,其中,国家级森林公园 29 个,占福建省森林公园总数的 18.47%;国家级森林公园建设面积 729 平方公里,占福建省森林公园建设面积的 81.95%;国家级森林公园旅游收入 42469.78 万元,占福建省森林公园旅游收入的 67.29%;国家级森林公园旅游人数 1068 万人,占福建省森林公园旅游人数的 51.74%(表 4-23)。

表4-23 森林公园按级别划分

	个　数	建设面积 （平方公里）	旅游收入 （万元）	旅游人数 （万人）
国家级森林公园	29	729.27	42469.78	1068.37
省级森林公园	128	889.84	20647.30	996.71
合　计	157	1619.11	63117.08	2065.08

（2）按地区划分。福建省有9个地区：福州市、厦门市、泉州市、漳州市、龙岩市、三明市、南平市、宁德市和莆田市。其中森林公园数量最多的是南平市，有27个；森林公园面积最大的是三明市，253.30平方公里；森林旅游收入最多的是福州市，2013年达到13552.78万元（表4-24）。

表4-24 森林公园按地区划分

	个　数	建设面积 （平方公里）	旅游收入 （万元）	旅游人数 （万人）
福州市森林公园	16	161.08	13552.78	488
厦门市森林公园	4	151.83	1622.36	85.80
泉州市森林公园	23	235.98	6470.38	686.80
漳州市森林公园	23	231.25	9153	112.73
龙岩市森林公园	11	189.10	9190.34	214
三明市森林公园	26	253.30	12047.44	196
南平市森林公园	27	146.59	2261.30	80.80
宁德市森林公园	16	213.02	174.70	7.60
莆田市森林公园	11	73.01	8454.81	197.80

4.7.3.2 森林公园旅游收入分析

2000年福建省森林公园的旅游收入为4185.50万元，2013年福建省森林公园的旅游收入达到63117.08万元，增长了14.08倍。2000～2013年，福建省森林公园旅游收入整体呈上升趋势，其中，2009年前变化比较缓慢，2009～2012年增幅明显变大（图4-8）。

2005年福建省森林公园的门票收入为1931.16万元，2013年福建省森林公园的门票收入达到12646.13万元，增长了5.55倍。2005～2013年，福建省森林公园门票收入整体呈上升趋势，其中，2009年前变化比较缓慢，2009～2013年增幅明显变大（图4-9）。

4.7.3.3 森林公园旅游人数分析

2000年福建省森林公园的旅游人数为179.30万人，2013年福建省森林公园的旅游人数达到2065.07万人，增长了10.52倍。2000～2013年，福建省森林

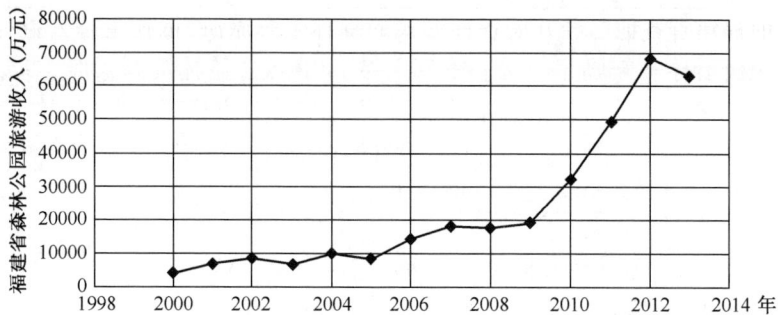

图 4-8　福建省森林公园旅游收入

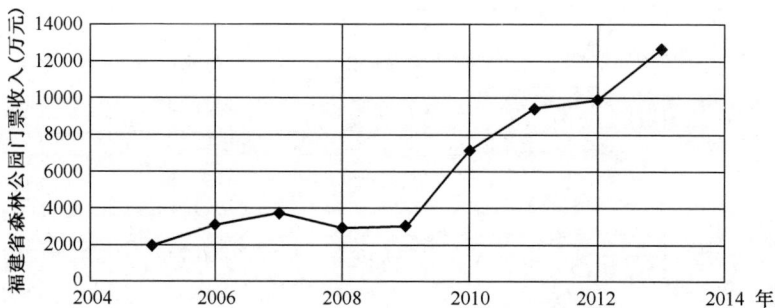

图 4-9　福建省森林公园门票收入

公园旅游人数整体呈上升趋势,2008 年之后,福建省森林公园旅游人数增长较快(图4-10)。

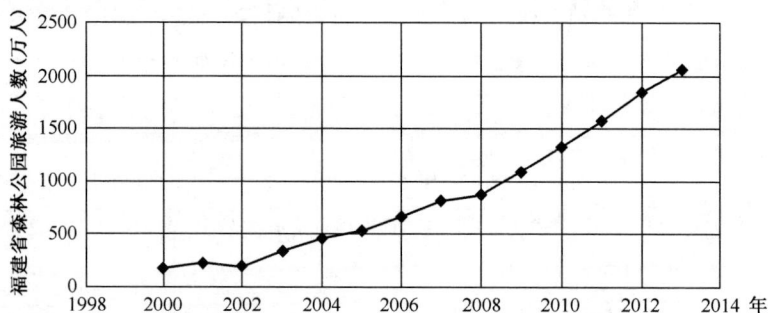

图 4-10　福建省森林公园旅游人数

4.7.3.4　其他森林生态旅游发展现状

目前福建省各地已经开展各种形式的森林生态旅游,依托生态公益林的景观资源积极引导和鼓励生态公益林区林农以生态公益林资源入股,参与开发"森林人家"等生态公益林生态旅游项目,福建省林业主管部门为"森林人家"项目发展提供了资金补助。同时,利用独特的森林资源,发展农家乐和森林康养项目。2016 年福建省森林旅游项目投资达到 22074 万元。

2013 年福建省森林旅游总收入为 736820 万元,2014 年森林旅游总收入为1161553 万元,2015 年森林旅游总收入为 1410759 万元。

5 福建省生态公益林保护对林农的经济影响及其生态补偿标准的案例研究

在大样本问卷调查之前,选择不同案例进行比较研究,总结和剖析生态公益林保护及其生态补偿成功、失败的经验、教训和影响因素;比较分析各地生态公益林生态补偿的制度安排和生态公益林保护对林农的经济影响。

为了调查了解生态公益林保护政策实施之后,集体所有或个人所有的生态公益林补偿的现状,林农所受到的经济影响,以及林农的看法、意见和要求,本研究选择不同类型的生态公益林作为研究对象。通过分析比较不同生态公益林补偿案例,了解当前不同类型生态公益林在生态补偿标准方面存在的问题。

在案例研究中,对不同类型林农及其所在村的村长、林业员、所在乡镇的林业站站长、所在县林业局的分管领导、资源站站长和计财科科长等相关人员展开全面的访谈,重点了解林农生态公益林保护的成本与收益、主观态度、生态补偿标准等。

在案例研究中拟提出的主要研究假设如下:①经济利益是影响林农生态公益林保护积极性的关键因素,生态公益林保护对林农造成的经济损失越大,林农的不满情绪越大,保护动力越小,生态公益林遭受破坏的可能性越大。②林农的家庭经济状况和收入等不同,对生态公益林生态补偿标准的要求也不同。③不同树种、不同林龄、不同质量的生态公益林,生态补偿标准不同。

5.1 研究方法

关于生态公益林保护给林农和村集体带来的经济损失的计算,如果有森林资源买卖价可供参照,就用森林资源买卖价;如果没有森林资源买卖价可供参照,运用可变现净值法计算。

可变现净值是指把资产未来的售价扣除进一步加工所需付出的成本、销售费用和相关税费之后得到的净值,作为资产价值。相关公式如下:

$$
\begin{aligned}
\text{每立方米原木平均销售利润} &= \text{平均销售价格(含林价)} - \text{平均销售成本} - \text{平均销售费用} - \text{平均税金及附加每立方米原木可变现净值(经济损失)} \\
&= \text{估计售价} - \text{至完工估计将要发生的成本} - \text{估计销售费用} - \text{相关税费}
\end{aligned}
$$

$$\begin{aligned}\text{平均}\atop\text{可变现净值} &= \text{销售}\atop\text{价格} - \text{平均}\atop\text{销售}\atop\text{成本}\atop\text{(不含林价)} - \text{平均}\atop\text{销售费用} - \text{平均}\atop\text{税金}\atop\text{及附加}\\ &= \text{每立方米}\atop\text{原木平均}\atop\text{销售利润} + \text{林价}\end{aligned}$$

通过福建省林业厅获取的 2012 年产品成本表及营业收支明细表计算杉木、马尾松及阔叶树的单位可变现净值,见表 5-1。

表 5-1 可变现净值测算表(元/立方米)

	杉原木	松原木	杂原木
平均销售价格 ①	1262.23	928.25	857.18
平均销售成本 ②	495.85	392.51	380.9
其中:林价 ③	159.4	89.54	73.27
平均税金及附加 ④	0.063	0	0
平均销售费用 ⑤	72.98	60.44	45.93
平均销售利润 ⑥=①-②-④-⑤	693.34	475.3	430.35
可变现净值 ⑦=⑥+③	852.74	564.84	503.62

根据现有研究成果,福建省阔叶树出材率为 64%(陆继圣,1990),杉木出材率为 66.72%(郑德祥,2008),马尾松出材率为 66.15%(林剑峰,2001)。2006~2008 年,福建省木材采伐实际出材率平均为 67.71%,与以上研究成果较接近。综上,可以应用下面公式计算经济损失:

$$\text{可变现净值}\atop\text{(经济损失)}\atop\text{总额} = \text{每立方米原木}\atop\text{可变现净值} \times \text{出材量} = \text{每立方米原木}\atop\text{可变现净值} \times \text{林分蓄积量} \times \text{出材率}$$

农户因生态公益林保护而导致的每年每亩经济损失通过年金现值计算公式获得。将上述计算取得的可变现净值作为年金现值(PVA_n),已知年金现值系数($\text{PVIFA}_{i,n}$),年金(A)计算公式如下:

$$\text{PVIFA}_{i,n} = \frac{(1+i)^n - 1}{i(1+i)^n}$$

$$A = \text{PVA}_n / \text{PVIFA}_{i,n}$$

其中,i 是贴现率 8%[国家发改委与建设部联合发布的《建设项目经济评价方法与参数》(2006 年第三版)规定的林业参数];n 是时间长度,本研究采用各个树种的轮伐期:杉木的轮伐期为 26 年,马尾松的轮伐期为 31 年,阔叶树的轮伐期为 51 年,桉树及木麻黄的轮伐期为 16 年。

本研究计算生态公益林保护造成的经济损失时,样地林分蓄积量采用样本县林业局森林资源档案数据,通过林权证对应的小班号,可以查到小班一览表,从中获得亩蓄积数据。同时,对每个树种不同林龄分别查找 20 个样地计算实际样地测量数据和森林资源档案数据的差异。实际样地测量数据来源于一类、二类清查或者采伐规划设计。表 5-2 校正系数为森林资源档案数据除以实际样地测量数据,所得到的系数。然后,用这个系数调整样本林农的生态公益林森林资源档案蓄积量。表 5-2 每个校正系数分别是各种类型 20 块样地的平均数,本文后面出现的样地蓄积量数据都是已经校正的。

表 5-2 样地生态公益林蓄积量校正系数表

树种名称	杉 木	马尾松	桉 树	木麻黄	阔叶树
中龄林	1.0254	1.0265	1.0169	0.9905	0.9701
近熟林	0.9552	1.0319	1.0478	0.9820	1.0487
成熟林	0.9878	0.9966	1.0494	1.0053	0.9602
过熟林	1.0361	1.0154	1.0106	1.0311	1.0300

5.2 林农收入增加与减少的生态公益林补偿标准案例研究

本节分析商品林被划为生态公益林后,林农收入增加或减少的案例。在福建省武夷山市星村镇进行实地调研,选择该镇的星村村、程墩村和洲头村的生态公益林作为案例研究对象。

5.2.1 收入增加源于森林生态旅游的生态公益林补偿标准案例分析——以星村村为例

商品林划为生态公益林后,林农收入增加情况主要体现为:生态公益林被作为旅游资源进行开发利用,有旅游收入或者租金收入;在交通便利,林地肥沃的地区,发展生态公益林林下经济,得到较高的经济收入;该生态公益林处于偏僻山区,林地贫瘠,森林蓄积量低,材质差,没有经济利用价值(假如进行采伐,采伐收入小于采伐成本),但是有生态补偿收入(政府财政支付的生态补偿费)。

5.2.1.1 星村村基本情况

星村村就在星村镇上,距武夷山市区 18 公里。全村土地面积 4.04 万亩,其中,林地面积 3.12 万亩,有林地面积 1000 多亩,耕地面积 1500 亩。

2012 年,村总户数 960 户,总人口 4000 人,劳动力总数 2500 人,长期外出务工人数约为 300 人,年人均纯收入约为 8000 元。星村村民主要从事茶叶生产和销售。

2012 年,村集体年总收入为 280 万元,其中,生态公益林补偿款 17.75 万元,补助燃料费、污水处理费及合同补贴 105 万,茶山发包所得 120 万元;大桥和码头租赁收入为 20 万元,景区租金收入与景区收入相关,随着景区门票收入的增加而增加。村集体年总支出为 280 万元,其中林业支出为 170 万元,包括生态公益林管护工资 7200 元,以及给每个村民 400 元的燃气补助款。

5.2.1.2 调查目的、过程与方法

(1)调查目的。以武夷山市星村镇星村村为案例研究地点,对生态公益林生态补偿制度和农户经济损失问题进行调查研究,总结星村村近年来生态公益林保护方面的经验,为科学制订生态公益林补偿标准提供参考。

(2)选点理由。星村地处武夷山景区核心区,环境优美,吸引众多游客观光,是武夷山的旅游胜地,能够收到武夷山景区管委会的生态公益林补偿款;同时,由于该地土地肥沃,种出的茶叶质量优,品质好,因此茶叶价格相对较高,茶叶销售收入成为村民的主要收入。因此,星村村的商品林划分为生态公益林后,经济收入并没有减少。

(3)调查过程与方法。在调查中,根据事先拟定的调查问卷,通过召开座谈会、入户访谈等形式,调查了解访谈对象对生态公益林生态补偿标准、补偿制度构建、禁伐与限伐等的看法,听取他们的意见和要求。调查中访谈对象共计 38 人,包括星村村委、有代表性的农户、前任村干部、护林员等。调查结束后,根据所做的文字记录、语音材料和相关图片,撰写案例调查报告。

5.2.1.3 调查结果与分析

从林业站抽取星村村集体所有的生态公益林 3 个小班样本,杉木、马尾松和硬阔叶树各一块(表 5-3),按照可变现净值法计算出它们经济损失分别为:杉木林为每亩 1422.37 元,马尾松林为每亩 782.87 元,硬阔叶树林为每亩 778.93 元。

表 5-3 小班基本信息表

优势树种	郁闭度	平均胸径	平均树高	年 龄	小班面积	小班林分蓄积
杉 木	0.6	12	8.8	30	18	45
马尾松	0.5	17.5	15.2	53	41	172
硬阔叶树	0.5	20.5	10.5	28	24	58

根据杉木、马尾松和硬阔叶树的每立方米可变现净值和相应的出材率,可计算出这三块样地的总经济损失约为 11 万元(表 5-4),每年经济损失分别为 2368.43 元,5794.05 元,1525.67 元,合计 9688.15 元/年(表 5-5)。而上述三块样地的总面积为 126 亩,则平均每年每亩经济损失为 76.89 元。

表 5-4   集体所有生态公益林经济损失测算表

集体所有生态公益林	每立方米可变现净值（元/立方米）	蓄积量（立方米）	出材率（%）	出材量（立方米）	总额（元）
	①	②	③	④=②×③	⑤=①×④
杉 木	852.7413	45	0.6672	30.024	25602.71
马尾松	564.8432	176	0.6615	116.424	65761.30
阔叶树	503.6205	58	0.64	37.12	18694.39
合 计				183.568	110058.40

表 5-5   集体所有生态公益林每亩年均经济损失测算表

集体所有生态公益林	轮伐期（年）	年金现值系数	每年经济损失（元/年）	面积（亩）	每年每亩经济损失[元/(年·亩)]
	⑥	⑦	⑧=⑤÷⑦	⑨	⑩=⑧÷⑨
杉 木	26	10.80997795	2368.43	18	131.58
马尾松	31	11.34979939	5794.05	84	68.98
阔叶树	51	12.25322652	1525.67	24	63.57
合 计			9688.15	126	

另一方面,星村村共有生态公益林 15239 亩,该村每年收到武夷山景区管委会生态公益林补偿款等 122.75 万元(包括政府财政拨给景区管委会的生态公益林补偿费),平均每年每亩生态公益林收入为 80.55 元。

将生态公益林每年每亩收入与每年每亩经济损失相比,可见星村村的商品林变成生态公益林后,非但没有受到损失,反而增加了收入,每年每亩增收 3.66 元。星村的案例属于商品林转化为生态公益林后,农户的收入不减反增的案例。

5.2.1.4 启 示

星村村 90%的土地面积位于武夷山景区内,村委每年可获得景区管委会的补偿收入。另一方面,星村土地肥沃,生态公益林林分质量好,森林边缘种出的茶叶质量优,因此茶叶价格是邻县同类产品的几倍,人们依靠茶业发家致富,家家户户几乎都有制茶、泡茶的习惯。

第一,坚持因地制宜,逐步实现分类补偿。

根据不同地区的具体情况进行分类型补偿,对有经济损失的生态公益林经营者进行充分补偿;对没有经济损失的生态公益林,补偿标准可以低些。星村村的生态公益林案例就属于后面一种情况,可以按照 2012 年的补偿标准,此后不再提高,政府新增的补偿资金不分配给该村。

第二,发展生态旅游获取经济收益。

星村村由于被划入武夷山景区,能够每年从景区管委会获得丰厚的收入,通过计算得知星村村的商品林变成生态公益林后非但没有受到经济损失,反而增加了经济收入。因此,对于自然条件优越,适宜作为森林生态旅游的地方,可以通过景区收入拓宽补偿资金来源渠道,减轻财政负担,同时弥补林地所有者的经济损失。

通过建立森林人家、生态园等方式发展生态公益林的旅游经济,因为旅游具有很强的关联带动性,不仅带动了诸如餐饮、旅店、交通等相关行业的发展,还能给当地带来更多的就业岗位,提高农民收入,减少对林业的生存依赖,进而提高他们保护生态公益林的积极性。

5.2.2 收入增加源于林下经济的生态公益林补偿标准案例分析——以程墩村为例

5.2.2.1 程墩村基本情况

程墩村距离武夷山市区 48 公里,坐落在九曲溪的源头。全村总户数 246户,总人口 960 人。全村由 11 个自然村构成,现有耕地面积 860 亩,林地面积60506 亩,其中,竹山面积超过 2 万亩,还有 5 千亩的茶山,毛竹和茶叶已经成为村经济的两大产业支柱。单户森林经营中,面积 1000 亩及以上的有 2 户,大户经营林地面积总共 8000 亩;联户森林经营中,联户总户数 187 户,联户经营面积为 46046 亩;集体经营面积为 6200 亩。

生态公益林面积为 5600 亩,占林地面积比重为 9.26%,由村集体负责管护,生态效益补偿金额为 65240 元。

5.2.2.2 选择程墩村的原因

程墩村林下经济项目较多,发展情况良好,给村里带来了较好的经济收益,符合商品林变成生态公益林收入增加的案例设定。

5.2.2.3 调查结果与分析

程墩村集体在 500 亩生态公益林(杉木林)下发展野生菌的采集加工,通过自己销售,每年可获利 30 万元,再加上 2012 年政府给予的生态公益林补偿费每亩 11.65 元,最终得到平均每年每亩生态公益林收入为 611.65 元。

根据这 500 亩杉木林每立方米可变现净值和相应的出材率,可计算出这块林地的总经济损失为 213.35 万元,平均每年每亩经济损失为 394.74 元(表 5-

6、表 5-7）。通过对比可知,商品林转变为生态公益林后,每年每亩的经济收入增加了 216.91 元。

表 5-6 集体所有生态公益林经济损失测算表

每立方米可变现净值（元/立方米）	蓄积量（立方米）	出材率（%）	出材量（立方米）	总额（元）
①	②	③	④=②×③	⑤=①×④
852.7413	3750	0.6672	2502	2133559

表 5-7 集体所有生态公益林每亩年均经济损失测算表

轮伐期（年）	年金现值系数	每年经济损失（元/年）	面积（亩）	每年每亩经济损失[元/(年·亩)]
⑥	⑦	⑧=⑤÷⑦	⑨	⑩=⑧÷⑨
26	10.809978	197369.4	500	394.74

可见,在生态公益林中发展林下经济获得的经济收益有可能超过生态公益林不能砍伐所带来的经济损失,再一次验证了不是所有划分为生态公益林的林地都有经济损失,其他地区也有像程墩村这样发展林下经济反而增加了收入的案例。

5.2.2.4 启 示

程墩村通过发展林下经济,在不采伐、不破坏生态公益林的基础上,获得较高的林业收入,是值得学习的。这种模式可以加以推广。

一方面,村委可以考察本村生态公益林具体情况,对于适宜发展林下经济的生态公益林,由农业专业合作社带领村民发掘当地特色林产品并组织生产经营、销售。虽然对生态公益林的林木采伐是禁止的,但是可以充分利用生态公益林的其他丰富的非木质资源:一是可以通过种植草药、菌类、花卉等发展林下种植业;二是可以在生态公益林里放养鸡鸭、蜜蜂、林蛙等发展林下养殖业;三是可以通过采摘野生菌、挖野菜和竹笋、收集树脂等发展林下产品采集加工业。

总之,对于商品林划分为生态公益林后收入增加的案例,可以在保持现有补偿标准的同时,学习并推广当地生态公益林保护和开发兼顾的经验,可以让生态公益林生态补偿资金更合理地分配到更需要补偿的生态公益林当中。

5.2.3 收入减少的生态公益林补偿标准案例调查分析——以洲头村为例

5.2.3.1 洲头村基本情况

洲头村坐落于武夷山市区的西南部,地处九曲溪上游。全村共有近 3 万亩的土地,包括 2.4 万亩的林地,森林覆盖率高达 95%,耕地面积 1520 亩。全村村民的主要经济来源是农业和林业生产。支柱产业是茶叶和烟叶,拥有超过 900

亩的茶山,户均面积 4 亩,茶叶总产量达到 8 吨;有 15 户村民从事烟叶生产加工,烟叶种植面积 200 亩;另有 4500 亩的毛竹山。

全村辖 8 个自然村,9 个村民小组,2012 年村总户数 234 户,总人口 935 人,劳动力总数 400 多人,长期外出务工人数约为 100 人,年人均纯收入约为 7000元。村集体 2012 年总收入为 16 万元,其中林业收入 14 万元,包括年生态公益林补偿款 9390 元,毛竹山发包所得 5 万元。村集体 2012 年总支出为 14 万元,其中林业支出为 1 万元,包括生态公益林管护人员工资 1612 元。

5.2.3.2 选择洲头村的原因

洲头村的生态公益林既有集体经营,也有个体经营。该村有森林被划为禁伐区,甚至包括一些商品林,农户遭受经济损失。

5.2.3.3 调查与分析

进入洲头村后,首先与村委会负责人等座谈,说明调查的目的、内容与要求,请他们介绍本村的基本情况,以及生态公益林补偿和管护情况。同时,请他们协助确定入户调查的农户名单。

在调查过程中,根据事先拟定的调查问卷,通过召开座谈会、入户访谈等形式,调查了解访谈对象对生态公益林生态补偿标准、补偿制度构建、禁伐与限伐等的看法,听取他们的意见和要求。调查中访谈对象共计 20 人,包括村委会、有代表性的农户、前任村干部、护林员等。调查结束后,根据所做的文字记录、语音材料和相关图片,撰写案例调查报告。

(1)个人所有的生态公益林案例分析。从调查获得的 20 份户表中可知,受访者平均年龄为 53.77 岁,90% 为男性,平均受教育年限为 6.38 年,平均家庭人口 3.5 人,平均家庭劳动力数量 2 人,外出打工人数占劳动力数量的比重为 16.95%。

以村委廖书记为例,他今年 60 岁了,受教育年限为 9 年。家庭人口 5 人,家庭年纯收入 11 万元,其中年林业纯收入 10 万元,工资收入 1 万元。他家拥有 28亩阔叶树林地,树龄 30 年,属于天然林,蓄积量为 200 立方米;还有 2 亩杉木林地,树龄 12 年,属于人工林,每亩营林成本为 400 元,蓄积量为 4 立方米(表5-8)。

表 5-8 个人所有的生态公益林经济损失计算表

	每立方米可变现净值 (元/立方米)	蓄积量 (立方米)	出材率 (%)	出材量 (立方米)	总额 (元)
	①	②	③	④=②×③	⑤=①×④
杉 木	852.7413293	4	0.6672	2.6688	2275.80
阔叶树	503.6204591	200	0.64	128	64463.42
合 计				130.67	66739.22

根据可变现净值计算公式,最终计算得出廖书记家阔叶树的经济损失为64463.42元,杉木的经济损失为2275.80元,共计经济损失66739.22元,这与他自己回答的"因为生态公益林保护和禁伐对您造成的经济损失"的答案"6万~7万元"比较接近。

通过进一步计算,可知每年实际经济损失共计5471.46元(表5-9),并且为了防止被偷砍,廖书记每年还要花1000元雇人看护这30亩林地,经济损失就更大了,平均每年每亩经济损失为215.72元。可村里每年就发放燃料补助100元/人,这显然远远不够。同时,实际收到的生态公益林补偿收入才11.65元/(年·亩),而且这笔钱是留在村委的,并未发到农户自己手上。如果把政府补偿和燃料补助加总作为生态公益林的收入,平均每年每亩生态公益林收入为28.32元。

表5-9　个人所有的生态公益林每年每亩经济损失测算表

	轮伐期 (年)	年金现值系数	每年经济损失 (元/年)	面积 (亩)	每年每亩经济损失 [元/(年·亩)]
	⑥	⑦	⑧=⑤÷⑦	⑨	⑩=⑧÷⑨
杉　木	26	10.809978	210.53	2	105.26
阔叶树	51	12.253227	5260.93	28	187.89
合　计			5471.46	30	

显然,损失与收入的差距非常大,每年每亩相差187.4元。所以廖书记非常希望能够提高补偿标准,或者改革生态公益林保护和利用政策,可以让农户进行择伐或间伐,尽量减少经济损失。

廖书记认为,生态公益林保护大家是支持的,毕竟是保护自己生活的地方,造福后代子孙。但是现在相当于无偿保护,村民的意见就比较大,有些人就会去偷砍并且偷偷把生态公益林林地用于种茶。这样被发现后,惩罚力度会很大,森林武警会把种好的茶苗拔掉,进而加剧林业工作者和村民的矛盾,不利于推进生态公益林保护进程。他自己听说生态公益林补偿标准比较高的地方每年每亩40多元,希望也能获得一样高的补偿。

(2)集体所有的生态公益林案例分析。从洲头村选取2个小班,均为集体所有的生态公益林。一块是天然阔叶树林,面积198亩,林龄为71年,属于过熟林,郁闭度0.8,平均胸径17厘米,平均树高12.5米,蓄积量为1208立方米;一块是人工杉木林,面积14亩,林地土壤肥沃,林龄为31年,属于成熟林,郁闭度0.9,平均胸径19厘米,平均树高14.5米,蓄积量为249立方米。这两块林地面积占洲头村生态公益林总面积的26.3%。根据可变现净值计算公式,计算可知洲头村集体所有生态公益林样本的经济损失合计为53.10万元,见表5-10。

表5-10　集体所有的生态公益林经济损失计算表

	每立方米可变现净值（元/立方米）	蓄积量（立方米）	出材率（%）	出材量（立方米）	总额（元）
	①	②	③	④=②×③	⑤=①×④
杉　木	852.74	249	66.72	166.133	141668.30
阔叶树	503.62	1208	64	773.12	389359.05
合　计				939.253	531027.35

　　通过进一步计算,可知洲头村集体所有的生态公益林每年实际经济损失共计44881.37元,杉木地的每年每亩经济损失为936.10元,阔叶树林地每年每亩经济损失160.49元(表5-11)。村里每年获得生态公益林补偿款9390元,武夷山景区管委会补助款3万元,景区生态林管护款5万元,共计89390元,可以求得村集体每年每亩实际收入110.91元,既不足以补偿阔叶林,也不足以补偿杉木林。

表5-11　集体所有的生态公益林每年每亩经济损失测算表

	轮伐期（年）	年金现值系数	每年经济损失（元/年）	面积（亩）	每年每亩经济损失[元/(年·亩)]
	⑥	⑦	⑧=⑤÷⑦	⑨	⑩=⑧÷⑨
杉　木	26	10.80998	13105.33	14	936.10
阔叶树	51	12.25323	31776.04	198	160.49
合　计			44881.37		

　　另外,每年每亩经济损失集体生态公益林杉木林936元/(年·亩),这与廖书记家的杉木林每年每亩经济损失差距较大,主要是因为林龄不同,一个属于中幼龄林,一个已经是成熟林,蓄积量显著差异导致。

5.2.3.4　启　示

　　根据在洲头村调查了解的情况,以及洲头村干部和村民的意见和要求,以及案例分析结果,得到如下启示:

　　第一,提高受损生态公益林的补偿标准。通过洲头村的案例,可以看到现行补偿标准不足以弥补洲头村村民个人以及村集体经营生态公益林遭受的经济损失。因此,对于禁伐生态公益林导致收入减少的案例,应当计算其实际经济损失,根据经济损失大小给予补偿,而不是简单地采取一个统一的低补偿标准。

　　第二,生态公益林经济损失不同,补偿标准也要不同。从前述分析,可知集体杉木林样地的经济损失为每年每亩936元,个人杉木林样地的经济损失为每年每亩 105 元,差别就高达 831 元,可见,即使在同一个地方(村),补偿标准也应不同。

第三,借鉴相邻村庄的经验,转变经济受损局面。洲头村与星村村、程墩村都位于星村镇,应当就近学习他们开发生态公益林非木质价值的成功经验,因地制宜地发掘当地特色,转变生态公益林经济受损的局面。

村民可以学习他人的成功经验,开辟新的生产门路。人工林被划为生态公益林后,村民的生存空间和经济来源必然减少。因此部分村民提出,希望政府考虑林农利益,给林农开辟新的生产生活门路,比如修建公路、开发旅游、低息贷款、技术培训、劳务输出等。

在补偿资金来源方面探索新的方式,不单单依靠财政补贴,在森林旅游、森林水文交易和森林碳汇中寻找可行方案,增加资金来源渠道,大力支持碳汇交易市场建设、林下经济和森林生态旅游发展。

5.3 经济发达与落后地区的生态公益林补偿标准案例分析

福建省不同地区生态公益林补偿标准不同。2012 年,中央和省政府统筹发放的生态补偿标准为每年每亩 12 元,而发达地区如厦门,补偿标准是全省统一补偿标准的 3 倍。到 2016 年厦门的补偿标准再次提高,达到了每年每亩 65 元,也是全省统一补偿标准 22 元的 3 倍,可见厦门市政府有意愿且有能力为生态公益林买单。

5.3.1 经济发达地区的生态公益林生态补偿标准案例分析 ——以漳州市为例

5.3.1.1 漳州市基本情况

漳州,东北与厦门、泉州接壤,北与龙岩的漳平和永定相邻,东南与台湾省隔海相望,是著名的"鱼米花果之乡",山清水秀,资源丰富,温暖舒适;不仅是经济开发区、国家外向型农业示范区以及商业中心地带,更是拥有亚热带迷人风景的沿海城市。

漳州市陆域面积 1.26 万平方公里,沿海滩涂面积约为 285 平方公里,拥有 117 平方公里的水产品养殖面积。漳州市的夏季常常饱受台风侵袭,风力大时,超过 12 级,并且伴随着大暴雨,容易形成洪灾。

2015 年漳州市林地面积 1291.74 万亩,有林地面积 1200.92 万亩,重点生态公益林面积 448.8 万亩(含国有林场),占林地面积的 34.4%,其中国家级生态公益林 148 万亩,省级生态公益林 300.8 万亩,生态公益林林分亩均蓄积量 4.49 立方米,森林蓄积量 3987 万立方米,森林覆盖率 63.58%。对金銮湾、屿南湾部分生态公益林沿海基干林带进行赎买,由政府安排专项资金一次性进行赎买,每亩赎买价格1.8万元,赎买后林地、林木所有权收归政府。建立了生态公益林储备库,储备库生态公益林面积已达23388亩。做好林业生态红线划定工作,已经完成湿地、森林公园、自然保护区、沿海防护林、生态公益林红线划定工作。

5.3.1.2　选择漳州市的原因

漳州市是沿海城市,受台风影响较大,处于自身生产生活安全考虑,海边种植了许多木麻黄生态公益林,以抵抗台风。因此,这里的人们保护生态公益林的意愿更加强烈。漳州市属于经济较为发达的地区,农民收入较高,相比经济利益,可能更在乎生态,更愿意保护生态公益林。

5.3.1.3　调查过程与方法

根据本研究的目的和内容,采用个体访谈、座谈会等方法,充分听取农户及当地林业站的意见和建议。本次调查工作过程分为3个阶段完成。

第一阶段为选点阶段。调研组成员于2013年8月底到漳州市,与相关人员进行座谈,进一步确定调查县、村为云霄县、东山县及漳浦县的20个村。采用入户走访和发放问卷两种形式,共发放问卷120份,收回95份,有效问卷91份,问卷回收率79.17%,问卷有效率95.79%。

第二阶段为野外调查阶段。在几个村的小学活动室或村委会召开了座谈会,并采用随机抽样的方式抽取农户进行访谈。

第三阶段为资料整理及报告写作阶段。对获得的一手资料进行整理并录入,对二手资料进行整理、分析,同时对调研情况进行总结,对不足的资料进行了补充。拟定写作提纲,撰写调研报告。

5.3.1.4　调查分析

调查数据显示,在91户农户中,表示愿意保护生态公益林的农户占92.31%,表示愿意接受政府补偿保护生态公益林的农户占94.5%。被访问者的性别以男性为主,占95.6%;年龄分布在24~74岁之间,其中40岁以上的占81.32%;文化程度在初中以上的占74.72%。

漳州市的农户主要从事水产品养殖,包括养殖虾、鲍鱼等,这是他们家庭收入的主要来源。经计算,受访农户的家庭年纯收入为3.76万元。但是由于受台风天气影响,近五年台风对受访农户家庭造成的平均经济损失为2.24万元,其中受灾最严重的农户经济损失20万元。许多农户也认识到保护生态的重要性,只有保护好环境,台风天气造成的经济损失才会减少,进而保障自己的利益。通过调查,有56.32%的农户认为木麻黄对防御台风的作用较大。以下是对部分村民的访谈记录。

以下是对漳浦县攀龙村村民林某的访谈:

问：你是否愿意保护生态公益林？

答："愿意啊，政府规定生态林不能砍"。

问：生态公益林补偿标准是否太低？

答："现在是每年每亩 12 元的话，还行，反正我们不靠这个钱生活，补多少就领多少，没意见。不过再多点的话，可以放在村里修桥铺路，造福百姓就更好"。

问：近年来台风对你家造成的经济损失平均为多少？木麻黄对防御台风作用多大？

答："有损失，前年因为台风亏了 2 万元。你说的木麻黄就是我们海边种的那种树？那作用很大啊，要保护好，才能挡住台风"。

5.3.1.5 启 示

通过对漳州市的调研，发现对于漳州市的村民来说，身处经济比较发达地区，他们并不依赖生态公益林补偿款维持生活，同时他们受台风影响大，因此更关注生态环境保护，更愿意保护生态公益林。

因此，得到以下启示：

第一，研究有差异的区域生态补偿政策。正如调查所见，福建省区域经济社会发展水平不平衡，有像漳州市这样的经济比较发达地区，也有经济不发达的地区，各地的生态环境条件相差也比较大，所以需要实施有差异的区域生态公益林补偿政策。应当根据区域的具体情况划分生态补偿标准类别区，制订相应的分类补偿标准政策。

第二，在发达地区可以保留现有补偿标准。通过对漳州市农户的访谈可知，不提高补偿标准，对保护生态公益林的影响并不大，因为他们对森林不具有高的经济依赖性，不把补偿标准的高低作为保护生态公益林的判断标准，所以可以继续执行现有的生态公益林生态补偿标准。

第三，发展当地经济，降低对森林的经济依赖性。当地经济发展后，不再依赖采伐林木维持生计，生态公益林自然得到保护。

5.3.2 经济落后地区的生态公益林生态补偿标准案例分析 ——以政和县为例

5.3.2.1 政和县基本情况

政和县行政区域总面积 1738 平方公里。其中，耕地面积 369579 亩，林木总蓄积量 572 万立方米，森林覆盖率为 78%；生态公益林面积为 517998 亩，占有林地面积的 25.5%。政和自然资源丰富，盛产锥栗、白茶、茉莉花。2013 年，全县林业总产值为 243467 万元。

5.3.2.2 选择政和县的原因

政和县是农业县,工业较为薄弱,经济比较落后,农民收入不高,家庭林业收入占家庭收入的比重较大。相比生态保护,农民更在乎经济利益,更关心补偿标准高低。

5.3.2.3 调查分析

根据研究的目的和内容,采用个体访谈、座谈会等方法,充分听取政和县农户及当地林业站的意见和建议。

调查数据显示,在受访的 29 户农民中,受访者的性别均为男性;年龄分布在 26～65 岁之间,其中 40 岁以上的占82.76%;文化程度在初中以上的占62.07%;期望的补偿标准集中在100元以内,占 64.30%。

受访农户的家庭林业总收入占家庭总收入的30.26%,林业总支出平均每年为1.7万元,说明农户重视林业生产,既然有投入就希望得到回报。

因此,对于是否愿意将自己的森林作为生态公益林,并接受政府补偿这一问题,有66.67%的农户表示不愿意,不愿意的理由分为以下几点:①林地减少。本来林地就少,划分为生态公益林后林地就更少了,认为应该把林地多的大户家的一部分森林划分为生态公益林。②利益受损。自己森林被划分为生态公益林,自己的经济利益肯定受损。③补偿太低。自己受损严重,补偿根本不够,有时补偿资金还可能不到位。

5.3.2.4 启 示

通过对政和县的调研,认为完善生态补偿政策,应该兼顾国家生态需求和林农经济需求。

第一,补偿标准没有提高,对保护生态公益林影响较大,因此建议提高经济落后地区的补偿标准。经济利益影响农户保护森林的积极性,尤其在经济落后地区,生态公益林保护造成的经济损失越大,农户就越不满,生态公益林被破坏的可能性也就随之加大。对于政和县的村民来说,身处经济落后地区,他们非常关注自己的经济利益是否受损?更关心生态补偿标准的高低与落实情况,并以此作为是否保护生态公益林的判断标准,而现行补偿标准被认为过低,所以对于经济不发达的地区应当提高补偿标准,提高农户护林的积极性。

第二,引导林农外出就业增加收入。可以引导林区农村闲置劳动力外出打工就业,加强相关技能、技术培训及相关法规知识学习,帮助林农增收,同时建立健全农村相关社会保障体系。

完善相应的法规制度建设,比如,在不同经济区位、不同生态区位采取不同的生态补偿政策,在同县不同乡镇、同乡镇不同村存在布局差异采用不同的补偿标准。实施有差异的区域生态公益林补偿政策,应当根据区域的具体情况划分生态补偿标准类别区,制订相应的分类补偿政策,避免"一刀切"。

5.4 保护成功与失败的生态公益林补偿标准案例分析

5.4.1 保护成功的生态公益林生态补偿标准案例分析
——以星村镇为例

通过在武夷山星村镇的调研,可以看到,这里生态公益林保护非常好,树木质量优,农户的保护意识、法律意识都很强,谈到是否有乱砍滥伐现象,都直摇头说"不敢,不会",因为惩罚力度非常大,有政府的生态公益林补偿、武夷山景区管委会的生态公益林租金收入。他们很清楚砍伐生态公益林是犯法行为,即使发生火烧山后,也不能随便砍伐,还需要林业站的批准。通过走访,与农户进行一对一的沟通,再结合林业站提供的资料,可以得出星村镇生态公益林保护成功的原因如下:

首先,加大监察力度,惩罚措施严厉。为保护好森林资源,森林武警、镇林业站及相关单位组成整治小组,组织车辆每日巡逻。如果发现有偷盗树木的情况,严厉处罚偷盗者——不仅要罚款还要被拘留教育。比如,星村镇茶业发展势头良好,人们普遍认为种植茶叶比采伐树木更赚钱,因为树木生长周期长,而茶叶一年可采四次,相比之下,茶叶收益更高、更快。有人就想偷偷开垦生态公益林林地种植茶叶。针对违规开垦茶山的现象,整治小组加强日常巡查,对摸排出的违规开垦的茶山进行拔除,对违垦现象进行集中清理,通过有效宣传,做好群众工作,实现标本兼治。2013 年,星村镇党委、政府带头并且配合各相关部门对违规开垦的茶山进行整治,拔除偷种的茶苗,并补植阔叶林树苗 2 万多株。

其次,重视森林防火,开展密集宣传。通过发放《森林防火条例》,告知民众预防森林火灾的办法以及应对火灾的措施,特别是做好春节和元宵节期间森林防火工作。比如,2014 年 1 号禁火令下达以后,星村镇共组织开展森林防火宣传 10 次,参加防火宣传人员 50 余人,发放宣传材料近 300 册,受教育人数 1200 多人。

再次,多方协作,共同防治森林病虫害。2013 年是星村镇马尾松毛虫暴发的周期年,共发生轻度以上马尾松虫害面积 15000 亩,林业站积极配合市森防站及时组织虫情复查,制定防治计划,完成防治药剂调运,开展防治工作。通过燃放白僵菌粉炮,对中度以上的松林人工喷施"森得保"和高效杀虫粉剂等办法,抓住有利天气完成了全镇马尾松毛虫越冬代虫害的防治。

5.4.2 保护失败的生态公益林生态补偿标准案例分析——以建瓯市为例

通过建瓯市的调研发现,有个别杉木生态公益林已经 26 年以上,但是亩蓄积却不足 2 立方米。经过进一步调查,发现当地生态公益林存在被破坏的现象。

究其原因,主要包括:

一方面,林农的认识与国家的重视程度存在反差。我国划分生态公益林,是为了保护生态环境。但是,林农普遍认为原商品林被界定为生态公益林后,不允许采伐,减少了经济收入,甚至认为自己的林地被界定为生态公益林后,受益的是其他地区,而受益地区又没有给予补偿,于是对保护生态公益林毫无积极性,与国家的重视形成很大的反差。界定生态公益林后,林农认为没必要再去管护森林,因为投入的管护费无法回收。在这种情况下,生态公益林遭受破坏就有其必然性。

另一方面,在商品经济作用下,林木所有者对活立木的自由买卖由来已久,不可避免地带来了破坏生态公益林的问题。犯罪嫌疑人首选的侵害目标就是生态公益林,因为大部分是"公有"(村集体)的。建瓯市森林公安机关林业案件中,盗伐生态公益林林木案件占立案总数的 20%。

根据上述分析,得到以下启示:

首先,完善森林生态效益补偿制度,提高生态公益林生态补偿标准。生态公益林能否保护好,补偿资金到位是关键。同时,补偿标准高低直接关系到林农经济利益。对于建瓯市的生态公益林保护失败案例,需要通过提高生态公益林生态补偿标准予以缓解,增加林农保护生态公益林的积极性。

其次,增强当地的环保法制意识。一是要求经济落后地区的领导干部树立正确的政绩观,经济和环境,两手都要抓,两手都要硬;二是努力提高林农的环保法制意识,认识到滥砍滥伐、偷盗树木不仅是不利于生态环境保护,还是违法行为,加大对相关违法案件的曝光,起警示教育作用;三是充分利用植树节等活动,开展宣传和实践体验活动,比如在植树节当天组织村民上山植树造林,由林业站提供树苗、村委会做好后勤工作等。

对于生态公益林管护问题,当地政府应该建立生态公益林管护机制,加强管理人员的配置和管护事业费的投入,实行专业护林队和护林员统一管理,管护人员的工资或劳务性费用统一支付,管护生态公益林合同、责任制统一签订,强化生态公益林管护工作,减少盗伐生态公益林案件的发生。

5.5 不同权属的生态公益林补偿标准案例分析 ——以漳浦县为例

从福建省漳浦县的问卷中分别找出生态公益林所有权属于单户、联户、村民小组和村集体的案例。

5.5.1 单户的生态公益林补偿标准案例分析

漳浦县石榴乡攀龙村的林某单户经营生态公益林。林某家庭基本情况为：家里总人口 3 人，本地涉林打工人数 2 人，2013 年家庭年纯收入 5 万元；有林地 20 亩，其中生态公益林 15 亩，当地林地租金为每年 100 元/亩。林某认为生态公益林保护给他家带来了 15 万元的经济损失，即每亩损失 1 万元。

根据可变现净值计算公式，最终计算出林某单户经营的桉树每年每亩经济损失为 83.75 元（表 5-12 至表 5-14），而 2013 年获得的补偿只有每年每亩 10 元，说明现行补偿标准不足以弥补林农经济损失。询问林某对于中幼龄桉树的补偿标准意愿时，他的回答是 70~80 元，这与通过可变现净值法计算出的 83.75 元比较接近，所以补偿意愿法一定程度上对制定补偿标准具有参考价值。

表 5-12 单户所有的生态公益林基本信息表

树 种	年龄 （年）	面积 （亩）	亩蓄积 （立方米/亩）	森林资源买卖价 （元/亩）	营林成本 （元/亩）	立地 质量	离家距离 （公里）
桉 树	4	10	2.3	1500	700	1	10

表 5-13 单户所有的生态公益林经济损失测算表

树 种	每立方米可变现净值 （元/立方米）	蓄积量 （立方米）	出材率 （%）	出材量 （立方米）	总额 （元）
	①	②	③	④=②×③	⑤=①×④
桉 树	503.62	23	0.64	14.72	7413.29

表 5-14 单户所有的生态公益林每亩年均经济损失测算表

树 种	轮伐期 （年）	年金现值系数	每年经济损失 （元/年）	面积 （亩）	每年每亩经济损失 [元/（年·亩）]
	⑥	⑦	⑧=⑤÷⑦	⑨	⑩=⑧÷⑨
桉 树	16	8.85	837.53	10	83.75

5.5.2 联户的生态公益林补偿标准案例分析

漳浦县长桥乡割后村的郑某联户经营生态公益林。联户基本情况为：由 3 户家庭共同经营 30 亩生态公益林。郑某有林地 100 亩，其中生态公益林 10 亩，当地林地租金为每年 100 元/亩；家庭总人口 5 人，本地涉林打工人数为 2 人，2013 年家庭年纯收入为 6 万元。郑某认为生态公益林保护给他家带来了 3 万元的经济损失，即每亩经济损失 3000 元。

根据可变现净值计算公式，从表 5-15 至表 5-17 可知，每年每亩经济损失为 131.09 元,因为是联户经营,所以还要把每年每亩经济损失除以 3,即郑某每年每亩经济损失为 43.7 元。

表 5-15　联户所有的生态公益林基本信息表

树　种	年龄 (年)	面积 (亩)	亩蓄积 (立方米/亩)	森林资源买卖价 (元/亩)	营林成本 (元/亩)	立地质量	离家距离 (公里)
桉　树	3	30	3.6	2100	400	1	7

表 5-16　联户所有的生态公益林经济损失测算表

树　种	每立方米可变现净值 (元/立方米)	蓄积量 (立方米)	出材率 (%)	出材量 (立方米)	总额 (元)
	①	②	③	④=②×③	⑤=①×④
桉　树	503.62	108	0.64	69.12	34810.25

表 5-17　联户所有的生态公益林每亩年均经济损失测算表

树　种	轮伐期 (年)	年金现值系数	每年经济损失 (元/年)	面积 (亩)	每年每亩经济损失 [元/(年·亩)]
	⑥	⑦	⑧=⑤÷⑦	⑨	⑩=⑧÷⑨
桉　树	16	8.85	3932.75	30	131.09

联户经营也是 2013 年中央一号文件倡导的。从漳浦县联户经营的案例来看,每亩营林成本比单户经营减少了 300 元;因为统一管理,让劳动力从林地中得到解放,放心外出务工,有利于农民增收;发挥规模化作用,有利于生态公益林管护。

5.5.3　村民小组的生态公益林补偿标准案例分析

漳浦县石榴乡崎溪村吴某等人的村民小组经营生态公益林(表 5-18)。村民小组基本情况为:由 13 户家庭共同经营 150 亩生态公益林。吴某有林地 35 亩,其中生态公益林 12 亩,当地林地租金为每年 60 元/亩;家里总人口 7 人,长期外出务工人数 2 人,本地涉林打工人数 1 人,家庭年纯收入 4 万元。吴某认为生态公益林保护给他家带来了 1 万元的经济损失,即每亩经济损失约 1000 元。

根据可变现净值计算公式,从表 5-19、表 5-20 可知,每年每亩经济损失为 145.66 元,因为是村民小组经营,所以还要把每年每亩经济损失按每户所占份额(10 亩/150 亩)划分,即吴某每年每亩经济损失为 9.67 元。

表 5-18　小组所有的生态公益林基本信息表

树　种	年龄 (年)	面积 (亩)	亩蓄积 (立方米/亩)	森林资源 卖价(元/亩)	营林成本 (元/亩)	立地质量	离家距离 (公里)
桉　树	3	150	4	2400	300	3	8

表 5-19　小组所有的生态公益林经济损失测算表

树　种	每立方米可变现净值（元/立方米）	蓄积量（立方米）	出材率（%）	出材量（立方米）	总额（元）
	①	②	③	④=②×③	⑤=①×④
桉树	503.62	600	0.64	384	193390.27

表 5-20　小组所有的生态公益林每亩年均经济损失测算表

树　种	轮伐期（年）	年金现值系数	每年经济损失（元/年）	面积（亩）	每年每亩经济损失［元/（年·亩）］
	⑥	⑦	⑧=⑤÷⑦	⑨	⑩=⑧÷⑨
桉树	16	8.85	21848.3	150	145.66

5.5.4　村集体所有的生态公益林补偿标准案例分析

漳浦县池湖镇前湖村集体有林地 3449 亩,其中生态公益林 2909 亩(表 5-21),当地林地租金约为每年 16.67 元/亩。该村有 1000 户,4500 人,劳动力人数 2800 人,长期外出务工人数 1000 人,村年人均纯收入约 6000 元。2013 年生态效益补偿金额总共 33744.4 元,平均每亩得到 11.60 元的生态效益补偿金。

根据可变现净值计算公式,从表 5-22、表 5-23 可知,每年每亩经济损失为 218.52 元,而平均每亩只得到 11.60 元补偿。

表 5-21　村集体所有的生态公益林基本信息表

树　种	年龄（年）	面积（亩）	亩蓄积（立方米/亩）	森林资源买卖价(元/亩)	营林成本（元/亩）	立地质量	离家距离（公里）
桉树	20	2909	6	2500	1000	3	6

表 5-22　村集体所有的生态公益林经济损失测算表

树　种	每立方米可变现净值（元/立方米）	蓄积量（立方米）	出材率（%）	出材量（立方米）	总额（元）
	①	②	③	④=②×③	⑤=①×④
桉树	503.62	17454	0.64	11170.56	5625717.43

表 5-23　村集体所有的生态公益林每亩年均经济损失测算表

树　种	轮伐期（年）	年金现值系数	每年经济损失（元/年）	面积（亩）	每年每亩经济损失［元/（年·亩）］
	⑥	⑦	⑧=⑤÷⑦	⑨	⑩=⑧÷⑨
桉树	16	8.85	635674.29	2909	218.52

5.6 补偿标准高和补偿标准低的案例分析

5.6.1 补偿标准高的案例分析——以厦门市为例

5.6.1.1 厦门市基本情况

厦门市位于台湾海峡西岸中部、闽南金三角的中心,隔海与金门县相望,陆地与南安市、安溪县、长泰县、龙海市接壤。全市土地面积 1573.16 平方公里,其中厦门本岛土地面积 141.09 平方公里(含鼓浪屿),海域面积约 390 平方公里。厦门海域是天然的避风良港,有丰富的海洋生物资源。厦门市海岸线总长约为 234 公里,其中 12 米以上深水岸线约 43 公里,适宜建港的深水岸线约 27 公里。厦门属亚热带气候,气候温和,年平均气温在 21℃ 左右,夏无酷暑,冬无严寒。年平均降雨量在 1200 毫米左右,每年 5~8 月份雨量最多。厦门市沿海地区多风且风速较大,每年平均受 4~5 次台风的影响,且多集中在 7 至 9 月份。厦门属于淡水资源匮乏的海岛型城市。

截至 2014 年年底,厦门市林地面积 100.12 万亩,其中森林面积 91.46 万亩,森林覆盖率 40.61%,森林蓄积量 295.24 万立方米,建成区绿地率、绿化覆盖率分别为 37.3%、41.8%,人均公园绿地面积达到 11.47 平方米。按林地权属划分,全市国有林地面积 21.28 万亩,集体林地面积 78.84 万亩。省级以上生态公益林面积 46.49 万亩,占全市林地面积的 46.44%,其中国有生态公益林 11.60 万亩,集体所有生态公益林 34.89 万亩,集体生态公益林占 75%。2016 年,厦门生态公益林补偿标准为中央和省级财政补偿 22 元/(年·亩),市财政补偿 43 元/(年·亩),合计 65 元,补偿标准居福建省各地区首位。

2015 年厦门市推进重点生态公益林布局优化调整和储备库建设。为落实福建省政府关于开展生态公益林布局优化调整工作的要求,厦门市组织各区按照优化调整的四大原则,将重点生态区位内的商品林调整为生态公益林,将重点生态区位外零星分散的生态公益林退出,使全市生态公益林结构、布局更加合理,森林生态功能更加完善。各区按照工作程序完成调查摸底,确定集美区和同安区列入试点,集美区拟将 1886 亩商品林转为生态公益林,同时退出 1815 亩生态公益林,同安区拟将 1062 亩商品林转为生态公益林,同时退出 711 亩生态公益林,各区已制定完成生态公益林布局优化调整总体方案上报省林业厅审批。根据要求组织岛外四区制定生态公益林储备库规划,全市共规划生态公益林储备库 8182.9 亩,其中海沧区 1152 亩,同安区 1671 亩,翔安区 148.9 亩,集美区 5211 亩,经市局审核上报省林业厅审批后执行。

5.6.1.2　选择厦门市的原因

基于本次调研的目的,通过与市政园林局的有关工作人员的访谈,把厦门市选为本次案例研究点。选点理由主要是:①厦门市是沿海城市,受台风影响较大,基于自身生产生活安全考虑和建设生态园林城市的目标,生态林业成了人们发展林业的第一选择,因此,这里的人们保护生态公益林的意愿更加强烈。②厦门市作为副省级行政单位,人均 GDP 居福建省第一,是国际花园城市,农民收入较高,追求更高层次的生态需求,相比经济利益,更在乎生态,更愿意保护生态公益林。

5.6.1.3　调查过程与方法

根据调研的目的和内容,采用二手资料收集、座谈会及关键信息人物访谈等方法,充分听取当地林业站及市政园林局的意见和建议。调查过程分为 3 个阶段完成。

第一阶段为问卷阶段。调研组成员到厦门市,与相关人员进行座谈。采用发放问卷的形式,共发放问卷 20 份,收回 18 份,有效问卷 16 份,问卷回收率 90.0%,问卷有效率 88.9%。

第二阶段为座谈阶段。在厦门市政园林局的园林绿化工程质量监督站会议室进行了关于生态公益林补偿标准的座谈会。

第三阶段为整理阶段。对获得的一手资料进行整理并录入,对二手资料进行整理、分析,同时对调研情况交流总结,对不足的资料进行了补充。拟定写作提纲,撰写调研报告。

5.6.1.4　调查分析

调查数据显示,在 16 份问卷中,认为最低补偿标准区间在 20~49 元的人数为 0;区间在 80~109 元和 109 元以上的各有 1 人,各占 6.25%;区间在 50~79 元的 9 人,占 56.25%;不知道的人数有 5 人,占比 31.25%。大部分人认为补偿标准在 50~79 元之间。有的政府工作人员认为现行的补偿标准过高,原因是在现行的补偿标准下,厦门市财政局的经济压力大;林地面积较大的林农,每年获得的生态补偿费达到几十万,几乎足以满足林农的全部生活需求,会降低这部分林农的生产积极性。

在 16 份问卷中,认为生态补偿在生态公益林保护中的作用大的人数最多,为 7 人;认为生态补偿在生态公益林保护中的作用比较大的有 3 人;认为生态补偿在生态公益林保护中的作用比较小的有 2 人;还有 4 人回答不知道。没有人认为生态补偿在生态公益林保护中没有作用。所以,从林业行政主管部门的角度来看,认为生态补偿政策可行性大,但仍然存在很多问题,如风景名胜区的林木没有纳入生态公益林中,补偿落实不到位等。受访者认为在具体政策落实上要进一步完善,可以采用基金方式来管理生态补偿金,完善相关的法律法规制度等。

5.6.1.5 启 示

通过对厦门市的调研,发现对于厦门市来说,地处经济发达地区,同时受台风影响大,因此更关注生态环境保护,更愿意保护生态公益林。改变零散管护的现状,推进生态公益林集中连片,采取置换、赎买、建立生态公益林储备库和收储中心等方法,使生态公益林规模、结构、布局更加合理。

5.6.2 补偿标准低的案例分析——以屏南县为例

5.6.2.1 屏南县基本情况

屏南县是个典型的山区农业县,位于福建省的东北部,县域面积 1485.3 平方公里,全县平均海拔 830 米,大部分地区海拔超过 800 米,山地占县域面积的 81%,境内有大小溪流 186 条,流域面积超过 60 平方公里。屏南县属于中亚热带海洋性季风性气候,四季分明,冬无严寒,夏无酷暑,雨量充沛,年降水量达 1842.3 毫米,年平均气温为 13~18℃。屏南县的区位环境为当地丰富的森林资源提供了条件,境内林业用地面积为 178.19 万亩,占土地总面积的 81.21%,森林覆盖率为 67.6%,林木蓄积量达 350 万立方米,是福建省重点林区县之一。

5.6.2.2 选择屏南县的原因

基于本次调研的目的,通过同林业局相关工作人员的座谈并结合福建省各县生态公益林情况,将屏南县选为本次研究的案例点。选点的理由主要有以下几个方面:①屏南县的多山地,多水域,加上适宜水热条件,使其拥有丰富的森林资源,全县森林面积 151 万亩,林业对于当地林农十分重要。目前,屏南县正致力于建设成为生态环境优先、林业产业发达、森林文化繁荣、林区社会和谐的现代林业先进县;②屏南县生态公益林面积 51 万亩,占县域森林总面积的三分之一,林农户均所有的生态公益林较多,生态公益林补偿对当地林农的生计影响较大。在实地调研中,发现屏南县生态公益林补偿标准普遍偏低,因此选择屏南县作为分析生态公益林补偿标准低的案例。

5.6.2.3 调查过程与方法

根据调研的目的和内容,研究采用问卷调查、二手资料收集、座谈会以及相关工作人员访谈等研究方法进行调查,并在调查的过程中充分听取当地农户和林业局相关工作人员的意见和建议。调查工作过程分为 3 个阶段完成。

第一阶段为选点阶段。调研组成员于 2013 年 8 月底到达屏南县同相关人员进行座谈。确定屏南县长桥镇的周佳山、上牛山、上圪以及甘棠镇的小梨洋和巴地 5 个村为调查样本地。

第二阶段为问卷调查和座谈阶段。研究采用入户走访和发放问卷的调查方式,用随机抽样的方法选取 50 户农户进行调查,调查过程中共发放问卷 50 份,问卷内容涉及农户基本特征、不同树种的现行补偿标准及农户的补偿标准意愿等情况。此外,调查组在 5 个村的村委会与村干部及部分村民代表进行座谈。

第三阶段为整理阶段。对获得的一手资料进行整理、录入与分析,对收集的二手资料进行整理和分析。

5.6.2.4 调查分析

调查的 5 个村,2013 年年底生态公益林总面积为 6930 亩,其中由集体统一管护的生态公益林面积为 1700 亩,其他生态公益林均为村民个人经营,占生态公益林总面积的 75.47%。生态公益林的主要树种有阔叶树、毛竹、杉木和马尾松。2013 年,屏南县生态公益林补偿资金均来源于中央和省级财政,按照每年每亩 17 元进行补偿,扣除公共管护费 0.25 元,实际拨付的生态公益林补偿资金为 16.75 元/(年·亩)(其中分给农户的比例不低于 65%),有 2 个村的村干部认为目前生态公益林补偿标准偏低,无法弥补林农的经济损失。

根据调查结果,拥有生态公益林的仅有 20 户,占受访农户的 40%,受访农户生态公益林面积为 450 亩;26 户表示对生态公益林补偿政策有一定的了解;14 户认为目前政府确定的 35% 生态公益林比例偏高;受访农户中仅有 26% 对现行的生态公益林补偿政策表示满意,部分农户认为目前政府的生态公益林补偿标准偏低,受访农户的平均补偿标准意愿为 35 元/(年·亩);大部分农户表示政府应根据地区差异及林分情况适当提高生态公益林补偿标准,减少农户因生态保护而造成的经济损失。受访农户除了对补偿标准提出意见之外,也有部分农户认为目前的生态公益林管理缺乏规范化,56% 的农户提出政府应当建立生态公益林生态补偿参与制度、协调与仲裁制度以及意见表达与诉求制度。

5.6.2.5 启 示

通过对屏南县的调研,发现该县森林资源丰富,农民对林业生产的依赖性较大,林业收入占农户收入的比重较高。在生态公益林的管理上,集体统一管护的部分所占比重较小,大部分生态公益林由农户自主经营,由于生态公益林的保护政策,大部分林农对其采用粗放型经营模式,经营管理效率较低。在调研的过程中发现,目前大部分生态公益林能够按时获得补偿款,但是农户对于生态公益林生态补偿制度的了解度较低,大部分农户提出应当完善生态公益林补偿制度,让农户拥有参与权,更有利于服务于民,保障农民的基本权益。

根据现行的生态公益林补偿制度,生态公益林保护所造成的经济损失无法得到足够补偿。由于地区之间存在着区域经济、环境、资源的差异,使得农户的经济损失存在一定的差异性。而统一的补偿标准,无法保障大部分农户的经济利益,因此,应当不断完善生态公益林补偿制度,将区域经济、环境和资源方面的差异也作为补偿标准制订的依据,应当考虑森林的林分结构差异。

目前各个地区上级下拨的补偿标准相同,即采用统一的生态公益林补偿标准。一般情况下,经济发达地区财政收入更高,会追加补偿标准,所以经济发达地区补偿标准更高;而经济不发达地区财政收入较低,不会增加补偿标准,所以补偿标准较低。这与当地林农的生态公益林补偿标准需求意愿不一致。所以,建议上级不要采用统一的补偿标准,制定分地区的生态公益林分类补偿标准。

5.7 福建省生态公益林保护造成的经济损失与现行补偿标准差异的计量分析

5.7.1 研究对象概况

福建省是我国南方重点林区之一,拥有丰富的森林资源,生态环境较好。据第八次森林资源清查的结果显示,福建省森林覆盖率达到了 65.95%。福建省作为生态省,在生态公益林的管理上有较为完善的规章制度。福建省对生态公益林保护和生态补偿进行了积极的探索,省财政对生态补偿的预算资金不断增加。

5.7.2 数据来源

以福建省样本县生态公益林为研究对象,以小班为单位,采用随机抽样的方法,从中选取 400 个小班样本,其中数据有效的小班样本为 371 个,有效率达到 92.75%。

研究对象是生态公益林保护带给林农的实际经济损失,用禁伐带来的经济损失与林农所获补偿费的差值表示。本研究中经济损失的计算是综合了可变现净值和年金的计算方法(具体见 5.1.1),所获补偿费数据是样本林农实际收到的生态公益林补偿资金。

5.7.3 变量选择

通过实地调研,发现生态公益林保护对林农造成的实际经济损失与林地、林木的基本情况之间存在相关性。林地、林木基本情况数据主要来源于样本地小班一览表,主要包括树种、郁闭度、林龄、平均树高、亩蓄积和立地质量等。

将生态公益林保护造成的经济损失与实际收到的补偿标准之间的差异作为因变量(Y)。根据文献综述和实地调研的情况,本研究选取以下指标作为自变量:郁闭度(X_1)、平均胸径(X_2)、平均树高(X_3)、亩蓄积(X_4)、平均林龄(X_5)、立地质量(X_6)、保护等级(X_7)、生态保护等级(X_8)和树种(D),其中,树种分为三种情况,是否为马尾松(D_1),是否为杉木(D_2)和是否为阔叶树(D_3)(表 5-24)。

表 5-24 变量定义

变量名称	符号	说明及赋值
差异(实际经济损失)	Y	经济损失与现行补偿标准之间的差异值,每年每亩
郁闭度	X_1	森林中乔木树冠遮蔽地面的程度
平均胸径	X_2	小班乔木的平均胸高直径,即主干离地面1.3米处的直径
平均树高	X_3	小班乔木的主干平均高度
亩蓄积	X_4	单位面积(亩)林分中所有活立木材积的总和
平均林龄	X_5	小班乔木的平均林龄
立地质量	X_6	1=肥沃;2=较肥沃;3=中等肥沃;4=瘠薄
保护等级	X_7	生态公益林的保护等级(一级;二级;三级)
生态保护等级	X_8	1=国家级;2=省级;3=省级以下
是否为马尾松	D_1	1=是;0=否
是否为杉木	D_2	1=是;0=否
是否为阔叶树	D_3	1=是;0=否

5.7.4 模型构建

运用 STATA12.0 软件对数据进行回归分析。由于本研究的因变量:损失与补偿的差异值是一个连续变量,因此本研究选用 OLS 回归分析,多元线性回归模型形式如下:

$$Y = \beta_0 + \beta_1 X_1 + \beta_2 X_2 + \cdots \beta i X_i + \varepsilon$$

其中,β_0,β_1,$\cdots$,β_i 是 $i+1$ 个未知参数;β_0 为回归方程的常数项;β_1,$\cdots$,β_i 是回归系数;Y 是因变量;X_1,X_2,$\cdots$,X_i 是自变量;ε 是随机误差项。

5.7.5 描述性统计分析

样本中小班林分的郁闭度都在 0.6 以上;样本林木的平均胸径为 19.46 厘米,平均树高为 45.75 米;亩蓄积的平均值为 12.76 立方米,其中范围在 0~10 立方米内的样本占总体的 70.62%,11~20 立方米范围内的样本占 21.83%,亩蓄积在 21 立方米以上的仅占总体的 7.55%。林龄的均值为 39.82 年,大多数林木为成熟林。

由表 5-25、表 5-26 可见,本研究样本中,小班立地质量肥沃的占总体的 18.60%,较肥沃的样本量占总体的 36.93%,中等肥沃与瘠薄的分别占总体的 34.23%、10.24%;马尾松的小班占样本总体的 36.93%,杉木的样本量占总体的 23.99%,阔叶树占总体的 39.08%。

表5-25 立地质量统计表

立地质量	肥 沃	较肥沃	中等肥沃	瘠 薄
数 量	69	137	127	38
百分比(%)	18.60	36.93	34.23	10.24

表5-26 树种情况统计表

树 种	马尾松	杉 木	阔叶树
数 量	137	89	145
百分比(%)	36.93	23.99	39.08

5.7.6 回归结果分析

本研究运用STATA12.0软件,对371份有效样本数据进行回归分析,分析结果见表5-27。

表5-27 模型分析结果

Source	SS	df	MS
Model	190384492	10	19038449.2
Residual	1152083.79	360	3200.23275
Total	191536575	370	517666.42

Number of obs = 371
F(10, 360) = 5959.08
Prob > F = 0.0000
R-squared = 0.9940
Adj R-squared = 0.9938
Root MSE = 56.571

Y	Coef.	std. Err.	t	p>|t|	[95% Conf.	Interval]
X_1	−186.8732	4.683531	−39.90	0.000	−196.0837	−177.6627
X_2	−0.7626724	0.4925281	−1.55	0.122	−1.731266	0.2059214
X_3	−2502677	0.0833924	−3.00	0.003	−414265	−0.0862703
X_4	50.18634	0.3705148	135.45	0.000	49.45769	50.91498
X_5	−2.110054	0.3009917	−7.01	0.000	−2.701977	−1.518131
X_6	−0.596527	3.468448	−0.17	0.864	−7.417492	6.224438
X_7	10.19985	6.074374	1.68	0.094	−1.745864	22.14557
X_8	−25.64041	6.520367	−3.93	0.000	−38.5632	−12.81761
D_1	−135.4881	9.117012	−14.86	0.000	−152.4174	−117.5588
D_3	−141.5315	11.55937	−12.24	0.000	−164.2639	−118.7991
_cons	264.8879	21.16938	12.51	0.000	223.2567	306.5191

从上述分析结果,可以看到,模型的 F 值$(9,363)$ = 5949.08,P 值$(Prob>F)$ = 0.0000,通过 0.05 的显著性检验,说明模型在整体上具有统计学意义。

郁闭度(X_1),平均树高(X_3),亩蓄积(X_4),林龄(X_5)和生态等级(X_8)五个自变量的 P 值均小于 0.05,通过了 5% 的显著性检验。此外,是否为马尾松(D_1)和是否为硬阔(D_3)两个变量也通过了 5% 的显著性检验,说明树种(D)对因变量 Y 有显著影响。

回归方程如下:

$$Y = 264.89 - 186.87X_1 - 0.25X_3 + 50.19X_4 - 2.11X_5$$
$$- 25.64X_8 - 135.49D_1 - 141.53D_3$$

根据以上数据实证分析的结果,可知:

第一,亩蓄积与林农的实际经济损失存在显著的正向关系。林分亩蓄积越高,在出材率一定的情况下,出材量就越高,那么可获得的经济收益也越高,生态公益林保护导致的经济损失也就越大。为了尽可能地减少生态公益林保护给林农带来的实际经济损失,应当在恰当地范围内增加生态公益林补偿标准。

第二,不同树种显著影响林农的实际经济损失。不同树种之间在原木价格、出材量、轮伐期等方面均存在差异,因此,马尾松、杉木和阔叶树的禁伐给林农带来的实际经济损失存在显著差异。目前,福建省实行的生态公益林补偿标准是统一的,不分树种,这种补偿方式在一定程度上将会产生失公现象。

5.8　案例分析结论

通过案例分析,本研究得出以下主要结论:

第一,收入增减案例比较分析结论。从收入增加的案例可得,商品林变成生态公益林后,通过发展生态公益林林下经济或生态旅游等非木质产业,可以增收。武夷山市星村村因为属于森林景区,每年每亩收入增加 3.66 元;程墩村因为发展林下经济,每年每亩收入增加 216.91 元。从收入减少的案例可得,应当通过计算生态公益林具体的经济损失来确定补偿标准的提高金额,并且因地制宜开发生态公益林非木质价值,扭转经济受损局面。

第二,经济发达程度不同的案例比较分析结论。从发达地区的案例可得,在经济较发达地区可以保留现有补偿标准,同时不断增强当地生态公益林生态功能。漳州市农户因为对森林不具有高的经济依赖性,所以不把补偿标准的高低作为保护生态公益林的判断标准,他们更关心生态环境。从落后地区的案例可得,应当提高经济落后地区的补偿标准,提高农户护林的积极性。政和县农户身处经济落后地区,他们非常关注自己的经济利益是否受损?因此更关心生态补偿标准的高低与落实情况。通过两者的对比可知,一方面,可以依靠发展当地经济,引导林农外出就业增加收入,来降低对森林的经济依赖性,从而保护生态公益林;另一方面,由于福建省区域经济社会发展水平不平衡,有像漳州市这样的经济较发达地区,也有经济不发达的地区如政和县,各地生态环境条件相差也比较大,所以需要实施有差异的区域生态补偿政策,制订相应的分类补偿标准。

第三,通过将生态公益林保护成功和失败的案例进行对比可知,生态公益林保护成败主要在于林农的认识是否到位、补偿资金是否到位、管护和监督是否到位、补偿标准的高低以及惩罚措施是否严厉等方面。

第四,通过生态公益林生态补偿标准差异的测算与计量分析得出,生态公益林生态补偿标准的制定需要分林龄、分树种实施分类补偿,进一步完善生态公益林生态补偿制度。

6 福建省生态公益林保护对林农的经济影响评估

为了评估福建省生态公益林保护对林农的经济影响,拟在福建省对以下两类林农进行样本调查:①研究期内新增生态公益林的所有者(参与生态公益林保护),即在2002~2013年之间生态公益林面积增加了,作为处理组样本;②研究期内没有新增生态公益林的所有者(没有参与生态公益林保护),其森林从前是商品林,现在还是商品林,作为控制组样本。

根据调查资料,应用倍差法计量分析福建省生态公益林保护对林农的经济影响及其差异,分析参与生态公益林保护的林农实施保护前后收入变化和非参与生态公益林保护的林农实施保护前后收入变化的差异。

本研究在问卷调查时,首先了解生态公益林保护对林农造成的经济损失(依据森林资源买卖价或可变现净值计算,对于成熟林,计算受访者所拥有的各树种商品林和生态公益林的蓄积量和出材量,调查当地2013年各类木材价格,计算木材销售收入和成本)。然后,根据这个经济损失估算其生态公益林每年每亩的经济损失,最后基于该经济损失询问林农对生态公益林每年每亩补偿标准的接受意愿。

6.1 样本地区基本情况

根据2002、2013和2015年度《福建统计年鉴》和《福建省林业(森工)统计年鉴》,可以获得表6-1至表6-6数据,从中可以了解样本地区基本情况。

从表6-1可知,样本县地区生产总值和福建省GDP增长率差不多,2013年样本县地区生产总值是2002年的4.5倍,与全省4.65倍的增长速度差不多,增长速度较快。增长速度相对比较快的是长泰县和武夷山市,因为长泰县毗邻厦门市,靠近沿海经济发达地区;武夷山市旅游等第三产业发展较快。从表6-2可知,样本地区人均GDP增长速度较快,2013年样本县人均GDP是2002年的5.05倍,高于全省增长速度4.29倍。

从表6-3可知,样本地区农村居民人均可支配收入增长速度与全省平均增长速度相同,2013年是2002年的3.16倍。农村居民人均可支配收入的提高,使农民对生态公益林的经济依赖程度降低,有利于保护生态公益林。

表 6-1　福建省样本(市)县地区生产总值(亿元)

样本地区	基期 2002 年	2013 年	增长率(%)	2015 年	增长率(%)
武夷山市	21.06	109.89	5.22	138.88	6.59
建瓯市	37.28	158.39	4.25	198.67	5.33
永安市	57.42	270.16	4.70	314.58	5.48
漳平市	31.61	154.78	4.90	186.19	5.89
尤溪县	33.80	157.05	4.65	188.07	5.56
屏南县	11.04	52.84	4.79	63.58	5.76
政和县	8.62	38.92	4.52	49.96	5.80
仙游县	50.26	239.92	4.77	309.74	6.16
永定县	34.55	168.59	4.88	198.23	5.74
霞浦县	39.00	151.25	3.88	181.44	4.65
长泰县	27.21	149.51	5.49	186.36	6.85
漳浦县	73.13	259.80	3.55	318.76	4.36
样本县合计	424.98	1911.1	4.50	2334.46	5.49
福建省合计	4682.01	21759.64	4.65	25979.82	5.55

表 6-2　福建省样本(市)县人均 GDP(元)

样本地区	基期 2002 年	2013 年	增长率(%)	2015 年	增长率(%)
武夷山市	9687	47779	4.93	59991	6.19
建瓯市	7222	34887	4.83	44002	6.09
永安市	17667	77587	4.39	90138	5.10
漳平市	11527	64492	5.59	77579	6.73
尤溪县	8030	44564	5.55	53127	6.62
屏南县	6067	38851	6.40	46290	7.63
政和县	3937	23305	5.92	30187	7.67
仙游县	5008	28630	5.72	36483	7.28
永定县	7427	46828	6.31	55064	7.41
霞浦县	7580	32740	4.32	39125	5.16
长泰县	14053	69719	4.96	85525	6.09
漳浦县	9061	32299	3.56	39083	4.31
样本县平均	8939	45140	5.05	656594	6.12
福建省平均	13497	57856	4.29	67966	5.04

从表6-4可知,样本地区地方财政收入增长速度较快,2013年是2002年的8.54倍,略低于全省的8.93倍。地方财政收入的迅速提高也降低了对林业的财政依赖,而且使一些地方财政有能力对市、县级生态公益林保护进行生态补偿,而且这种能力还在不断提高。

表6-3 福建省样本(市)县农村居民人均可支配收入(元)

样本地区	基期2002年	2013年	增长率(%)	2015年	增长率(%)
武夷山市	3401	11546	3.39	13415	3.94
建瓯市	3644	11587	3.18	13419	3.68
永安市	3850	11245	2.92	13869	3.60
漳平市	3316	10700	3.23	13385	4.04
尤溪县	3530	10691	3.03	13213	3.74
屏南县	2935	9165	3.12	11091	3.78
政和县	2603	7450	2.86	9608	3.69
仙游县	3152	9728	3.09	12573	3.99
永定县	3429	11423	3.33	14136	4.12
霞浦县	3221	10785	3.35	12533	3.89
长泰县	3693	11934	3.23	14736	3.99
漳浦县	3781	11914	3.15	14856	3.93
样本县平均	3380	10681	3.16	13070	3.87
福建省平均	3538.74	11184	3.16	13793	3.90

表6-4 福建省样本(市)县地方财政收入(万元)

样本地区	基期2002年	2013年	增长率(%)	2015年	增长率(%)
武夷山市	8003	91655	11.45	95866	11.98
建瓯市	10792	75699	7.01	89438	8.29
永安市	27999	162021	5.79	172142	6.15
漳平市	9823	70124	7.14	63826	6.50
尤溪县	12022	71611	5.96	73357	6.10
屏南县	3216	27019	8.40	34500	10.73
政和县	2859	26998	9.44	37190	13.01
仙游县	16467	138260	8.40	183701	11.16
永定县	12613	95636	7.58	103204	8.18
霞浦县	9214	74270	8.06	95134	10.32
长泰县	4911	109185	22.23	131392	26.75
漳浦县	12542	172068	13.72	219386	17.49
样本县合计	130461	1114546	8.54	1299136	9.96
福建省合计	2373047	21194455	8.93	25442357	10.72

从表6-5可知,样本地区木材产量2013年比2002年略有增加,但是2015年比2013年减少。建瓯市、永安市和漳平市2013年木材产量就已经减少,2015年更少。木材产量显著增加的是闽南漳州地区的长泰县和漳浦县,原因在于这两个样本县速生丰产林桉树面积比较大,占有林地面积的三分之一左右,木材产量绝大部分来源于桉树。

从表6-6可知,样本地区2002年生态公益林造林面积少,大部分样本县为0,2013年生态公益林造林面积大幅度增加,从25217亩增加到140969亩,增加了5.6倍,2013年和2015年绝大部分样本县都有营造生态公益林。2013年比2002年人工造林更新面积增加,2015年又减少,主要是因为目前无林地在不断减少。

表 6-5　福建省样本(市)县木材产量(立方米)

样本地区	基期 2002 年	2013 年	增长率(%)	2015 年	增长率(%)
武夷山市	83557	106950	1.28	110951	1.33
建瓯市	424871	325288	0.77	316810	0.75
永安市	346865	298697	0.86	263392	0.76
漳平市	205671	171176	0.83	137390	0.67
尤溪县	217339	524378	2.41	232635	1.07
屏南县	12650	32463	2.57	27111	2.14
政和县	63254	72107	1.14	76121	1.20
仙游县	26799	76364	2.85	99759	3.72
永定县	35315	66405	1.88	107574	3.05
霞浦县	16208	47090	2.91	44091	2.72
长泰县	19123	107715	5.63	86146	4.50
漳浦县	13306	122253	9.19	94902	7.13
样本县合计	1464958	1950886	1.33	1596882	1.09
福建省合计	4591197	7263837	1.58	5880264	1.28

表 6-6　福建省样本(市)县人工造林更新面积(亩)

样本地区	基期 2002 年	其中生态公益林	2013 年	其中生态公益林	增长率(%)	2015 年	其中生态公益林	增长率(%)
武夷山市	10987	0	23643	17390	2.15	6744	3259	0.61
建瓯市	43196	0	48782	4456	1.13	19000	5000	0.44
永安市	45278	0	47575	25863	1.05	6914	2704	0.15
漳平市	30520	0	27885	11748	0.91	6685	3383	0.22
尤溪县	41599	0	47850	26849	1.15	15104	3954	0.36

（续）

样本地区	基期2002年	其中生态公益林	2013年	其中生态公益林	增长率（%）	2015年	其中生态公益林	增长率（%）
屏南县	16500	2285	28481	12340	1.73	13051	300	0.79
政和县	20176	0	16670	3089	0.83	6021	0	0.30
仙游县	9462	60	32775	1511	3.46	11950	800	1.26
永定县	9140	0	19173	10623	2.10	4852	997	0.53
霞浦县	16768	13372	28573	21500	1.70	11067	3000	0.66
长泰县	8717	0	22600	5600	2.59	2644	0	0.30
漳浦县	13500	9500	33850	0	2.51	3928	1608	0.29
样本县合计	265843	25217	377857	140969	1.42	107960	25005	0.41
福建省合计	956307	165447	1626198	273488	1.70	508793	160400	0.53

6.2 不同类别的生态公益林保护对林农的经济影响差异分析

6.2.1 不同树种生态公益林保护对林农的经济影响差异分析

根据调研结果计算,福建省样本地区生态公益林保护和禁伐造成的经济损失由表6-7可见:杉木的平均经济损失为2025.21元/亩,桉树的平均经济损失为2383.86元/亩,马尾松的平均经济损失为1297.96元/亩,阔叶树的平均经济损失为1621.00元/亩,木麻黄的平均经济损失为1352.04元/亩。可见,福建省样本地区生态公益林保护和禁伐造成桉树和杉木的平均经济损失较大,马尾松的平均经济损失较小,桉树的经济损失比马尾松多1085.90元/亩,不同树种经济损失差异较大。

表6-7 按树种分类的经济损失

树 种	平均经济损失(元/亩)	排 序
杉 木	2025.21	2
桉 树	2383.86	1
马尾松	1297.96	6
阔叶树	1621.00	4
木麻黄	1352.04	5
其 他	1917.38	3

6.2.2　不同龄级生态公益林保护对林农的经济影响差异分析

　　根据调研结果计算,因保护和禁伐生态公益林而导致的每亩经济损失情况见表 6-8,近、成、过熟林每亩平均经济损失为 2332.55 元,中龄林每亩平均经济损失为 2041.46 元,幼龄林每亩平均经济损失为 1619.45 元,可见,不同龄级经济损失存在差异。

表 6-8　按龄级分类的经济损失

林　龄	每亩平均经济损失(元/亩)
近、成、过熟林	2332.55
中龄林	2041.46
幼龄林	1619.45

6.3　样本描述性统计分析

6.3.1　控制组和处理组样本情况

　　本课题 2012 年立项,研究起止时间 2013 年 1 月至 2016 年 12 月,所以样本对象各个变量的时间为 2013 年度,数据采集时间为 2014 年。

　　本研究采用分层抽样方法在福建省 12 个样本县抽取了 840 个林农,其中 331 个林农从前拥有生态公益林,现在也有生态公益林,生态公益林面积没有变化,或者从前有生态公益林,因为被征地或者转让等,现在生态公益林面积减少或者没有生态公益林,不符合本研究样本对象要求,没有进一步进行详细的问卷调查。509 个样本属于本研究样本对象,进行了访谈式的实地问卷调查,有效样本 490 个,其中 80 个样本是处理组,占 16.33%;410 个样本是控制组,占 83.67%(表 6-9)。

表 6-9　样本分类及比例

样本分类	样本数	比　例(%)
控制组	410	83.67
处理组	80	16.33
合　计	490	100

6.3.2　不同林地面积的林农林业收入情况分析

6.3.2.1　林地面积小于平均值的林农林业收入情况

　　被调查林农的林地面积平均约为 35 亩,小于平均值的林农中,超过 50%的林农林业收入为0,这是由于林业生产周期长,很多林木在生长初期主要是投入,到了一定的年限,才会有产出。接近90%的林农收入在10000元以下,说明林农林业收入普遍不高,林业收入高的占少数(表6-10)。

表6-10　林地面积小于平均值的林农林业收入情况

林农林业收入(元)	百分比(%)	累计百分比(%)
0	52.97	52.97
0~10000	36.14	89.11
10001~50000	3.96	93.07
50001~100000	1.73	94.8
>100001	5.2	100
合　计	100	

6.3.2.2　林地面积大于平均值的林农林业收入情况

被调查林农的林地面积高于平均水平的,林农的林业收入为0的也超过了一半,但与面积较少的林农相比,林业收入整体较高,超过20%的林农林业收入在10001元以上;林业收入高于100001元的林农比林地面积较少的林农高出3个百分点(表6-11)。

表6-11　林地面积大于平均值的林农林业收入情况

林农林业收入(元)	百分比(%)	累计百分比(%)
0	53.49	53.49
0~10000	26.74	80.23
10001~50000	10.47	90.7
50001~100000	1.16	91.86
>100001	8.14	100
合　计	100	

可见,林地面积是主要林业生产要素,林农林业收入与林地面积成正比。

6.3.3　拥有不同树种的林农林业收入情况分析

如果林农同时拥有不同树种,按照面积最大的树种分类。

6.3.3.1　拥有毛竹、油茶、柑橘等经济林的林农林业收入情况

拥有毛竹、油茶、柑橘等经济林的林农,绝大部分都有林业收入,接近九成的林农林业收入小于等于10000元,高收入的林农非常少,在50001~100000元的不到1%,林农从事经济林的生产经营,收入普遍不高(表6-12)。

表 6-12　拥有经济林的林农林业收入情况

林农林业收入（元）	百分比（%）	累计百分比（%）
0～10000	90.06	90.06
10001～50000	5.52	95.58
50001～100000	0.55	96.13
>100001	3.87	100
合　计	100	

6.3.3.2　拥有桉树的林农林业收入情况

桉树属于速生丰产林,在拥有桉树林农中,2013 年接近一半的林农没有桉树采伐收入,这是因为种植桉树需要几年的生长周期,在桉树生长的初期,基本上都是投入较多,特别在前两年,投入最多。林业收入超过 10 万元的林农占 7.27%(表 6-13)。

表 6-13　拥有桉树的林农林业收入情况

林农林业收入（元）	百分比（%）	累计百分比（%）
0～10000	87.27	87.27
10001～50000	1.82	89.09
50001～100000	3.64	92.73
>100001	7.27	100
合　计	100	

6.3.3.3　拥有马尾松的林农林业收入情况

在拥有马尾松的林农中,林业收入小于等于 10000 元的林农占 81.63%(许多林农 2013 年没有马尾松采伐收入),林业收入在 10001～50000 元的林农占 7.15%;林业收入在 50001～100000 元的林农占 3.06%;林业收入大于 100001 元的林农占 8.16%(表 6-14)。

表 6-14　拥有马尾松的林农林业收入情况

林农林业收入（元）	百分比（%）	累计百分比（%）
0～10000	81.63	81.63
10001～50000	7.15	88.78
50001～100000	3.06	91.84
>100001	8.16	100
合　计	100	

6.3.3.4　拥有杉木的林农林业收入情况分析

在被调查的林农中,2013 年有 61.54% 的林农没有杉木采伐收入,林业收入小于等于 10000 元的林农占 87.41%,林业收入大于 100001 元的林农占 6.29%(表 6-15)。

表 6-15 拥有杉木的林农林业收入情况

林农林业收入(元)	百分比(%)	累计百分比(%)
0~10000	87.41	87.41
10001~50000	4.9	92.31
50001~100000	1.4	93.71
>100001	6.29	100
合 计	100	

此外,拥有经济林的样本间林业收入比较均衡,收入差异较小,因为经济林成熟后,每年都有收入,拥有桉树、杉木、马尾松等用材林的样本间林业收入差异较大,2013 年有采伐,才有收入。

6.3.4 拥有不同起源林地的林农林业收入情况分析

如果林农同时拥有天然林和人工林,按照面积较大的分类。

6.3.4.1 拥有天然林的林农林业收入情况

拥有天然林的林农,没有林业收入的占 45.9%(2013 年没有经济林采集收入和木材采伐收入),林业收入在 0~10000 元的占 37.16%,林业收入在 10001~50000 元的占 6.01%,林业收入在 50001~100000 元的占 2.73%,林业收入超过 100001 元的占 8.2%(表 6-16)。

表 6-16 拥有天然林的林农林业收入情况

林农林业收入(元)	百分比(%)	累计百分比(%)
0	45.9	45.9
0~10000	37.16	83.06
10001~50000	6.01	89.07
50001~100000	2.73	91.8
>100001	8.2	100
合 计	100	

6.3.4.2 拥有人工林的林农林业收入情况

拥有人工林的林农,没有林业收入的超过一半,林业收入在 0~10000 元的占 32.9%,林业收入在 10001~50000 元的占 4.56%,林业收入超过 100001 元的占 4.23%(表 6-17)。

表 6-17　拥有人工林的林农林业收入情况

林农林业收入(元)	百分比(%)	累计百分比(%)
0	57.33	57.33
0~10000	32.9	90.23
10001~50000	4.56	94.79
50001~100000	0.98	95.77
>100001	4.23	100
合　计	100	

6.3.5　拥有不同龄级林分的林农林业收入情况分析

由表 6-18 可见,拥有中幼林的林农林业收入大部分在 10000 元以下,占 85.99%;拥有近、成、过熟林的林农林业收入大部分在 10000 元以下,占 89.27%。拥有近、成、过熟林的林农林业收入没有比拥有中幼龄林的林农更高,原因是这里计算的林业收入是货币性收入,不包括森林资产增值,拥有中幼龄林的林农,可能当年将成熟林采伐了,取得货币收入,林业收入增加了,成熟林却没有了。此外,有些林农同时拥有不同龄级森林,只不过所占比例不同而已。

表 6-18　拥有不同龄级林分的林农林业收入情况

林农林业收入（元）	中幼林		近、成、过熟林	
	百分比(%)	累计百分比(%)	百分比(%)	累计百分比(%)
0	52.14	52.14	54.08	54.08
0~10000	33.85	85.99	35.19	89.27
10001~50000	5.06	91.05	5.15	94.42
50001~100000	1.95	93.00	1.29	95.71
>100001	7.00	100	4.29	100
合　计	100		100	

6.3.6　各变量的相关性分析

相关系数是度量两个变量之间的线性关系强度的统计量,是分析社会经济现象之间的线性关系,消除复杂关系中非本质偶然因素的影响,以此找出现象间相关程度和密切程度,计算公式如下:

$$r = \frac{\sum_{i=1}^{n}(x_i - \bar{x})(y_i - \bar{y})}{\sqrt{\sum_{i=1}^{n}(x_i - \bar{x})^2 \sum_{i=1}^{n}(y_i - \bar{y})^2}}$$

其中 r 表示相关系数, x_i 和 y_i 表示第 i 个变量, $\bar{x}$ 和 $\bar{y}$ 表示变量的均值, n 表示变量的样本空间。 r 的取值范围在 -1~$+1$ 之间,即 $-1 \leqslant r \leqslant 1$,若 $r=+1$,表明 x

与 y 完全线性相关。可见，|r|＝1 时，y 的取值完全依赖于 x，二者之间即为函数关系；当 $r＝0$ 说明 y 的取值与 x 无关，即二者之间不存在线性关系。相关系数绝对值 $0<r≤0.3$ 为微弱相关，在 $0.3<r≤0.5$ 之间为低度相关，在 $0.5<r≤0.8$ 之间为显著相关，在 $0.8<r<1$ 之间为高度相关。

由表 6-19 可以看出，样本林农家庭劳动力与户主职业、地区人均收入等变量之间为微弱相关；户主职业与地区人均收入和受教育程度等之间微弱相关；地区人均收入与人均 GDP 之间为显著相关，与其他变量之间为微弱相关；林龄与林农拥有耕地面积等变量之间微弱相关，与树种低度相关；受教育程度与林农所拥有的耕地面积、树种和人均 GDP 等变量之间微弱相关；林农所拥有的耕地面积与人均 GDP、林地面积等变量之间微弱相关；树种与林地面积、森林起源等变量之间微弱相关；人均 GDP 与林地面积、生态公益林面积等变量之间微弱相关；林地面积与森林起源、生态公益林面积等变量之间微弱相关；森林起源与生态公益林面积、是否生态公益林等变量之间微弱相关。

表 6-19　各变量的相关性分析

	家庭劳动力	户主职业	地区人均收入	林　龄	受教育程度	耕地面积
家庭劳动力	1.0000					
户主职业	0.0466	1.0000				
地区人均收入	−0.0261	0.0267	1.0000			
林龄	−0.1005	0.097	0.1269	1.0000		
受教育程度	−0.1889	0.1667	0.1686	0.0176	1.0000	
耕地面积	0.0631	0.1104	−0.0881	0.0156	−0.083	1.0000
树种	0.1002	−0.0102	0.0411	−0.3264	0.0064	−0.0795
人均 GDP	−0.1441	−0.0624	0.7824	0.0708	0.1567	0.0200
林地面积	−0.0146	−0.0181	0.0968	−0.0356	0.0722	0.0277
起源	0.1613	0.0717	−0.1482	0.1131	−0.1297	0.1555
生态公益林面积	−0.0872	−0.044	−0.0266	0.0665	0.0402	0.0848
是否生态公益林	−0.0159	−0.1008	0.1953	0.0879	−0.0200	0.0344

	树种	人均 GDP	林地面积	起源	生态公益林面积	是否生态公益林
家庭劳动力						
户主职业						
地区人均收入						
林龄						
受教育程度						
耕地面积						
树种	1.0000					
人均 GDP	−0.0151	1.0000				
林地面积	0.0162	0.1894	1.0000			
起源	−0.0570	−0.2093	−0.0626	1.0000		
生态公益林面积	0.0155	0.0306	0.2460	−0.0027	1.0000	
是否生态公益林	0.0552	0.2218	0.1004	−0.0258	0.2543	1.0000

数据来源：根据调研数据计算得出。

6.3.7 基期与报告期各变量的变化分析

通过对比样本林农 2002 年和 2013 年各个变量的平均水平,可以得到如下结果:2013 年样本林农家庭收入的平均水平相比 2002 年有了明显的提高,增长了 86%,主要得益于经济发展,同时由于通货膨胀,名义货币收入也增加了;2013 年林业收入占家庭收入比例提高到 0.15%,相比 2002 年的 0.08%,增长了85%。2002 年林业收入平均水平为 1234.54 元,2013 年达到了 4944.27 元,林业收入增长率达 301%,林业收入显著提高,一方面由于集体林权改革,原来属于村集体的森林分给了林农;另一方面由于 2002~2013 年木材价格大幅度提高。2002 年林农家庭劳动力人数平均为 3.18,2013 年平均为 3.42,增长了0.24,增长率 8%;2002 年地区人均收入平均为 4419.04 元,2013 年地区人均收入平均为 7720.68 元,增长了 3301.64,增长率 75%,增长率小于林业收入的增长率。2002 年样本林农家庭耕地面积平均为 4.64 亩,2013 年平均为 4.75 亩,增长了 0.11 亩,增长率为 2%;2002 年人均 GDP 为 12283.18 元,2013 年为25702.54 元,增长了 13419.36 元,增长 109%;2002 年家庭林地面积为 9.57 亩,2013 年为 48 亩,增长了 39.43 亩,增长率 401%,主要是由于集体林权改革制度后,原来属于村集体的林地分到户,使得家庭林地面积有了较大增长。2002 年生态公益林面积户均为 24.11 亩,2013 年为 36.45 亩,增长了 12.34,增长率为51%,生态公益林面积有了明显的增加,主要原因是国家开始关注生态保护,许多新建的高速公路、铁路两边的森林划入生态公益林。2013 年与 2002 年相比,禁止采伐的生态公益林比例增加了 21.13%,说明生态公益林保护更加严格了(表 6-20)。

表 6-20 各变量在参与生态公益林保护前后的变化

变 量	参与前 2002 年平均数	参与后 2013 年平均数	增长率(%)
家庭收入(元)	22995.68	42793.90	86
林业收入占家庭收入百分比(%)	0.08	0.15	85
林业收入(元)	1234.52	4944.27	301
家庭劳动力(人)	3.18	3.42	8
地区人均收入(元)	4419.04	7720.68	75
家庭耕地面积(亩)	4.64	4.75	2
人均 GDP(元)	12283.18	25702.54	109
家庭林地面积(亩)	9.57	48.00	401
林地起源	1.62	1.64	1
生态公益林面积(亩)	24.11	36.45	51
禁止采伐的生态公益林比例(%)	0.4557	0.5520	21.13

数据来源:调研数据计算得出。

各树种面积比例变化见表6-21,2002年经济林面积占比49.42%,木麻黄面积占比5.26%,桉树面积占比2.04%,马尾松面积占比15.61%,杉木面积占比27.85%,可见,经济林面积比重最大,其次是杉木、马尾松面积,最后是木麻黄和桉树;2013年,经济林面积占比18.44%,木麻黄面积占比1.2%,桉树面积占比24.63%,马尾松面积占比24.23%,杉木面积占比31.49%。可见,2013年样本林农桉树面积比例大幅度增长,这与福建省2002~2010年之间推广种植速生丰产林桉树有关;木麻黄面积比例下降,主要是沿海防护林木麻黄由于老化更新、征占用等原因减少;经济林树种面积比例也下降,主要是因为经济林产品价格下降,福建南部地区林农砍伐经济林,改种桉树。

表6-21 各树种面积比例变化(%)

	2002 年	2013 年
木麻黄	5.26	1.20
桉 树	2.04	24.63
马尾松	15.61	24.23
杉 木	27.85	31.49
经济林树种小计	49.24	18.44
合 计	100	100

数据来源:调研数据计算得出。

6.3.8 森林资源价值差异分析

由表6-22可见,如果商品林没有划为生态公益林,每亩森林资源买卖价的平均值为2307.97元,标准差为3592.12,最小值为1000元,最大值为30000元,说明样本林农之间每亩森林资源买卖价的差距较大,所以应该根据不同的森林资源状况,制定不同的生态补偿标准。

表6-22 每亩森林资源买卖价统计分析(元)

	平均值	标准差	最小值	最大值
每亩森林资源买卖价	2307.97	3592.12	1000	30000

6.4 计量分析

随着福建省铁路、公路建设的不断扩大,水源保护区域的增加,生态保护的加强,有些商品林被政府划为生态公益林,禁止采伐;有些商品林被政府界定为重点生态区位商品林,限制采伐。重点生态区位商品林虽然形式上属于商品林,但是经济实质上类似于生态公益林,也会对林农造成经济损失。本研究从林农的角度出发,分析福建省生态公益林保护对林农的经济影响,即在问卷调查的基础上分析福建省生态公益林保护对林农的经济影响以及影响金额,有助于政府制订福建省生态公益林生态补偿标准,保障林农的切身利益,促进林业生态效益和经济效益的提高,进而推进生态公益林保护。

6.4.1 计量方法和模型设定

本研究使用 DID 方法评估生态公益林保护对林农的经济影响,用林农家庭林业收入作为经济影响的衡量指标。DID 模型的基本思想是把样本分为控制组(Control)与处理组(Treated)(史桂芬,2012),其中,控制组为未受到生态公益林保护政策影响的样本,处理组为受到生态公益林保护政策影响的样本,将两组进行比较从而评估该政策对林农林业收入的影响。收集两个时期的数据,即 2002 和 2013 年相关变量数据。通过实证分析,分别得到处理组和控制组在 2002 和 2013 年林业收入的变化值,这两个变化值的差额就反映了生态公益林保护对林农林业收入的净影响(古晓,2013)。

在没有考虑其他控制变量的情况下,DID 模型的表达式如下:

$$Y_i = \alpha + JOIN_i\delta + X_i\gamma + D_i + \mu_i \qquad (6-1)$$

其中,i 代表林农,t 代表时期,在 $t=0$ 阶段,样本林农的森林是商品林;在 $t=1$ 阶段,上述一部分林农的森林由商品林变成生态公益林,而另一部分林农的森林仍然是商品林。关键解释变量 FPC_{it} 是一组二值虚拟变量,代表 t 时期 i 林农的森林资源情况,分别测量林农的森林是否由商品林变成生态公益林,1 表示是,0 表示否。Y_{it} 是 t 时期 i 林农的收入;t 是时期虚拟变量,生态公益林保护实施前取值为 0,实施后取值为 1。c_i 是非观测效应,控制随时间不变的不可观测因素;μ_{it} 是特异性扰动项,代表林农因时而变且影响 Y_{it} 的那些非观测扰动因素。α_0、α_1 和 δ 是待估计参数,其中 δ 是研究最为关注的参数,衡量了生态公益林保护对变量 Y_{it} 的影响。

根据该模型,可以分别得到处理组和控制组在生态公益林保护政策实施前后林农林业收入变动的模型:当 $FPC_{it}=0$,$t=0$ 时,得到控制组和处理组在生态公益林保护政策实施前林业收入的变动模型;当 $FPC_{it}=0$,$t=1$ 时,得到控制组在生态公益林保政策实施后林业收入的变动模型;当 $FPC_{it}=1$,$t=1$ 时,得到处理组在生态公益林保政策实施后林业收入的变动模型,具体如下所示:

$$Y_{控制组} = \begin{cases} \alpha_0 + c_i + \mu_{it} & (t=0) \\ \alpha_0 + \alpha_1 + c_i + \mu_{it} & (t=1) \end{cases} \qquad (6-2)$$

$$Y_{处理组} = \begin{cases} \alpha_0 + c_i + \mu_{it} & (t=0) \\ \alpha_0 + \alpha_1 + \delta + c_i + \mu_{it} & (t=1) \end{cases} \qquad (6-3)$$

根据式(6-2),可得到控制组在生态公益林保护政策实施前后林农林业收入的变化值为：

$$diff_1 = (\alpha_0 + \alpha_1 + c_i + \mu_{it}) - (\alpha_0 + c_i + \mu_{it}) = \alpha_1 \qquad (6-4)$$

根据式(6-3)，可得到处理组在生态公益林保护政策实施前后林农林业收入的变化值为：

$$diff_2 = (\alpha_0 + \alpha_1 + c_i + \delta + \mu_{it}) - (\alpha_0 + c_i + \mu_{it}) = \alpha_1 + \delta \qquad (6-5)$$

根据式(6-4)和(6-5)，生态公益林保护政策对林农林业收入的净影响为：

$$diff = diff_2 - diff_1 = (\alpha_1 + \delta) - \alpha_1 = \delta \qquad (6-6)$$

为了剔除其他因素对林业收入的影响，本研究进一步引入控制变量，采用非观测效应综列数据模型如下：

$$Y_{it} = \alpha_0 + \alpha_1 \cdot t + \delta \cdot FPC_{it} + Z_{it}\beta + X_{it}\gamma + c_i + \mu_{it} \qquad (6-7)$$

式中，Z_{it} 是一组随时间变化的可观测的影响因变量 Y_{it} 的控制变量；X_{it} 是一组不随时间变化，或随时间同等变化的可观测的影响因变量 Y_{it} 的控制变量；β 和 γ 是待估参数矩阵，衡量了控制变量对因变量 Y_{it} 的作用。

6.4.2　理论分析

经济学认为在经济活动中，人们都是理性的，人们参加经济活动时都持有预期收益大于预期成本的观点，这是人们参与活动的基本出发点和动力。人们投资的主要目的是获得收益，只有当其收益大于成本时，才是经济合理的。一般而言，林农作为理性的经济主体，其生态公益林建设和保护是为了追求潜在的收益，即通过比较其成本和收益水平，在可接受的范围内，产生行为。由此可见，在生态公益林建设和保护过程中，成本和收益水平是林农决策的核心与关键。

6.4.2.1　生态公益林保护对林农林业收入的影响

生态公益林保护对林农林业收入的影响主要体现在商品林和生态公益林的收益差距上。为了保护森林资源，提高生态环境质量，政府采用自上而下的办法将部分商品林划为生态公益林，禁止对其进行采伐，导致林业收入减少（沈洁，2014）。为此，政府制定了生态补偿标准，生态公益林的经营者可以获得一定的经济补偿，但是现行的生态补偿标准低，对于福建省绝大部分生态公益林而言明显不够，使很多林农获得的补偿标准不能弥补营林成本。如果林农商品林没有被划为生态公益林，到成熟期就可以申请采伐，取得木材采伐收入，木材采伐净收益减去生态公益林的生态补偿等收入，就是生态公益林保护对林农林业收入的影响。

6.4.2.2　收入影响因素的研究综述

为了剔除其他因素对林业收入的影响，本研究引入控制变量。为此，本研究参考了以下相关研究成果：杨静、姜会明（2014）研究认为农业收入会受到农业生产条件、生产经营费用、劳动力等因素的影响；根据公共财政理论，财政支农也会影响农业收入。高阳、赵正等(2014)运用实证方法分析林农林业收入的影响因素,结果表明:林农林业收入的影响因素包括受教育程度、林下经营项目、林种等。林和平(2009)分别分析了林地资源数量、林地资源经营方式等与林业收入之间的关系,得出:耕地资源、林地资源、人力资源以及树种等都对林业收入有显著的影响。刘伟平等(2009)认为,经济环境、价格、劳动力数量、林业政策等都会影响林农的林业收入。石康桥、苏时鹏等(2014)通过比较集体林权制度改革前后林农林业收入的影响因素,得出:林改前林农林业收入的主要影响因素包括林地投入、经营类型等;而林改后林农林业收入的主要影响因素为受教育程度、林地面积等。姚林香、舒成(2010)通过对江西7县林农样本数据的分析,发现:农业人口数、耕地面积等对林农收入具有显著影响。

6.4.2.3 变量的选择及说明

本研究关注的是生态公益林保护对林农的经济影响,选取林业收入作为模型的因变量。模型选取的自变量包括虚拟变量、随时间变化的可观测的影响林业收入的控制变量以及不随时间变化,或随时间同等变化的可观测的影响林业收入的控制变量。综合有关学者的研究成果以及理论分析,首先,本研究选取时期、商品林是否变成生态公益林作为虚拟变量。如果由于高速公路、高铁、水库等建设,林农的商品林被划为生态公益林,禁止采伐,林农就没有木材采伐收入,为此林农可以获得森林生态效益补偿收入、生态公益林林下经营补贴收入等,可见,商品林是否变成生态公益林对林农林业收入产生影响,本课题试图研究这个关键变量的影响大小。其次,根据研究综述和理论分析,选取家庭劳动力、人均GDP、职务、受教育程度、耕地面积、林地面积和树种作为控制变量,假设如下:①家庭劳动力。家庭劳动力越多,林业生产要素中的人力资源数量越多,所以林业收入可能越多,假设家庭劳动力对林业收入具有正的显著影响。②人均GDP。人均GDP越高,表明当地经济发展水平越高,木材和林产品的销售量越大,价格也较高,所以林农的林业收入越多,假设人均GDP对林业收入具有正的显著影响。③林农职务。担任职务(如村干部)的林农,一般社会资本更多,更容易获得木材采伐指标和更快了解到林业信息,林业收入也会更高,假设林农担任职务对林业收入具有正的显著影响。④受教育程度。受教育程度越高,有利于林农及时地对政策和市场作出反应,林农林业经营能力越强,林业收入越高,假设受教育程度对林业收入具有正的显著影响。⑤耕地面积。耕地面积越大,对耕地投入越多,农业收入越多,对林业的经济依赖越小,对林业的投入随之减少,导致林业收入减少,假设耕地面积对林业收入具有负的显著影响。⑥家庭林地面积。一般情况下,林地面积越多的林农,林业收入越高,假设林地面积对林业收入具有正的显著影响。⑦树种。不同树种的经济价值不一样,一个树种经济价值越大(例如原木价格越高),其经济收益越高,假设树种的经济价值对林业收入具有正的显著影响。变量的选择及其赋值说明见表6-23。

表6-23　变量的选择及说明

变量符号	变量名称	变量赋值
VAR1	林业收入	实际值
VAR2	时期	2002年=0;2013年=1
VAR3	商品林是否变成生态公益林	是(处理组)=1;否(控制组)=0
VAR4	人均GDP	实际值
VAR5	家庭劳动力	实际值
VAR6	林农职务	普通村民=1;村干部=2;其他职务=3
VAR7	受教育程度	小学以下=1;初中=2;高中、中专=3;大专以上=4
VAR8	家庭耕地面积	实际值
VAR9	家庭林地面积	实际值
VAR10	树种	按照经济价值大小(木材价格比例)赋值

6.4.3　计量结果及其分析

考虑到可能存在影响林业收入的其他因素,为了剔除这些因素对林业收入的影响,本研究选择人均GDP、家庭劳动力、林农职务、受教育年限、家庭耕地面积、林地面积、树种作为控制变量,分析福建省生态公益林保护对林农林业收入的净影响。运用Stata12.0软件,将上述控制变量放入模型中进行估计,得出引入控制变量后DID模型的计量结果(表6-24),由表6-25所见,模型的Prob > $F = 0.0000$,说明模型整体显著;R方为0.6317,调整后R方为0.6240,说明模型拟合度较好。

从表6-24可以看出,DID值的系数为−8700,且在10%的统计水平上显著,

表6-24　DID模型计量结果

	DIFFERENCE IN DIFFERENCES ESTIMATION						
	FOLLOW UP			BASE LINE			
Outcome Variable	Control	Treated	Diff(BL)	Control	Treated	Diff(FU)	DIFF−IN−DIFF
Var1	−5700	−15200	−9500	−3500	−21700	−18200	−8700
Std. Error	4994.52	5928.66	2674.08	5373.54	6350.63	4946.32	5044.13
t	−1.15	−2.58	−3.57	−0.65	−3.42	−3.69	−1.72
P>t	0.251	0.010**	0.000***	0.519	0.001***	0.000***	0.085*

Means and Standard Errors are estimated by linear regression

Inference: *** $p < 0.01$; ** $p < 0.05$; * $p < 0.1$

说明在控制其他变量的情况下,福建省生态公益林保护使样本林农户均林业收入降低了 8700 元,也就是说福建省生态公益林保护对样本林农的经济影响为 −8700 元。可以参考这个数字,计算每年每亩生态公益林补偿标准,从而为政府修订生态公益林补偿政策提供依据。政府应重视生态公益林补偿政策的完善和实施,弥补生态公益林保护给林农带来的经济损失,从而促进生态公益林保护工作的有效进行。

从表 6-25 可知,时期 P 值为 0.000<0.01,说明 2013 年与 2002 年相比,样本林农林业收入发生了显著变化;人均 GDP 对林业收入影响的回归系数为正,且 P 值为 0.002<0.01,说明人均 GDP 对林农林业收入在 1% 水平上具有正向的显著影响;家庭耕地面积的回归系数为负,且 P 值为 0.071<0.1,说明耕地面积对林业收入在 10% 水平上具有负向的显著影响;家庭林地面积的回归系数为正,且 P 值为 0.000<0.01,说明林地面积对林业收入在 1% 水平上具有正向的显著影响。这些与前面的假设相符。

表 6-25　控制变量参数计量结果

Variable(s)	Coeff.	Std. Err.	t	P>t
人均 GDP	0.3893558	0.1224266	3.18	0.002
家庭劳动力	930.5997	805.6042	1.16	0.249
林农职务	998.1861	1339.494	0.75	0.457
受教育程度	−965.1089	1164.783	−0.83	0.408
家庭耕地面积	−674.5971	373.1004	−1.81	0.071
家庭林地面积	247.8843	8.808831	28.14	0.000
树种	57.2391	198.2489	0.29	0.773
交叉项	−8694.69	5044.126	−1.72	0.085
_cons	−5744.063	4994.52	−1.15	0.251

Prob > F　=　0.0000

R-square：0.6317

Adj R-squared=0.6240

7 福建省生态公益林分类、分阶段生态 补偿标准的研究

7.1 补偿标准意愿与实际收到的补偿标准描述性统计分析

根据样本林农问卷调查结果,由表7-1可见,目前政府生态公益林补偿标准是否太低的平均值为0.7210,标准差为0.4492,最小值为0,最大值为1,说明认为目前政府生态公益林补偿标准太低的人占多数。生态公益林补偿标准意愿平均值为51.6067,标准差为80.5314,最小值为7,最大值为600,说明生态公益林补偿标准意愿差距较大。林农实际收到的补偿标准的平均值为10.6219,标准差为8.5913,最小值为0,最大值为50,说明样本林农之间实际收到的补偿标准有一定的差距。

表7-1 补偿标准相关变量的描述性统计分析

	平均值	标准差	最小值	最大值
目前政府生态公益林补偿标准是否太低	0.7210	0.4492	0	1
生态公益林补偿标准意愿[元/(年·亩)]	51.6067	80.5314	7	600
林农实际收到的补偿标准	10.6219	8.5913	0	50

由表7-2可见,样本林农认为生态公益林补偿标准在18元/(年·亩)以下的占24.16%,认为生态公益林补偿标准为19~25元/(年·亩)的占29.21%,认为生态公益林补偿标准为26~50元/(年·亩)的占26.97%,认为生态公益林补偿标准为51~100元/(年·亩)的占13.48%,认为生态公益林补偿标准101元/(年·亩)以上的占6.18%。

表7-2 生态公益林补偿标准意愿分布

补偿标准意愿[元/(年·亩)]	频率(%)
18以下	24.16
19~25	29.21
26~50	26.97
51~100	13.48
101以上	6.18

由表 7-3 可见，样本林农实际收到的补偿标准 5 元以下的占 24.60%，实际收到的补偿标准为 6~10 元的占 23.81%，实际收到的补偿标准为 11~15 元的占 35.71%，实际收到的补偿标准为 16~20 元的占 6.75%，实际收到的补偿标准为 21 元以上的占 9.13%。

表 7-3　实际收到的补偿标准

收到的补偿标准[元/(年·亩)]	频率(%)
5 以下	24.60
6~10	23.81
11~15	35.71
16~20	6.75
21 以上	9.13

7.2　福建省生态公益林分类、分阶段补偿标准计量

7.2.1　计量方法

假设一：每年补偿标准相同，把前章生态公益林保护造成林农经济损失评估结果作为现值，运用以下年金现值计算公式，计算单位面积每年补偿标准 A_j：

$$PV_j = A_j \times [1 - 1 \div (1 + i)^n] \div i$$

以上公式中 A_j 为 j 类生态公益林单位面积每年补偿标准，PV_j 为 j 类生态公益林单位面积补偿额现值（前章评估结果），i 为贴现率（按照同期银行利率），n 为生态公益林生态补偿年限（按照问卷调查结果为 30 年）。

对于不同的生态公益林，评估结果 PV_j 不同，计算出的每年补偿标准 A_j 也不同，这样就形成了不同（即分类）的补偿标准。

假设二：5 年内补偿标准相同，每间隔 5 年补偿标准提高 5 元/（年·亩），形成分类、分阶段补偿标准。

把前章评估结果作为现值 PV_j，补偿年限为 30 年，运用以下现值计算公式，计算前 5 年每年每亩补偿标准 FV_j：

$$PV_j = \sum_{n=1}^{5} [FV_j \div (1 + i)^n] + \sum_{n=1}^{5} [(FV_j + 5) \div (1 + i)^{n+5}] + \sum_{n=1}^{5} [(FV_j + 10) \div$$

$$(1 + i)^{n+10}] + \sum_{n=1}^{5} [(FV_j + 15) \div (1 + i)^{n+15}] + \sum_{n=1}^{5} [(FV_j + 20) \div$$

$$(1 + i)^{n+20}] + \sum_{n=1}^{5} [(FV_j + 25) \div (1 + i)^{n+25}]$$

以上公式中 FV_j 为 j 类生态公益林第一阶段(前 5 年)每年每亩补偿标准,n 值在 1 到 5 之间,PV_j 为 j 类生态公益林单位面积补偿额现值,i 为贴现率。

7.2.2 分树种补偿标准计量

根据课题研究结果(按照可变现净值计算,详见 5.1.1 计算方法),生态公益林保护和禁伐造成的经济损失见表 7-4。杉木的经济损失为 2025.21 元/亩,桉树的经济损失为 2383.86 元/亩,马尾松的经济损失为 1297.96 元/亩,阔叶树的经济损失为 1621 元/亩,木麻黄的经济损失为 1352.04 元/亩。

根据假设一,按照 2012 年银行贷款基准利率 4.90% 计算,当生态公益林补偿年限为 30 年时(福建省一个轮伐期林地租赁期限一般为 30 年),由表 7-4 可见,杉木的补偿标准为 130.09 元/(年·亩),桉树的补偿标准为 153.13 元/(年·亩),马尾松的补偿标准为 83.38 元/(年·亩),阔叶树的补偿标准为 104.13 元/(年·亩),木麻黄的补偿标准为 86.85 元/(年·亩)。当生态公益林补偿年限为 50 年时,杉木的补偿标准为 109.01 元/(年·亩),桉树的补偿标准为 128.32 元/(年·亩),马尾松的补偿标准为 69.87 元/(年·亩),阔叶树的补偿标准为 87.25 元/(年·亩),木麻黄的补偿标准为 72.78 元/(年·亩)。可见,按照经济损失进行补偿,桉树和杉木补偿标准应该更高。

表 7-4 按树种分类的补偿标准(元)

树 种	平均经济损失	每年每亩补偿标准(30 年)	每年每亩补偿标准(50 年)
杉 木	2025.21	130.09	109.01
桉 树	2383.86	153.13	128.32
马尾松	1297.96	83.38	69.87
阔叶树	1621.00	104.13	87.25
木麻黄	1352.04	86.85	72.78
其 他	1917.38	123.17	103.21

7.2.3 分树种、分阶段补偿标准计量

根据假设二,计算结果见表 7-5,如果今后每间隔 5 年补偿标准提高 5 元/(年·亩),当补偿年限为 30 年时,杉木前 5 年的补偿标准为 121.13 元/(年·亩),桉树前 5 年的补偿标准为 144.19 元/(年·亩),马尾松前 5 年的补偿标准为 74.35 元/(年·亩),阔叶树前 5 年的补偿标准为 95.13 元/(年·亩),木麻黄前 5 年的补偿标准为 77.83 元/(年·亩)。当补偿年限为 50 年时,杉木前 5 年的补偿标准为 95.66 元/(年·亩),桉树前 5 年的补偿标准为 114.99 元/(年·

亩),马尾松前 5 年的补偿标准为 56.46 元/(年・亩),阔叶树前 5 年的补偿标准为 73.88 元/(年・亩),木麻黄前 5 年的补偿标准为 59.38 元/(年・亩)。

表 7-5　按树种分类、分阶段的补偿标准(元)

树　种	前 5 年每年每亩补偿标准 (30 年,间隔 5 年)	前 5 年每年每亩补偿标准 (50 年,间隔 5 年)
杉　木	121.13	95.66
桉　树	144.19	114.99
马尾松	74.35	56.46
阔叶树	95.13	73.88
木麻黄	77.83	59.38
其　他	114.19	89.85

注:单位面积蓄积量(蓄积/林地面积)。

7.2.4　分龄级补偿标准计量

因保护和禁伐生态公益林而导致的每亩经济损失情况见表 7-6,近、成、过熟林每亩平均经济损失 2332.55 元,中龄林每亩平均经济损失 2041.46 元,幼龄林每亩平均经济损失 1619.45 元。

根据假设一,当补偿年限为 30 年时,近、成、过熟林补偿标准为 149.84 元/(年・亩),中龄林补偿标准为 131.14 元/(年・亩),幼龄林补偿标准为 104.03 元/(年・亩);当补偿年限为 50 年时,近、成、过熟林补偿标准为 125.56 元/(年・亩),中龄林补偿标准为 109.89 元/(年・亩),幼龄林补偿标准为 87.17 元/(年・亩)。

表 7-6　分龄级补偿标准(元)

林　龄	每亩平均 经济损失	每年每亩补偿值 (30 年)	每年每亩补偿值 (50 年)
近、成、过熟林	2332.55	149.84	125.56
中龄林	2041.46	131.14	109.89
幼龄林	1619.45	104.03	87.17

7.2.5　分龄级、分阶段补偿标准计量

根据假设二,计算结果见表 7-7,在每隔 5 年补偿标准提高 5 元/(年・亩)的情况下,当补偿年限为 30 年时,近、成、过熟林补偿标准为 140.89 元/(年・亩),中龄林补偿标准为 122.17 元/(年・亩),幼龄林补偿标准为 95.03 元/(年・亩);当补偿年限为 50 年时,近、成、过熟林补偿标准为 112.23 元/(年・亩),中龄林补

偿标准为 96.54 元/(年·亩),幼龄林补偿标准为 73.79 元/(年·亩)。

表 7-7 分龄级、分阶段补偿标准(元)

林　龄	每亩平均 经济损失	前 5 年每亩补偿值 (30 年)	前 5 年每亩补偿值 (50 年)
近、成、过熟林	2332.55	140.89	112.23
中龄林	2041.46	122.17	96.54
幼龄林	1619.45	95.03	73.79

7.3 政府相关部门对补偿标准看法的调研

本研究在基于经济损失的补偿标准计算出来后,2016 年 8 月对福建省林业厅和样本县行政主管部门领导进行了问卷调查,调查总人数 41 人。

7.3.1 政府相关部门对分类补偿标准看法的调查分析

由表 7-8 可见,对于"福建省不同树种补偿标准是否要相同"问题,认为不同树种补偿标准要相同的有 13 人,约占比 31.7%;认为不相同的有 27 人,约占比 65.9%;回答不知道的 1 人,约占比 2.4%。可见,大部分政府主管官员认为不同树种补偿标准应该不同。

表 7-8 福建省不同树种补偿标准是否要相同调查结果分析

意　愿	人数(个)	比例(%)	累计百分比(%)
是	13	31.7	31.7
否	27	65.9	97.6
不知道	1	2.4	100.0
总　计	41	100.0	100.0

由表 7-9 可见,在"福建省不同龄级补偿标准是否要相同"调查中,认为不同龄级补偿标准相同的有 12 人,占比 29.3%;认为不相同的有 28 人,约占比 68.3%;不知道的为 1,占比约 2.4%。可见,大部分政府主管官员认为不同龄级生态公益林补偿标准应该不同。

表 7-9 福建省不同龄级补偿标准是否要相同调查结果分析

意　愿	人数(个)	比例(%)	累计百分比(%)
是	12	29.3	29.3
否	28	68.3	97.6
不知道	1	2.4	100.0
总　计	41	100.0	100.0

7.3.2 政府相关部门对补偿标准研究结果看法的调查分析

表 7-10 是按照生态公益林保护和禁伐造成的经济损失计算的补偿标准（四舍五入取整数），并且根据这个补偿标准设计问卷，对政府相关部门领导进行问卷调查。调查结果见表 7-11、表 7-12。

表 7-10 按照经济损失计算的补偿标准

树　种	每年每亩补偿标准（连续补偿 50 年）	同意打勾，不同意写上具体金额	林　龄	每年每亩补偿标准（连续补偿 50 年）	同意打勾，不同意写上具体金额
杉　木	109 元		近、成、过熟林	126 元	
桉　树	128 元		中龄林	110 元	
马尾松	70 元		幼龄林	87 元	
阔叶树	87 元				
木麻黄	73 元				
其他树	103 元				

由表 7-11 可见，在福建省生态公益林分类（分树种）补偿标准中，对杉木、桉树、马尾松、其他树、阔叶树的补偿标准同意的人数依次是 26 人、25 人、24 人、23 人、22 人，依次占比为 63.4%、61.0%、58.5%、56.1%、53.7%，不同意的比例较低，介于 12.2%~26.8%。对木麻黄的补偿标准同意的人数 20 人，占比约是 48.8%，不同意的仅占 19.5%；对阔叶树的补偿标准不同意的人数最多，为 11 人，占比约 26.8%；对杉木的补偿标准不同意人数为 8 人，占比约 19.5%；对马尾松的补偿标准不同意的人数为 10 人，约占 24.4%；对其他树的补偿标准不同意的人数为 7 人，约占 17.1%；对桉树的补偿标准不同意的人数为 5 人，最少，占比约为 12.2%。

在不同意补偿标准的人数里，其中杉木的补偿标准所填写的金额平均数最高，约为 144.9 元，阔叶树其次，约为 128.9 元，马尾松的补偿标准所填写的金额平均数约为 89.2 元，木麻黄的补偿标准所填写的金额平均数为 89.0 元，均高于按照经济损失计算的补偿标准。其中，阔叶树差异最大，因为政府部门官员认为阔叶树生态效益较高；其他树的补偿标准所填写的金额平均数为 90.3 元；桉树的补偿标准所填写的金额平均数最低，为 68.4 元，低于按照经济损失计算的补偿标准，而且差异较大，因为政府主管部门官员认为桉树生态效益较低。可见，与林农以经济利益为主考虑补偿标准不同，政府官员更加注重生态公益林的生态效益，并且把生态效益作为制定补偿标准的参考依据之一。不同意者补偿标准供给意愿总平均数约为 105.2 元，高于本研究结果（按照经济损失计算的补偿标准平均数 102 元）。

表 7-11　福建省生态公益林分类(分树种)补偿标准供给意愿分析

类　别	意　愿	人数(个)	占比(%)	不同意者填写的具体 金额平均数(元)
杉　木	同　意	26	63.4	
	不同意	8	19.5	144.9
	不知道	7	17.1	
合　计		41	100.0	
桉　树	同　意	25	61.0	
	不同意	5	12.2	68.4
	不知道	11	26.8	
合　计		41	100.0	
马尾松	同　意	24	58.5	
	不同意	10	24.4	89.2
	不知道	7	17.1	
合　计		41	100.0	
阔叶树	同　意	22	53.7	
	不同意	11	26.8	128.9
	不知道	8	19.5	
合　计		41	100.0	
木麻黄	同　意	20	48.8	
	不同意	8	19.5	89.0
	不知道	13	31.7	
合　计		41	100.0	
其他树	同　意	23	56.1	
	不同意	7	17.1	90.3
	不知道	11	26.8	
合　计		41	100.0	105.2

　　对杉木、马尾松的补偿标准不知道的人数相同,各 7 人,占比约为 17.1%;对桉树和其他树的补偿标准不知道的人数相同,为 11 人,占比约为 26.8%;对阔叶树的补偿标准不知道的人数为 8 人,占比约 19.5%;对木麻黄的补偿标准不知道的人数为 13 人,占比约 31.7%,原因是木麻黄只分布在沿海地区。

　　可见,大部分政府相关部门领导认可补偿标准的研究结果。在少部分不同意补偿标准研究结果的政府部门领导,他们认为桉树和其他树(包括经济林、竹林)补偿标准计算结果数值偏高,应该降低补偿标准;杉木、马尾松、阔叶树、木麻黄的补偿标准计算结果数值偏低,应该提高补偿标准。

　　从表7-10和表7-12可知,在福建省生态公益林分类(分龄级)补偿标准调查中,对近、成、过熟林(126元)和幼龄林(87元)的补偿标准同意人数、不同意人数和不知道人数相同,分别为28人、6人、7人,分别占68.3%、14.6%、17.1%;对于中龄林(110元)的同意人数为30人,占比约73.1%,不同意人数为4人,占比约9.8%,不知道的人数有7人,占比17.1%。不同意者填写的补偿标准具体金额平均数从高到低依次是近成熟林203.7元,中龄林118.0元和幼龄林53.7元。也就是说,大部分政府相关部门领导认可补偿标准的研究结果。少部分不同意补偿标准研究结果的政府部门领导认为,幼龄林补偿标准偏高,应该降低;中龄林、近成过熟林补偿标准偏低,应该增加。

表7-12　福建省生态公益林分类(分龄级)补偿标准供给意愿分析

类　别	意　愿	人　数	占比(%)	不同意者填写的具体 金额平均数(元)
近、成、过熟林	同　意	28	68.3	203.7
	不同意	6	14.6	
	不知道	7	17.1	
合　计		41	100.0	
中龄林	同　意	30	73.1	118.0
	不同意	4	9.8	
	不知道	7	17.1	
合　计		41	100.0	
幼龄林	同　意	28	68.3	53.7
	不同意	6	14.6	
	不知道	7	17.1	
合　计		41	100.0	

　　在对福建省政府相关部门领导的调研中,对于计算结果"福建省生态公益林补偿标准为102元/(年·亩)(不分类,统一标准)",其中认为合适的人数为30人,约占73.2.%;认为不合适的人数为8人,约占19.5%,弃权的人数有3人,约占7.3%(图7-1)。可见,大部分政府相关部门领导同意本研究补偿标准计算结果。

　　由表7-13可见,如果福建省生态公益林补偿标准为102元/(年·亩),闽西北认为合适的占比80%,闽南地区认为合适的占比62%。可见,闽西北地区绝大部分对研究结果满意,闽南地区认为合适的人数比例较低。这可能与闽南地区经济比较发达,人均收入比较高有关。

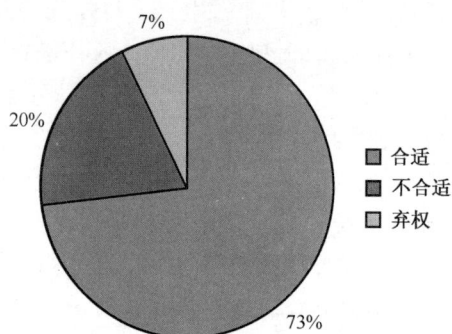

图7-1 福建省生态公益林统一补偿标准供给意愿

表7-13 福建省不同地区对生态公益林补偿标准供给意愿分析

意 愿	闽西北地区		闽南地区		合 计	
	人数(个)	比例(%)	人数(个)	比例(%)	人数(个)	比例(%)
合 适	20	80	10	62	30	73.2
不合适	5	20	3	19	8	19.5
弃 权	0	0.0	3	19	3	7.3
合 计	25	100	16	100	41	100.0

7.3.3 政府相关部门补偿标准供给意愿调查分析

对政府相关部门的问卷调查结果见表7-14,认为最低补偿标准区间在20~49元的人数为19人,所占比例约46.3%;在80~109元和109元以上的各有4人,各占比例约为9.8%;在50~79元之间的有9人,占比约21.9%;不知道的人数为5人,约占比12.2%。最低补偿标准平均数为58.4元。

表7-14 福建省生态公益林最低补偿标准分析

区间(元)	人数(个)	比例(%)	累计百分比(%)	平均数(元)
20~49	19	46.3	46.3	30.7
50~79	9	21.9	68.2	53.3
80~109	4	9.8	78.0	95.0
109以上	4	9.8	87.8	165.0
不知道	5	12.2	100.0	—
合 计	41	100.0	100.0	58.4

8 福建省生态公益林生态补偿标准的影响因素分析

2001年中央财政对福建省国家级重点生态公益林1300万亩给予每年每亩5元补助,省财政对其余国家级、省级生态公益林给予每年每亩1.5元补助。十几年来,经过多次调整提高,2016年中央与省财政对福建省国家级、省级生态公益林每年每亩给予22元生态补偿。这个补偿标准能否满足生态公益林经营者的意愿?如果不能满足,原因在哪里?需要进行深入研究,以便为政府今后修订补偿标准提供参考。

本研究影响因素选择参考了以下相关研究成果:黎洁、李树苗(2010)认为,自然保护区生态补偿的接受意愿受林农对林业政策的态度和建立自然保护区后的收入变化认知情况、林农特征、家庭纯收入、林地面积等因素的影响;姜宏瑶、温亚利(2011)采用 Tobit 模型分析了湿地周边林农受偿意愿的影响因素,结果表明受偿意愿受林农对湿地生态效益的认知、年龄、耕地面积等因素的综合影响;李铮媚等(2014)认为,村集体对马尾松生态公益林补偿标准的接受意愿受村劳动力人数、村有林地面积、村本年度总支出等因素的影响;廖显春(2013)认为影响林农愿意接受生态补贴从事林业生态建设的变量包括农地面积、受教育程度和年均农业收入等;其他专家研究得出的补偿标准影响因素包括:森林蓄积(李文华,2006)、林龄、实际经济损失(孔凡斌,2003)、造林成本、管护费用、树种(赖晓华,2004)等。可见,专家们对补偿(标准)意愿进行了积极探索,发现了众多补偿(标准)的影响因素,不过存在不同观点。

本研究是在计算生态公益林保护对林农造成的经济损失的基础上,询问林农基于该经济损失的补偿标准接受意愿,更有针对性,使林农对该问题认识更加深入,信息更加明晰,并且在此基础上,回答该问题。

8.1 福建省生态公益林生态补偿标准影响因素的描述性统计分析

8.1.1 影响因素的基本特征分析

福建省生态公益林生态补偿标准影响因素的平均值、标准差和方差数据见表8-1。

表 8-1　影响因素基本特征描述统计表　　　　　　计量单位:元、亩

	平均值	标准差	方差
家庭收入	34533.09	68295.1750	4664230988
林业/家庭收入	0.1055	0.2296	0.0527
林业收入	4630.0969	33524.8950	1123918605
人均 GDP	18436.6240	10338.8610	106892036.80
家庭劳动力	3.2959	1.2185	1.4849
职务	1.4204	0.7227	0.5223
受教育程度	1.9143	0.8195	0.6716
家庭耕地面积	4.6928	2.5301	6.4015
家庭林地面积	34.5771	109.1298	11909.3050
树种	4.7224	4.7263	22.3379
地区人均收入	5852.54	2336.5740	5459578.0970
林龄	1.4755	0.4999	0.2499
生态公益林面积	45.3204	303.1421	91895.1082

注:职务和树种等的赋值见表 6-24。

8.1.2　林农特征描述性统计分析

8.1.2.1　林农类型描述性统计分析

如图 8-1 所示,根据调查结果,在 490 个有效样本中,当过村干部的占有效样本的 14.29%;普通村民占 71.84%,其他职务占 13.88%。可见,有效样本大部分是普通村民,这与实际情况相符。

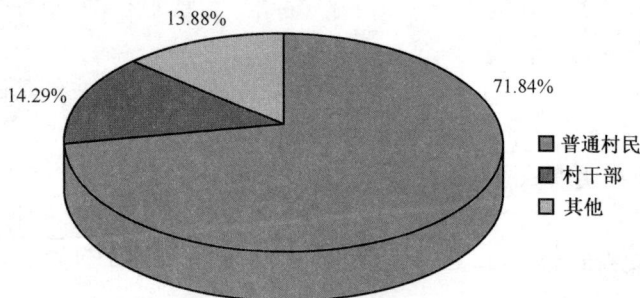

图 8-1　样本林农类型分布

8.1.2.2　受教育程度描述性统计分析

如图 8-2 所示,根据调查结果,在 490 个有效样本中,受教育程度在小学及以下的占有效样本的 33.27%;初中占 46.94%;高中、中专占 14.90%;大专及以上占 4.90%。可见,样本林农初中学历比例最高,小学次之,两者相加超过

80%。可见,样本林农受教育程度较低。

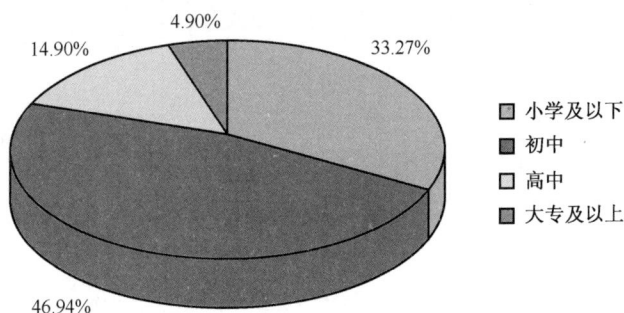

图 8-2 样本林农受教育程度分布

8.1.2.3 家庭收入描述性统计分析

由表 8-2 可见,根据调查结果,在 490 个有效样本中,家庭总收入在 20000 元以下的占有效样本的 61.02%;20001~40000 元之间的占 15.31%;40001~60000 元之间的占 10.20%;60001~80000 元之间的占 4.29%;80001~100000 元之间的占 3.06%;100001 元以上的占 6.12%。可见,样本林农家庭收入普遍偏低,提高经济收入是他们的主要目标。

表 8-2 样本林农家庭收入分布

家庭收入	频 数	比例(%)
20000 元以下	299	61.02
20001~40000 元	75	15.31
40001~60000 元	50	10.20
60001~80000 元	21	4.29
80001~100000 元	15	3.06
100001 元以上	30	6.12
合 计	490	100

8.1.2.4 林业收入比重描述性统计分析

由表 8-3 可见,根据调查结果,在 490 个有效样本中,林业收入比重在 20% 以下的占有效样本的 84.90%;21%~40%之间的占 7.55%;41%~60%之间的占 0.82%;61%~80%之间的占 2.86%;81%~100%之间的占 3.88%。可见,现阶段林业收入在林农家庭总收入中所占比重绝大部分较低。

表8-3 样本林农林业收入比重分布

林业收入比重	频　数	比例(%)
20%以下	416	84.90
21%~40%	37	7.55
41%~60%	4	0.82
61%~80%	14	2.86
81%~100%	19	3.88
合　计	490	100

8.1.2.5 家庭劳动力描述性统计分析

如图8-3所示,根据调查结果,在490个有效样本中,家庭劳动力为2人以下的家庭占33.47%;3~4人的家庭比例最大,占总数的53.27%;5~6人的家庭占11.63%;7人以上的家庭占1.63%。

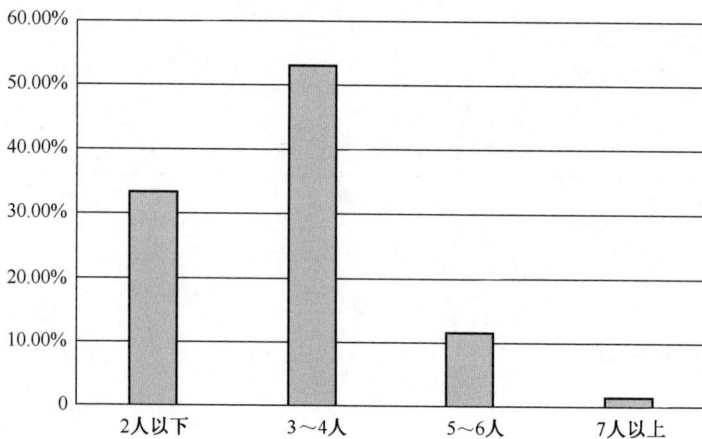

图 8-3 样本林农家庭劳动力情况

8.1.2.6 家庭耕地面积描述性统计分析

由表8-4可见,根据调查结果,在490个有效样本中,家庭耕地面积在2亩以下的占有效样本的18.16%;3~4亩之间的占27.55%;5~6亩之间的占34.49%;7~8亩之间的占12.45%;9~10亩之间的占5.51%;11亩以上的占1.84%。可见,大部分林农耕地面积较少,难以实现农业规模经济效益,仅靠这么少的耕地,难以达到较高的农业收入水平。

表 8-4　样本林农家庭耕地面积情况

家庭田地数	频　数	比例(%)
2 亩以下	89	18.16
3~4 亩	135	27.55
5~6 亩	169	34.49
7~8 亩	61	12.45
9~10 亩	27	5.51
11 亩以上	9	1.84
合　计	490	100

8.1.2.7　家庭林地面积描述性统计分析

由表 8-5 可见,根据调查结果,在 490 个有效样本中,家庭林地面积在 20 亩以下的占有效样本的 76.73%;21~40 亩之间的占 8.38%;41~60 亩之间的占 2.24%;61~80 亩之间的占 4.08%;81~100 亩之间的占 2.65%;101 亩以上的占 5.92%。可见,大部分样本林农的林地面积少,无法实现林业规模经济效益。

表 8-5　样本林农家庭林地面积分布

家庭林地面积	频　数	比例(%)
20 亩以下	376	76.73
21~40 亩	41	8.38
41~60 亩	11	2.24
61~80 亩	20	4.08
81~100 亩	13	2.65
101 亩以上	29	5.92
合　计	490	100

8.1.2.8　不同受教育程度下林农的家庭总收入描述性统计分析

8.1.2.8.1　教育程度为小学及以下的林农家庭总收入情况分析

受教育程度为小学及以下林农的家庭总收入在 5000 元及以下的占 21.47%,在 5001~10000 元之间的占 22.09%,在 10001~30000 元之间的占 31.29%,在 30001~50000 元之间的占 15.33%,大于 50001 元的占 9.82%。可以看出,教育程度较低的林农,家庭总收入总体较低,集中在 30000 元以下,占 74.85%,高于 50001 元的较少,不足 10%(表 8-6)。

表8-6　教育程度为小学及以下的林农家庭总收入情况

家庭总收入	频　数	百分比(%)	累计百分比(%)
0~5000元	35	21.47	21.47
5001~10000元	36	22.09	43.56
10001~30000元	51	31.29	74.85
30001~50000元	25	15.33	90.18
>50001元	16	9.82	100
合　计	163	100	

8.1.2.8.2　教育程度为初中的林农家庭总收入情况分析

受教育程度为初中的林农的家庭总收入在5000元及以下的占36.52%,在5001~10000之间的占7.39%,在10001~30000元之间的占30.44%,在30001~50000元之间的占10.43%,大于50001元的占15.22%(表8-7)。可以看出,教育程度为初中的林农,家庭总收入集中在5000元以下和10001~30000元,分布较为不均;高于50001元的也比较少,但超过全部林农的10%,超过教育程度为小学的。

表8-7　教育程度为初中的林农家庭总收入情况

家庭总收入	频　数	百分比(%)	累计百分比(%)
0~5000元	84	36.52	36.52
5001~10000元	17	7.39	43.91
10001~30000元	70	30.44	74.35
30001~50000元	24	10.43	84.78
>50001元	35	15.22	100
合　计	230	100	

8.1.2.8.3　教育程度为高中、中专的林农家庭总收入情况分析

受教育程度为高中、中专的林农的家庭总收入在10000元及以下的占28.77%,在10001~50000元之间的较多,占35.61%;在50001~100000元之间的占17.81%;在100001~200000元之间的占16.44%;大于200001元的占1.37%。可以看出,受教育程度为高中、中专的林农,家庭总收入比初中、小学高,主要集中在10001~50000元(表8-8)。

表 8-8　教育程度为高中、中专的林农家庭总收入情况

家庭总收入	频　数	百分比(%)	累计百分比(%)
0~10000 元	21	28.77	28.77
10001~50000 元	26	35.61	64.38
50001~100000 元	13	17.81	82.19
100001~200000 元	12	16.44	98.63
>200001 元	1	1.37	100
合　计	73	100	

8.1.2.8.4　教育程度为大专及以上的林农家庭总收入情况分析

林农受教育程度为大专及以上学历的林农家庭总收入在 10000 元及以下的占 29.16%;在 10001~50000 元之间的林农最多,占 50%;在 50001~100000 元之间的占 4.17%;在 100001~200000 之间的占 16.67%(表 8-9)。

表 8-9　教育程度为大专及以上的林农家庭总收入情况

家庭总收入	频　数	百分比(%)	累计百分比(%)
0~10000 元	7	29.16	29.16
10001~50000 元	12	50.00	79.16
50001~100000 元	1	4.17	83.33
100001~200000 元	4	16.67	100
合　计	24	100	

8.1.2.9　不同类型林农的家庭总收入描述性统计分析

8.1.2.9.1　普通林农的家庭总收入情况分析

被调查对象为普通林农的家庭总收入在 10000 元及以下的占 39.49%,在 10001~30000 元之间的占 30.40%,在 30001~50000 元之间的占 13.06%,在 50001~100000 元之间的占 10.52%,大于 100001 元的占 6.53%。可以看出,普通林农家庭总收入总体较低,大部分在 30000 元以下,高于 100001 元的较少,不足全部林农的 7%(表 8-10)。

表 8-10　普通林农的家庭总收入情况

家庭总收入	频　数	百分比（%）	累计百分比（%）
0~10000 元	66	39.49	39.49
10001~30000 元	107	30.40	69.89
30001~50000 元	46	13.06	82.95
50001~100000 元	10	10.52	93.47
>100001 元	23	6.53	100
合　计	352	100	

8.1.2.9.2　村干部的家庭总收入情况分析

被调查对象为村干部的家庭总收入在 10000 元及以下的占 50%，在 10001~30000 元之间的占 22.86%，在 30001~50000 元之间的占 10%，在 50001~100000 元之间的占 12.85%，大于 100001 元的占 4.29%（表 8-11）。

表 8-11　村干部的家庭总收入情况

家庭总收入	频　数	百分比（%）	累计百分比（%）
0~10000 元	35	50	50
10001~30000 元	16	22.86	72.86
30001~50000 元	7	10	82.86
50001~100000 元	9	12.85	95.71
>100001 元	3	4.29	100
合　计	70	100	

8.1.2.9.3　其他林农家庭总收入情况分析

被调查对象为其他林农的家庭总收入在 10000 元以下的占 39.71%，在 10001~30000 元之间的占 30.88%，在 30001~50000 元之间的占 14.70%，在 50001~100000 元之间的占 8.83%，大于 100001 元的占 5.88%（表 8-12）。

表 8-12　其他林农家庭总收入情况

家庭总收入	频　数	百分比（%）	累计百分比（%）
0~10000 元	9	39.71	39.71
10001~30000 元	21	30.88	70.59
30001~50000 元	10	14.70	85.29
50001~100000 元	6	8.83	94.12
>100001 元	4	5.88	100
合　计	68	100	

8.1.2.10　劳动力数量不同的林农家庭总收入描述性统计分析

8.1.2.10.1　家庭劳动力数量较少的林农家庭总收入情况分析

林农的家庭劳动力较少时,林农家庭总收入主要集中在10000元及以下,占比为44.24%,其次集中在10001~30000元之间,占比为32.58%,超过100001元的林农较少,只有5%左右(表8-13)。农村的家庭劳动力与林农家庭收入密切相关,林农家庭劳动力较少,林农的家庭总收入也普遍较低。

表8-13　劳动力数量较少的林农家庭总收入情况

家庭总收入	频　数	百分比(%)	累计百分比(%)
0~10000 元	123	44.24	44.24
10001~30000 元	85	30.58	74.82
30001~50000 元	35	12.59	87.41
50001~100000 元	20	7.19	94.6
>100001 元	15	5.4	100
合　计	278	100	

8.1.2.10.2　家庭劳动力数量较多的林农家庭总收入情况分析

林农的家庭劳动力较多时,林农家庭总收入主要分布趋势大体与劳动力较少的林农一致,但是比劳动力少的林农家庭收入更高。收入在50001~100000元之间以及收入高于100001元的林农比例都比劳动力较少的林农家庭高(表8-14)。

表8-14　劳动力数量较多的林农家庭总收入情况

家庭总收入	频　数	百分比(%)	累计百分比(%)
0~10000 元	78	36.79	36.79
10001~30000 元	59	27.83	64.62
30001~50000 元	28	13.21	77.83
50001~100000 元	32	15.09	92.92
>100001 元	15	7.08	100
合　计	212	100	

8.1.2.11　不同受教育程度的林农类型描述性统计分析

8.1.2.11.1　教育程度为小学及以下的林农类型分析

教育程度为小学及以下的林农,基本上为普通林农,占81.60%,这是因为林农文化程度低缺乏其他技能只能从事传统农业;小学及以下的村干部占比较少,为12.27%,因为村干部办理村委会工作等需要较高的文化水平,所以小学及以下教育程度的林农较难胜任,从事其他行业(包括从事工商业、外出打工和工匠等)的更少,才占6.13%(表8-15)。

表8-15　小学及以下的林农类型

职　业	频　数	百分比(%)	累计百分比(%)
普通林农	133	81.60	81.60
村干部	20	12.27	93.87
其　他	10	6.13	100.00
合　计	163	100.00	

8.1.2.11.2　教育程度为初中的林农类型分析

教育程度为初中的林农,66.52%为普通林农,村干部占比比小学多,为14.78%,从事其他行业的也比小学多,占比18.70%(表8-16)。

表8-16　初中的林农类型

职　业	频　数	百分比(%)	累计百分比(%)
普通林农	153	66.52	66.52
村干部	34	14.78	81.30
其　他	43	18.70	100.00
合　计	230	100.00	

8.1.2.11.3　教育程度为高中、中专的林农类型分析

教育程度为高中、中专的林农,78.08%为普通林农,高中教育文化程度担任村干部占比相对较高,达17.81%,因为高中教育程度的林农,理解能力比较强,能够胜任村干部工作(表8-17)。

表8-17　高中的林农类型

职　业	频　数	百分比(%)	累计百分比(%)
普通林农	57	78.08	78.08
村干部	13	17.81	95.89
其　他	3	4.11	100.00
合　计	73	100.00	

8.1.2.11.4　教育程度为大专及以上的林农类型分析

教育程度为大专及以上学历的林农,只有37.50%为普通林农;从事其他行业(包括从事工商业、外出打工等)的最多,占比50%(表8-18),也比教育程度低的占比高。这是由于大专及以上学历的,有较高的文化素养和技能,学习能力

也较强,因而单纯从事农业生产活动的较少,他们有更多的职业选择。

表8-18 大专及以上的林农类型

职 业	频 数	百分比(%)	累计百分比(%)
普通林农	9	37.50	40.00
村干部	3	12.50	50.00
其 他	12	50.00	100.00
合 计	24	100.00	

8.1.2.12 不同劳动力数量的林农林地面积描述性统计分析

8.1.2.12.1 家庭劳动力数量较少的林农林地面积分析

林农劳动力数量较少时,林地面积大部分在10亩及以下,占比69.06%(表8-19),林业的经营管理缺乏劳动力,就不大可能去转入林地,反而可能转出林地,所以劳动力较少,林地面积也较少。

表8-19 劳动力数量较少的林农林地面积

林农林地面积	频 数	百分比(%)	累计百分比(%)
0~10亩	192	69.06	69.06
11~50亩	50	17.99	87.05
51~100亩	39	6.83	93.88
>101亩	20	6.12	100
合 计	278	100	

8.1.2.12.2 家庭劳动力数量较多的林农林地面积分析

林农劳动力数量较多时,林地面积多数在10亩及以下,占比59.43%(表8-20),但是比例比劳动力少的林农少了10个百分点。林农劳动力多的林地面积较大,但是超过101亩的比例比劳动力少的少,这是因为林地面积大,基本上都是雇佣劳动力,与家庭劳动力数量没有直接关系,可见家庭劳动力数量对于大规模的林地经营影响不大。

表8-20 劳动力数量较多的林农林地面积

林农林地面积	频数	百分比(%)	累计百分比(%)
0~10亩	126	59.43	59.43
11~50亩	54	25.48	84.91
51~100亩	20	9.43	94.34
>101亩	12	5.66	100
合 计	212	100	

8.1.3　生态公益林特征描述性统计分析

8.1.3.1　树种描述性统计分析

根据调查结果,在被调查的树种中,经济林占被调查对象的 36.94%;桉树占 11.23%;马尾松占 20%;杉木占 29.18%;其他优势树种占 2.65%(表 8-21)。

表 8-21　样本树种分布

树　种	频　数	比例(%)
经济林	181	36.94
桉　树	55	11.23
马尾松	98	20.00
杉　木	143	29.18
其　他	13	2.65
合　计	490	100

8.1.3.2　森林起源(天然林和人工林)描述性统计分析

如图 8-4 所示,根据调查结果,在被调查的样本中,天然林占 37.35%;人工林占 62.65%。

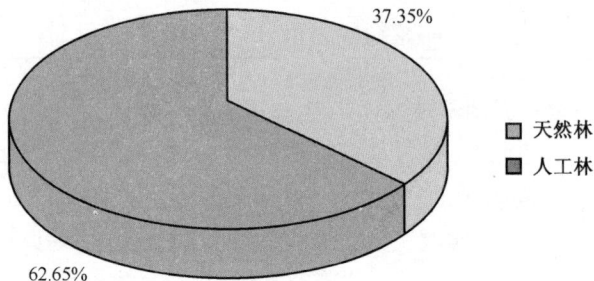

图 8-4　样本生态公益林起源

8.1.3.3　龄级描述性统计分析

如图 8-5 所示,根据调查结果,在被调查的样本中,中幼龄林占被调查对象的 52.45%;而近、成、过熟林占 47.55%。

8.1.3.4　生态公益林面积描述性统计分析

根据调查结果,大部分受访者拥有的生态公益林面积在 10 亩以下,占总体的 82.65%。101 亩以上样本林农占 5.10%(表 8-22)。也有林业大户,生态公益林面积较大,最多 1 户生态公益林面积达到 5300 亩。

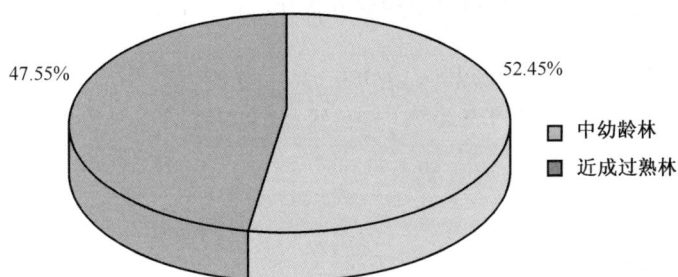

图8-5 样本生态公益林龄级分布

表8-22 样本林农生态公益林面积

生态公益林面积	频　数	比例(%)
0~20亩	405	82.65
21~40亩	28	5.72
41~60亩	15	3.06
61~80亩	13	2.65
81~100亩	4	0.82
101亩以上	25	5.10
合　计	490	100

8.1.3.5 不同龄级生态公益林的树种分布

由表8-23可见,中幼龄林中杉木占比最大,占36.58%;其次是马尾松,占27.24%;经济林占21.01%。近、成、过熟林中经济林占比最大,超过50%,除了杉木占比超过20%,其他树种占比较少。

表8-23 不同龄级的树种分布情况

树　种	中幼龄林			近、成、过熟林		
	频　数	百分比(%)	累计百分比(%)	频　数	百分比(%)	累计百分比(%)
经济林	54	21.01	21.01	127	54.51	54.51
其　他	4	1.56	22.57	9	3.86	58.37
桉　树	35	13.62	36.19	20	8.58	66.95
马尾松	70	27.24	63.42	28	12.02	78.97
杉　木	94	36.58	100.00	49	21.03	100.00
合　计	257	100.00		233	100.00	

8.1.3.6 不同树种生态公益林的龄级分布

8.1.3.6.1 经济林的龄级分布情况

经济林主要是近、成、过熟林,占70.17%(表8-24)。

表8-24 经济林的龄级分布

林 龄	频 数	百分比(%)	累计百分比(%)
中幼林	54	29.83	29.83
近、成、过熟林	127	70.17	100
合 计	181	100	

8.1.3.6.2 桉树的龄级分布情况

桉树主要是中幼林,占63.64%(表8-25)。

表8-25 桉树的龄级分布

林 龄	频 数	百分比(%)	累计百分比(%)
中幼林	35	63.64	63.64
近、成、过熟林	20	36.36	100
合 计	55	100	

8.1.3.6.3 马尾松的龄级分布情况

马尾松主要是中幼林,占71.43%(表8-26)。

表8-26 马尾松的龄级分布情况

林 龄	频 数	百分比(%)	累计百分比(%)
中幼林	70	71.43	71.43
近、成、过熟林	28	28.57	100
合 计	98	100	

8.1.3.6.4 杉木的龄级分布情况

杉木主要是中幼林,占65.73%(表8-27)。

表8-27 杉木的龄级分布情况

林 龄	频 数	百分比(%)	累计百分比(%)
中幼林	94	65.73	65.73
近、成、过熟林	49	34.27	100
合 计	143	100	

可见,除了经济林外,以上树种的生态公益林主要是中幼龄林。

8.1.3.7　不同起源生态公益林的树种结构描述性统计分析

福建省林农比较喜欢种植经济林和杉木,因此人工林中经济林比例达到41.69%,比天然林占比高12.73%;杉木人工林比例达到32.25%,比天然林高8.21%。桉树是速生丰产林,一般是人工种植,占比达13.03%,比天然林高了5个百分点。天然林树种主要是马尾松,占比达33.33%,比人工林高了20多个百分点,见表8-28。

表8-28　不同起源生态公益林的树种结构

树　种	天然林		人工林	
	频　数	百分比(%)	频　数	百分比(%)
经济林	53	28.96	128	41.69
桉　树	15	8.2	40	13.03
马尾松	61	33.33	37	12.05
杉　木	44	24.04	99	32.25
其　他	10	5.46	3	0.98
合　计	183	100	307	100

8.1.4　样本地区特征描述性统计分析

8.1.4.1　人均GDP描述性统计分析

根据调查结果,在490个有效样本中,其所在乡镇人均GDP在10000元以下的占有效样本的25.51%;在10001~20000元之间的占42.86%;在20001~30000元之间的占11.63%;在30001~40000元之间的占17.14%;40001元以上的占2.86%(表8-29)。

表8-29　人均GDP描述性统计分析

人均GDP	频　数	比例(%)
10000元以下	125	25.51
10001~20000元	210	42.86
20001~30000元	57	11.63
30001~40000元	84	17.14
40001元以上	14	2.86

8.1.4.2　地区人均收入描述性统计分析

根据调查结果,在490个有效样本中,其所在乡镇人均收入在4000元以下的占有效样本的 28.57%；在 4001~6000 元之间的占 29.80%；在 6001~8000 元之间的占 20.82%；在 8001~10000 元之间的占 11.02%；10001 元以上的占 9.80%（表 8-30）。

表 8-30　地区人均收入

地区人均收入	频　数	比例(%)
4000 元以下	140	28.57
4001~6000 元	146	29.79
6001~8000 元	102	20.82
8001~10000 元	54	11.02
10001 元以上	48	9.80
合　计	490	100

8.1.5　生态公益林政策虚拟变量描述性统计分析

由表 8-31 可见，禁止采伐的生态公益林比例平均值为 0.5243，说明还有少部分生态公益林允许间伐、老化更新采伐等；认为目前政府确定的禁止采伐的生态公益林比例是否太高的平均值为 0.7068，标准差为 0.4560，最小值为 0，最大值为 1，说明认为目前政府确定的禁止采伐的生态公益林比例太高的人占多数。只有 32% 的样本林农被允许进行生态公益林间伐或者择伐。87% 样本林农所在地禁止采伐天然林。

表 8-31　变量的描述性统计分析

	是	否	最小值	最大值
是否禁止采伐的生态公益林比例	0.52	0.48	0	1
目前政府确定的禁止采伐的生态公益林比例是否太高	0.71	0.29	0	1
是否允许生态公益林间伐或者择伐	0.32	0.68	0	1
是否禁止天然林采伐	0.87	0.13	0	1

8.2　福建省生态公益林生态补偿标准影响因素的计量分析

根据前面调查和研究获得的补偿标准数据（因变量），以及调查获得的补偿标准影响因素数据（自变量），运用计量模型分析生态公益林生态补偿标准的关键影响因素。

8.2.1 理论分析与研究假设

本研究在问卷调查时,首先计算生态公益林保护对林农造成的经济损失(依据森林资源买卖价或者可变现净值),然后根据这个经济损失估算生态公益林每年每亩的经济损失,最后基于该经济损失询问林农对生态公益林每年每亩补偿标准的接受意愿。补偿标准接受意愿与实际经济损失可能不一致,受到多种因素影响。

在经济活动中,人们都是理性的,人们参加经济活动,都希望预期收益大于预期成本,这是人们参与经济活动的基本出发点和动力。人们投资的主要目的是获得收益,只有当收益大于成本,才是经济合理的。一般而言,林农作为理性的经济主体,其生态公益林建设和保护也是为了追求潜在的收益,即通过比较其成本和收益,只有预期收益大于预期成本,才会产生造林和护林行为。由此可见,在生态公益林建设和保护过程中,成本和收益是林农决策的核心与关键。

按照计划行为理论,林农的认知、态度影响行为意愿,而林农的认知、态度主要取决于林农的自身特征。本研究还结合已有相关文献,归纳基于经济损失的生态公益林补偿标准接受意愿的影响因素。

基于以上分析,本研究假设其影响因素包括生态公益林特征变量、林农自身特征变量、地区经济特征变量和政府政策虚拟变量,见表8-32。

生态公益林特征变量包括生态公益林面积、林龄(或者龄级)、树种等,主要影响生态公益林保护对林农造成的经济损失。生态公益林面积、林龄、树种不同,其潜在的经济收益不同,生态公益林保护对林农造成的经济损失也不同,补偿标准意愿也可能不同。树种不同,原木价格也不同,越珍贵树种,售价越高,林农的木材销售收入也越高,禁伐生态公益林对林农造成的经济损失也越大,补偿标准也应该越高。

林农自身特征变量包括职业、受教育程度(或者年限)、家庭劳动力、耕地面积、林地面积和家庭收入等,主要影响生态公益林补偿标准接受意愿。担任职务(如村干部)和受教育程度较高的林农,一般更了解、更理解政府生态公益林保护和生态补偿政策,补偿标准接受意愿相对较低;家庭劳动力越多的林农,一般都有非林产业或者外出务工(除了林业大户),对生态公益林的经济依赖程度较低,补偿标准接受意愿相对较低;耕地面积越多的林农,一般情况下对生态公益林的经济依赖程度较低,补偿标准接受意愿相对较低;林地面积越多的林农,生态公益林保护对其造成的经济影响越大,补偿标准接受意愿相对较高;一般情况下,家庭收入越高,经济需求越低,生态需求越高,补偿标准接受意愿也越低。

表 8-32 变量及解释

变量类型		变量名称	计量单位	假设
因变量		基于生态公益林保护对林农造成的经济损失的补偿标准接受意愿	元/（年·公顷）	
自变量	生态公益林特征变量	生态公益林面积	公顷	正相关
		林龄	年	正相关
		树种（按照不同树种原木价格比例赋值）		正相关
	林农自身特征变量	职业（普通农民=1;村干部=2;其他=3）		负相关
		受教育年限	年	负相关
		家庭劳动力	人	负相关
		耕地面积	公顷	负相关
		林地面积	公顷	正相关
		家庭收入	元	负相关
	地区经济特征变量	地区人均收入	元	负相关
		人均 GDP	元	正相关
		生态公益林禁伐比例	%	正相关
	政府政策虚拟变量	是否允许生态公益林间伐或者择伐（是=1;否=0）		负相关
		是否禁止天然林采伐（是=1;否=0）		正相关
		森林限额采伐政策是否发生变化（是=1;否=0）		负相关

地区经济特征变量包括地区人均收入和人均 GDP 等。政府保护生态公益林的力度应当反映公众的意愿,公共财政支出也应该体现公众的支付意愿和林农的接受补偿意愿。按照马斯洛的需求层次理论,人均收入较高,生态需求也较高,支付意愿也较强,政府用于生态公益林生态效益补偿的财政支出也较多。此外,人均收入越高,对生态公益林的经济依赖程度越低,补偿标准接受意愿也越低,所以假设人均收入与生态公益林补偿标准负相关。人均 GDP 越高,当地经济发展水平越高,财政收入也越高,当地物价也越高,林农希望政府生态补偿标准也越高。

政府政策虚拟变量包括政府生态公益林禁伐程度、是否允许生态公益林间伐或者择伐、是否禁止天然林采伐和森林限额采伐政策是否发生变化等。政府生态公益林禁伐程度越高,对林农造成的经济损失越大,补偿标准接受意愿也越高;如果允许生态公益林间伐或者择伐,一方面经济收益增加,另一方面间伐或者择伐成本相对较高,可能对林农补偿标准接受意愿产生影响;禁止天然林（绝大部分是生态公益林)采伐对林农造成经济损失,林农希望政府给予生态补偿;森林限额采伐政策是否发生变化对林农也会产生影响。如果改革后,森林限额采伐审批更加容易,林农就可以自己采伐商品林,不需要将商品林出售给中间商,林农的林业收入就会增加,对生态公益林的经济依赖程度降低,补偿标准接受意愿可能会降低。

《福建省生态公益林管理办法》(闽林〔2005〕1号)规定:"在生态公益林区域内,根据生态区位的脆弱性和重要性将生态公益林划分为三个保护等级:(1)一级保护(严格保护)生态公益林:不允许进行任何形式的经营活动。(2)二级保护(重点保护)生态公益林:可开展必要的抚育性、更新性活动,国防林、风景林、环境保护林和红树林,伐后郁闭度不低于0.8;天然起源的阔叶林、针阔混交林,伐后郁闭度不低于0.6;天然起源的马尾松纯林和人工林、科学实验林、母树林,伐后郁闭度不得低于0.5。(3)三级保护(一般保护)生态公益林:立地条件好、坡度较缓、不易造成水土流失的区域内人工林,可采取带状采伐方式进行采伐(带宽不大于15米),伐后郁闭度不低于0.4(均匀分布、不开天窗)。"福建省一级保护的生态公益林,不允许进行任何经营性活动,禁伐比例为100%;二级保护的生态公益林禁伐比例低些(伐后郁闭度不低于0.8、0.6或0.5);三级保护的生态公益林禁伐比例更低(伐后郁闭度不低于0.4)。禁伐比例不同,林农的木材采伐量和销售量也不同,禁伐对林农造成的经济损失也不同。因此,假设补偿标准接受意愿与禁伐比例正相关。

8.2.2　计量方法与模型

本项目将使用计量模型分析生态公益林生态补偿标准的影响因素,具体模型设定如下:

$$Y_i = \alpha + JOIN_i \delta + X_i \gamma + D_i + \mu_i$$

模型中 Y_i 表示基于生态公益林保护对林农造成的经济损失的补偿标准接受意愿。 $JOIN_i$ 是一组表示生态公益林特征的变量,包括生态公益林蓄积、林龄和树种等变量; X_i 是一组表示林农自身特征的变量,包括林农的资源禀赋(林地面积、耕地面积)、人力资本(家庭劳动力、受教育年限)、职业和家庭收入等变量; D_i 是地区经济特征(包括地区人均收入、人均GDP)及政府政策虚拟变量(包括生态公益林禁伐比例、是否允许生态公益林间伐或者择伐、是否禁止天然林采伐、森林限额采伐政策是否发生变化); u_i 是随机扰动项。 α , δ 和 γ 为模型待估系数或参数矩阵。

8.2.3　数据来源说明

本研究对福建省进行抽样调研,采用分层逐级抽样和随机抽样相结合的办法选取样本,抽取样本林农进行实地访谈式问卷调查,得到有效问卷 490 份,获得基于生态公益林保护对林农造成的经济损失(问卷调查时,按照本文前述案例研究方法计算该林农经济损失)的补偿标准接受意愿及其影响因素等数据。

8.2.4 计量结果分析

应用 STATA 计量软件 12 版对福建省生态公益林生态补偿标准的影响因素进行计量,可得到表 8-33 计量结果。

Prob > F = 0.0000,说明模型整体显著。

在生态公益林特征变量中,生态公益林面积、林龄与福建省生态公益林生态补偿标准接受意愿在 1% 水平上显著正相关,说明生态公益林面积越大,补偿标准接受意愿越高,而且生态公益林面积的显著性水平为 0.000,对生态补偿标准意愿影响很显著;林龄越大,禁伐生态公益林对林农的经济影响也越大,补偿标准接受意愿也越高,而且林龄的回归系数为 10.61344,对生态补偿标准意愿影响程度较大;树种与福建省生态公益林生态补偿标准接受意愿在 10% 水平上显著正相关,说明树种原木价格越高(价值越大),对林农的经济影响越大,补偿标准接受意愿也越高。这与前面理论假设一致。

在林农自身特征变量中,职业与福建省生态公益林生态补偿标准意愿在 10% 水平上显著负相关,说明担任村干部等的林农与普通林农相比,补偿标准接受意愿较低;家庭劳动力与补偿标准接受意愿在 1% 水平上显著负相关,说明家庭劳动力越多,补偿标准接受意愿越低,而且家庭劳动力的显著性水平为 0.001,对生态补偿标准意愿影响很显著,回归系数为 -4.714148,对生态补偿标准意愿影响程度较大;林地面积与补偿标准接受意愿在 5% 水平上显著正相关,说明林地面积越大,补偿标准接受意愿越高。这与前面理论假设一致。此外,受教育程度、耕地面积和家庭收入没有通过显著性检验,影响不显著。

在地区经济特征变量中,人均 GDP 与补偿标准接受意愿在 5% 水平上显著正相关,说明人均 GDP 较高的地方,物价较高,补偿标准接受意愿也较高。这与前面理论假设一致。地区人均收入没有通过显著性检验,影响不显著。

在政府政策虚拟变量中,生态公益林禁伐程度与补偿标准接受意愿在 1% 水平上显著正相关,说明生态公益林禁伐程度越高,对林农的经济影响越大,补偿标准接受意愿也越高,这与前面理论假设一致。而且生态公益林禁伐程度的显著性水平为 0.000,对生态补偿标准意愿的影响非常显著,回归系数为 26.38695,对生态补偿标准意愿的影响程度大。是否允许生态公益林间伐或者择伐、是否禁止天然林采伐、森林限额采伐政策是否发生变化等变量没有通过显著性检验,影响不显著。

综上所述,生态公益林面积、林龄、家庭劳动力和生态公益林禁伐程度显著性水平很高,显著性水平都在1%以下,比其他因素对补偿标准接受意愿影响更显著。并且,对生态补偿标准接受意愿的正向影响程度最大的是生态公益林禁伐程度,其次是林龄;对生态补偿标准接受意愿的负向影响程度最大的是家庭劳动力。可见,从单位面积生态公益林补偿标准接受意愿来看,林龄、家庭劳动力和生态公益林禁伐程度是福建省生态公益林生态补偿标准意愿的关键影响因素。

表 8-33 计量结果

变量名称	回归系数	标准误差	T 值	显著性水平	95%置信区间	
生态公益林面积	0.0822049	0.0177694	4.63	0.000	0.0472887	0.117121
林龄	10.61344	3.733944	2.84	0.005	3.276386	17.95049
树种	0.9984509	0.5956095	1.68	0.094	-0.171898	2.1688
职业	-4.250615	2.317444	-1.83	0.067	-8.8043	0.3030694
受教育年限	-0.0794725	2.369922	-0.03	0.973	-4.736276	4.577331
家庭劳动力	-4.714148	1.429975	-3.30	0.001	-7.523992	-1.904304
耕地面积	-0.9264614	0.5882129	-1.58	0.116	-2.082276	0.2293536
林地面积	0.0402219	0.0190506	2.11	0.035	0.0027883	0.0776555
家庭收入	0.0000451	0.0000652	0.69	0.489	-0.0000829	0.0001732
地区人均收入	-0.0012324	0.0025946	-0.47	0.635	-0.0063308	0.0038659
人均 GDP	0.0004239	0.0002007	2.11	0.035	0.0000294	0.0008183
生态公益林禁伐比例	26.38695	5.866371	4.50	0.000	14.85976	37.91413
是否允许生态公益林间伐或择伐	2.492034	7.772192	0.32	0.749	-12.78001	17.76408
是否禁止天然林采伐	-7.591906	8.84358	-0.86	0.391	-24.96919	9.785376
森林限额采伐政策是否发生变化	-10.94381	10.96859	-1.00	0.319	-32.49665	10.60903
常数项	11.30316	19.63175	0.58	0.565	-27.27244	49.87876

模型整体显著性 = 0.0000

R 方 = 0.1835

调整后 = 0.1578

9 福建省生态公益林受益单位意愿调查的描述性统计分析

在定性分析和理论分析的基础上,设计调查大纲和调查问卷,采用专家咨询法征求专家意见,根据专家意见,修改调查问卷。

受益单位在样本县抽取,共抽取 100 家受益单位,包括水库、水力发电厂、自来水厂、森林旅游等,64 家单位比较配合调查,大部分是中小型企业。根据调查问卷数据,进行以下统计分析。

9.1 受益单位基本特征的描述性统计分析

表 9-1 为受益单位基本特征值,从表中可以看出,受益单位之间用水量、营业收入、利润、资产总额、注册资本和负债总额差异都较大,用水量最大的达到 2.4 亿吨,最少的只有 400 吨;资产总额最大的达到 19 亿元,最少的只有 60 万元;营业收入最多的达到 8000 万元,最少的只有 300 万元。

表 9-1 基本特征描述统计表

变 量	均 值	标准差	最小值	最大值
用水量(吨)	310445766	615525859	400	2400000000
营业收入(元)	16945178.6	22473409.72	3000000	80000000
利润(元)	2170868.01	4114422	-6000000	15000000
资产总额(元)	365707401	597678016.8	600000	1900000000
注册资本(元)	365707401	95943643.2	600000	518000000
负债总额(元)	32038525.6	47559860	0	228820000

9.1.1 样本单位员工人数的统计分析

如图 9-1 所示,根据问卷调查结果,在样本单位中,员工人数 100 人及以下的受益单位占样本单位的 49%;101～200 人的占样本单位的 31%;201～300 人的占样本单位的 10%;301 人以上占样本单位的 10%。

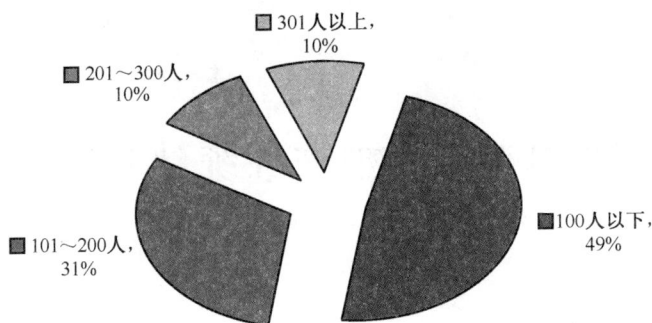

图 9-1 样本单位员工人数

9.1.2 样本单位水来源情况的统计分析

如图 9-2 所示,根据问卷调查结果,在样本单位中,水来源于山上、山泉的受益单位占样本单位的 24%;来源于溪流、地表水的企业占样本单位的 42%;来源于自来水的占样本单位的 24%;来源于台风、雨水的企业占样本单位的 10%。

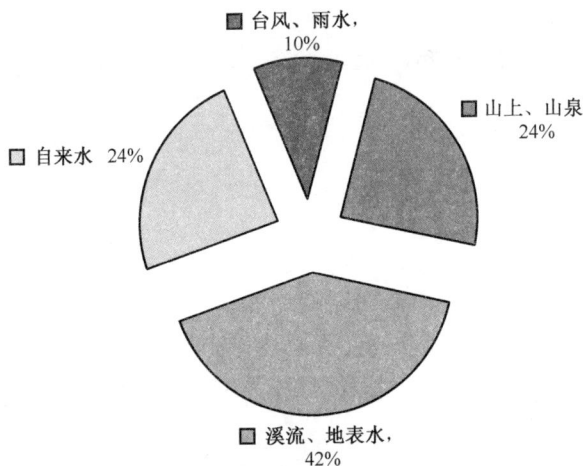

图 9-2 样本单位水来源分布情况

9.1.3 样本单位所有制的统计分析

根据问卷调查结果,在样本单位中,国有单位占样本单位的 17%;民营单位占样本单位的 62%;其他类型单位占样本单位的 21%。

9.1.4 样本单位主营业务收入的统计分析

根据问卷调查结果,在样本单位中,主营业务收入 100 万及以下的受益单位占样本单位的 11%;101 万 ~ 1000 万的占样本单位的 28%;1001 万 ~ 5000 万的占样本单位的 43%;5001 万以上的占样本单位的 18%。可见,受益单位之间的收入差异较大。

9.1.5　样本单位利润的统计分析

根据问卷调查结果,在样本单位中,利润为负数的受益单位占样本单位的 24%;利润 0 ~ 50 万的占样本单位的 48%;利润 51 万 ~ 100 万的占样本单位的 7%;利润 101 万以上的占样本单位的 21%。

9.1.6　样本单位注册资本的统计分析

根据问卷调查结果,在样本单位中,注册资本 500 万元及以下的占样本单位的 38%;501 万 ~ 1000 万的占样本单位的 17%;1001 万以上的占样本单位的 45%。

9.1.7　样本单位负债总额的统计分析

在样本单位中,负债总额在 100 万元及以下的受益单位占样本单位的 28%;101 万 ~ 1000 万的占样本单位的 31%;1001 万以上的占样本单位的 41%。

9.1.8　样本单位水价的统计分析

由表 9-2 可见,样本县样本单位水价比较便宜,每吨水价在 0.15 元以下的所占比重最大。

表 9-2　企业水价情况分析

每吨水价(元/吨)	百分比(%)	累计百分比(%)
0.15 及以下	39.13	39.13
0.15(不含)~0.5(含)	21.74	60.87
0.5(不含)~1.2(含)	17.39	78.26
1.2 以上(不含)	21.74	100
合　计	100	

9.1.9　样本单位用水量与主营业务收入的交叉分析

在样本单位中,用水量 10000 吨及以下的受益单位主营业务收入如下:100 万元及以下的单位占样本单位的 18%,101 万 ~ 1000 万的占样本单位的 18%,1001 万 ~ 5000 万的占样本单位的 55%,5001 万以上的占样本单位的 9%。

在样本单位中,用水量 10000 吨以上的受益单位主营业务收入如下:100 万元及以下的单位占样本单位的 6%,101 万~1000 万的占样本单位的 35%,1001万~5000 万的占样本单位的 35%,5001 万以上的占样本单位的 24%。

9.1.10 样本单位特征的相关性分析

由表 9-3 可见,样本单位主营业务收入和每吨水价显著正相关,员工人数和补偿标准支付意愿显著正相关,补偿标准支付意愿和每吨水价显著正相关,用水量和每吨水价低度负相关。

表 9-3 样本单位特征统计相关性分析

	用水量	主营收入	利润	员工人数	补偿标准 支付意愿	每吨水价
用水量	1.0000					
主营收入	-0.0961	1.0000				
利润	-0.1746	0.4754	1.0000			
员工人数	-0.0602	0.2775	-0.0454	1.0000		
补偿标准 支付意愿	-0.1987	0.0381	-0.0616	0.6019	1.0000	
每吨水价	-0.3966	0.5600	0.1670	0.4631	0.5185	1.0000

9.2 受益单位生态补偿支付意愿的描述性统计分析

通过对受益单位调查问卷数据整理得到:受益单位生态公益林生态补偿标准最低支付意愿的平均值为 31.96 元/(年·亩),最高支付意愿的平均值为67.91 元/年.亩。从不同龄级来看,龄级越高,受益单位愿意支付的补偿标准越高;从不同树种来看,对阔叶树种支付意愿较高,对针叶树种(杉木、马尾松)支付意愿较低。因为林分单位面积生态功能阔叶树要大于针叶树,受益单位从中享受更多生态效益,所以,对阔叶树支付意愿较高。

根据调查问卷,受益单位认为生态补偿支付意愿最低标准应该小于 20 元的占 26.1%;大于等于 20 元,小于 30 元的占 30.4%;大于等于 30 元,小于 40 元的占 13%;大于等于 40 元的占 30.4%(表 9-4)。

表 9-4 生态补偿支付意愿最低标准

最低补偿标准[元/(年·亩)]	百分比(%)
<20	26.10
>=20,<30	30.40
>=30,<40	13.00
>=40	30.40

根据调查问卷,受益单位认为生态补偿支付意愿最高标准小于 20 元的占 8.90%;大于等于 20 元,小于 30 元的占 13.00%;大于等于 30 元,小于 40 元的占 17.40%;大于等于 40 元的占 60.70%(表 9-5)。

表 9-5　生态补偿支付意愿最高标准

最高补偿标准[元/(年·亩)]	百分比(%)
<20	8.90
>=20,<30	13.00
>=30,<40	17.40
>=40,<50	8.90
>=50,<60	21.7
>=60	30.1

9.3　受益单位其他情况的描述性统计分析

9.3.1　受益单位对生态公益林保护政策了解情况的统计分析

根据调查问卷,受益单位了解生态公益林保护政策的占 70.4%;不了解生态公益林保护政策的占 29.6%(表 9-6)。

表 9-6　受益单位生态公益林保护政策了解情况

	百分比(%)
了解政策	70.4
不了解	29.6

9.3.2　受益单位对生态保护的满意度统计分析

根据调查问卷,受益单位对目前政府生态保护、生态治理、生态公益林保护满意的占 78.9%;不满意的占 21.1%(表 9-7)。

表 9-7　受益单位对生态保护的满意度

	百分比(%)
满　意	78.9
不满意	21.1

9.3.3　受益单位对生态效益补偿政策了解情况的统计分析

根据调查问卷,受益单位了解森林生态效益补偿政策的占50%;不了解森林生态效益补偿政策的占50%(表9-8)。

表9-8　受益单位对生态效益补偿政策的了解情况

	百分比(%)
了解政策	50
不了解政策	50

9.3.4　受益单位对生态效益补偿政策的满意度统计分析

根据调查问卷,在了解森林生态效益补偿政策的受益单位中,对政府森林生态效益补偿政策满意的占65.5%;不满意的占34.5%(表9-9)。

表9-9　受益单位对生态效益补偿政策的满意度

	百分比(%)
满意	65.5
不满意	34.5

9.3.5　保护生态公益林对受益单位生产经营影响的统计分析

根据调查问卷,保护生态公益林对受益单位生产经营(或者用水)有重大影响的占46.4%,有一些影响的占35.7%,没有影响占8.9%,不知道的占9%(表9-10)。

表9-10　保护生态公益林对受益单位的影响

	百分比(%)
重大影响	46.4
有一些影响	35.7
没有影响	8.9
不知道	9.0

9.3.6　保护生态公益林对受益单位收入影响的统计分析

根据调查问卷,保护生态公益林对受益单位收入影响金额占销售收入比例小于10%的占44.4%;大于等于10%,小于30%的占33.30%;大于等于30%的占 22.3%(表 9-11)。

表 9-11　影响金额占销售收入百分比分布

	百分比(%)
<10%	44.4
>=10%,<30%	33.3
>=30%	22.3

9.3.7　受益单位支持保护生态公益林情况的统计分析

根据调查问卷,受益单位愿意支持保护生态公益林的占 88.9%;不愿意支持保护生态公益林的占 11.1%(表 9-12)。

表 9-12　受益单位支持保护生态公益林情况

	百分比(%)
愿意支持	88.9
不愿意支持	11.1

根据调查问卷,受益单位愿意以资金资助方式资助生态公益林保护的占 42.9%;愿意以人力支援方式资助生态公益林保护的占 57.1%(表 9-13)。

表 9-13　受益单位生态公益林保护资助方式

	百分比(%)
资金资助	42.9
人力支援	57.1

根据调查问卷,受益单位愿意今后资助生态公益林保护的占 72.4%;受益单位不愿意今后资助生态公益林保护的占 27.6%(表 9-14)。

表 9-14　受益单位今后资助生态公益林保护意愿情况

	百分比(%)
愿意	72.4
不愿意	27.6

9.3.8　受益单位参与保护生态公益林宣传意愿统计分析

根据调查问卷,受益单位愿意参与保护生态公益林宣传的占 88.9%;不愿意的占 11.1%(表 9-15)。

表9-15　受益单位参与保护生态公益林宣传意愿

	百分比(%)
愿　意	88.9
不愿意	11.1

9.3.9　生态公益林补偿费承担对象的统计分析

根据调查问卷,受益单位认为生态公益林补偿费承担对象是政府的占78.6%;是公民的占3.6%;是企业的占21.4%;是受益者的占60.7%,是捐助者的占14.3%(表9-16)。

表9-16　受益单位认为生态公益林补偿费承担对象

	百分比(%)
政　府	78.6
公　民	3.6
企　业	21.4
受益者	60.7
捐助者	14.3

注:调查问卷是多项选择题。

9.3.10　受益单位所在地洪水灾害情况的统计分析

根据调查问卷,受益单位所在地发生过洪水灾害的占53.6%;没有发生过洪水灾害的占46.4%(表9-17)。

表9-17　受益单位所在地洪水灾害情况

	百分比(%)
发生过洪水灾害	53.6
没有发生过洪水	46.4

9.3.11　受益单位所在地旱灾情况的统计分析

根据调查问卷,受益单位所在地发生过旱灾的占51.9%;没有发生过旱灾的占48.1%(表9-18)。

表9-18　受益单位所在地旱灾情况

	百分比(%)
发生过旱灾	51.9
没有发生过旱灾	48.1

9.3.12 保护生态公益林对收入的影响和资助生态公益林意愿的交叉分析

由表 9-19 可见,认为保护生态公益林对样本单位收入有重大影响,愿意资助生态公益林保护的受益单位占 93.75%;不愿意资助的占 6.25%。

表 9-19 对收入的影响和资助生态公益林意愿交叉分析表

	百分比(%)	累计百分比(%)
愿 意	93.75	93.75
不愿意	6.25	100
总 数	100	

由表 9-20 可见,保护生态公益林对样本单位收入无重大影响,愿意资助公益林保护的受益单位占 60%;不愿意资助的占 40%。

表 9-20 对收入的影响和资助生态公益林意愿交叉分析表

	百分比(%)	累计百分比(%)
愿 意	60	60
不愿意	40	100
总 数	100	

9.4 受益单位补偿标准支付意愿的相关性分析

由表 9-21 可见,每年影响金额占销售收入百分比与桉树、硬阔叶树补偿标准支付意愿之间显著相关,与其他树种补偿标准支付意愿之间低度相关;洪水灾害与杉木、马尾松和桉树补偿标准支付意愿之间显著相关,与其他树种补偿标准支付意愿之间低度相关;旱灾与杉木、马尾松、桉树和木麻黄补偿标准支付意愿之间显著相关,与其他树种补偿标准支付意愿之间低度相关;水价与各个树种补偿标准支付意愿之间低度相关。

表 9-21 各树种补偿标准支付意愿的相关性分析

	杉 木	马尾松	桉 树	硬阔叶树	软阔叶树	木麻黄
每年影响金额占销售收入百分比	-0.44214	-0.46255	-0.50015	-0.59551	-0.47477	-0.49958
洪水灾害	-0.54106	-0.55407	-0.564	-0.41385	-0.47438	-0.48461
旱 灾	-0.56087	-0.5822	-0.58368	-0.45422	-0.48765	-0.51137
水 价	0.333813	0.369912	0.393326	0.220962	0.292821	0.257418

注:"-"表示负相关。

10 建　　议

基于前面几章分析结果,本章建议按照以下基本思路:如果生态公益林保护对林农没有造成经济损失(例如在偏远林区,林区道路尚未开通,林地贫瘠,林分质量差,蓄积量低,木材采伐成本和搬运费等成本合计高于木材销售收入),就不需要补偿。如果生态公益林保护对林农造成经济损失,应该根据实际经济损失大小进行补偿。在同一个县,对于不同树种、不同林龄的生态公益林,补偿标准应该不同。同时,建议政府今后提高补偿标准时,要进行分类补偿,对于好的林分补偿标准应该更高,对于差的林分补偿标准应该更低。对于好的林分,补偿标准更高能够促进林农自觉保护生态公益林,提高生态公益林质量。也就是说,今后政府提高补偿标准时,应该优先考虑质量好的生态公益林,应该按照林农经济损失的相对比例进行分类补偿。

通过专家咨询,专家们普遍认为:现在生态公益林补偿标准低,对于珍稀树种,现行生态补偿标准远小于林农经济损失,作用不大;要提高生态公益林生态补偿资金,奠定生态公益林保护的重要基础,从而提高保护生态公益林的积极性。专家们认为,按照本研究结果,应该根据当地的林地平均收入与补偿标准的差距计算补偿标准。

问卷调查结果显示,83.33%的专家认为应该进行分类补偿,建议可以分地块、林分、区位、树种、林种制定补偿标准。16.67%的专家认为理论上讲分类补偿比较科学,但是加大工作量,有的甚至难以执行。

10.1　建立生态公益林分类补偿标准体系

目前福建省采用的是按面积补偿的形式,中央和省级财政采用统一补偿标准,忽略了不同林龄、不同树种的林分会产生不同的经济效益。从本研究的结论可以发现,林龄、生态公益林保护等级和树种对林农的实际经济损失产生显著影响,因此有关部门应当在提高补偿标准的基础上,进一步考虑生态公益林保护等级、林龄和树种等因素,在合理的范围内,建立可操作、多指标、定量化的分类补偿标准体系。

10.1.1　按照龄级制订分类补偿标准

根据本文计量研究结果,龄级(林龄)显著影响福建省生态公益林生态补偿标准接受意愿。一般情况下,龄级不同,每亩蓄积量也不同,生态公益林保护与禁伐造成的经济损失也不同。在调研中发现,龄级较大的生态公益林的经营者对补偿标准不满意的比例较高。他们认为生态公益林已经是成熟林,蓄积量较高,每年每亩补偿标准却与幼龄林一样,不合理。尤其经营者拥有人工的、成熟的生态公益林,对现行补偿标准意见更大。因此,有必要按照生态公益林的龄级大小确定补偿标准。龄级越大,生态公益林生态补偿标准应该越高,考虑到实践可操作性和实施成本,建议按照3个级别的龄级(成熟林、中龄林、幼龄林)制订分类补偿标准。现有补偿标准可以适用于幼龄林生态公益林,今后适当提高中龄林生态公益林补偿标准,较大幅度提高成熟林生态公益林的补偿标准。

本研究对样本林农的生态公益林样地进行经济损失测算,得出所有样本林农的样地经济损失每年每亩平均数为:成熟林112元、中龄林97元、幼龄林74元(详见表7-7)。可以根据这个调研数据计算结果作为制订分类补偿标准参考。如果补偿资金总量不足,以上分类补偿标准金额可以乘以一个相同的百分比。政府也可以根据生态公益林的龄级,计算不同龄级的生态公益林补偿标准系数。

10.1.2　按照树种制订分类补偿标准系数

根据前面研究结果,树种显著影响福建省生态公益林生态补偿标准意愿。树种不同,其原木价格不同,禁止采伐生态公益林造成的经济损失也不同。在调研中发现,林农对于禁止采伐杉木生态公益林意见较大,要求的补偿标准更高。原因是在福建省林区、农村,杉木的用途较多,销售比较容易,原木价格也较高,禁伐造成的经济损失也较大。从发挥生态功能角度来看,阔叶树比杉木发挥的生态效益更大。如果以生态效益大小来确定补偿标准,阔叶树生态补偿标准应该高于针叶树。

分树种制订生态公益林补偿标准更符合林农的意愿。可以委托专家,按照各树种的原木价格、生态功能等,评估确定各树种生态公益林生态补偿标准系数。

本研究对样本林农的生态公益林样地进行经济损失测算,得出所有样本林农的样地经济损失每年每亩平均数为:杉木96元、桉树115元、马尾松56元、阔叶树74元、木麻黄59元(详见表7-5)。可以根据这个调研计算结果制订生态公益林分类生态补偿标准。如果补偿资金总量不足,以上分类补偿标准金额可以乘以一个相同的百分比。对于没有作为本文研究对象的其他树种生态公益林,可以按照本文研究方法计算其经济损失,然后据此确定其生态补偿标准。

10.1.3 依据生态公益林保护等级制订分类补偿标准

《福建省生态公益林管理办法》(闽林〔2005〕1 号)规定:在生态公益林区域内,根据生态区位的脆弱性和重要性将生态公益林划分为三个保护等级:一级保护(严格保护)生态公益林;二级保护(重点保护)生态公益林;三级保护(一般保护)生态公益林。

根据生态公益林保护等级制订不同的补偿标准,更加公平、合理,而且体现了生态公益林的重要性程度。使重要生态区位的生态公益林补偿标准更高,从而提高林农保护重要生态区位的生态公益林的积极性。2005 年福建省生态公益林实行分级补助,一级保护、二级保护和三级保护的生态公益林每年每亩补偿性支出分别为 4.5 元、2.6 元和 2 元;2006 年一级和二级保护的生态公益林每年每亩补偿性支出为 4.5 元,三级为 3 元。但是,2007 一级保护、二级保护和三级保护的生态公益林每年每亩补偿标准都是 7 元,至今都没有再分级分类补偿。建议再分类补偿,比如 2016 年福建省生态公益林补偿标准每年每亩为 22 元,可以分类:一级保护、二级保护和三级保护的生态公益林补偿标准每年每亩分别为27 元、22 元和 17 元。

10.1.4 根据生态公益林禁伐比例制订分类补偿标准

根据前面研究结果,生态公益林禁伐程度显著影响福建省生态公益林生态补偿标准接受意愿。生态公益林禁伐程度(比例)不同,造成的经济损失不同。生态公益林禁伐程度越高(比例越大),经济损失越大,补偿标准应该越高。而且,一般情况下,生态公益林禁伐程度与经济损失成正比。所以,可以制订一个禁伐程度为 100%的补偿标准,其他生态公益林的补偿标准按照这个补偿标准乘以其禁伐比例。

此外,从理论上讲,生态公益林保护造成的经济损失与蓄积量直接相关,所以按照不同蓄积量进行分类补偿,比较科学,但是因为蓄积量每年都在变化,而且蓄积量数据获取难度大,工作量很大,所以实践操作性弱。

10.2 提高生态公益林生态补偿标准

现行福建省生态公益林生态补偿标准远低于生态公益林保护对林农造成的经济损失。为了提高林农保护生态公益林的积极性,减少生态公益林保护对林农造成的经济损失,政府相关部门应当本着合理、公平、充分的原则,依据市场经济运行规律,综合福建省林区实际情况,在合理的范围内,适当提高生态公益林生态补偿标准。

要构建科学合理的生态公益林生态补偿标准体系,关键在于合理、适度地提高生态公益林生态补偿标准。福建省生态补偿资金主要来源于中央和地方财政。要加强对生态补偿的支持,提高补偿标准,就要加大政府的财政支持力度。要发挥中央公共财政作为生态补偿资金的顶梁柱作用,同时要依靠省、市(县)地方政府的财政支持,尤其要着重扶持和补助重要生态公益林区、经济欠发达或贫困的生态公益林区。通过提高生态补偿标准,使林农获得更多补偿,将有利于提高林农建设和保护生态公益林的积极性。

经济社会不断发展,工资水平不断提高,生态公益林管护成本和支出也不断增加,如果补偿资金增长速度跟不上经济社会发展速度,就会影响林农建设和管理生态公益林的积极性,所以建立生态公益林生态补偿资金与当前经济、社会发展相适应的增长长效机制很有必要。

各级政府对生态公益林建设步伐的加快,投入力度的加大,真正让广大林农享受到了森林生态效益补偿制度的优越性,从思想和行动上促进了进一步建设和保护生态公益林的积极性。

10.2.1 督促人均 GDP 高的地区提高生态公益林生态补偿标准

根据前面研究结果,人均 GDP 显著影响福建省生态公益林生态补偿标准意愿,也就是说,经济越发达地区,补偿标准意愿越高。目前福建省经济发达地区,如厦门市在中央和省级补偿资金的基础上,2002 年起,市财政每年按 6 元/亩安排专门资金用于生态公益林补偿性支出;2008～2010 年厦门市财政森林生态效益补偿标准为 12 元/(亩·年),2011 年补偿标准提高到 24 元/(亩·年),2012 年补偿标准又提高到 36 元/(亩·年)。2014 年厦门市财政补偿标准提高到 43 元/(亩·年),加上中央和省级财政生态公益林补偿 17 元/(亩·年),2014 年厦门市生态公益林每年每亩补偿标准达到 60 元/(亩·年),2016 年提高到 65 元/(亩·年)。2008 年泉州市财政预算每年安排 1000 万元,用于国家、省级和市、县级生态公益林的补偿,2008 年泉州市省级生态公益林补偿标准达到 9 元/亩,高于当年闽西北林区县。2008 年在泉州市增加补偿标准的基础上,晋江市财政再对省级以上生态公益林增加补偿 5 元/亩,达到 14 元/亩。福建省这些经济发达地区生态补偿标准都明显高于其他经济欠发达地区。所以,中央和省政府要督促其他经济比较发达地区提高生态公益林生态补偿标准,使经济比较发达地区地方财政承担一部分生态补偿资金。

10.2.2 逐步分阶段提高生态补偿标准

由于我国属于发展中国家,政府财政收入有限,如果现阶段大幅度提高生态公益林生态补偿标准,难以做到,所以逐步分阶段提高生态补偿标准,比较切合实际,政府财力也能够承受。政府每过几年提高一次生态公益林补偿标准体现分阶段递增的补偿标准,使林农对生态公益林生态补偿标准增加有良好的预期,从而促进生态公益林保护。

政府应该以立法形式确定若干年提高补偿标准多少元? 福建省分别在2007、2010、2013、2015、2016年提高生态公益林补偿标准,没有规律,也不是以立法形式制订,林农难以预期,其中2010和2013年都是提高补偿标准5元/(亩·年),2015年提高2元,2016年提高3元,这低于林农的补偿标准接受意愿。按照福建省生态公益林生态补偿标准接受意愿调查结果:林农希望政府每过3年,杉木、马尾松、硬阔叶树、软阔叶树、桉树、木麻黄生态补偿标准分别增加12.33、11.67、9.80、12.19、14.04和10元/(亩·年)。因此,今后政府再提高补偿标准时,补偿标准增加力度要加大,每过3年至少要提高10元/(亩·年)。

10.2.3 加大对林业大县的生态补偿力度

根据前面研究结果,林地面积和生态公益林面积显著影响福建省生态公益林生态补偿标准意愿。林地面积和生态公益林面积越大的县,森林生态效益补偿资金需要量越大。通常情况下,这些林区县经济较不发达,县财政难以满足补偿资金需求,难以提高补偿标准以满足经营者生态补偿标准意愿。李周(2004)通过实证研究得出:"森林丰富的贫困县往往防护林比重较大,用材林比重较小;森林丰富的贫困县与非贫困县的人均防护林蓄积量的差异显著大于用材林蓄积量的差异,说明贫困县受到防护林面积大的影响。森林丰富但经济发展落后的地区,通常存在问题之一是相当一部分的森林被国家划为防护林、又得不到任何经济补偿。大多数林木为防护林,农民得不到任何经济补偿是林区贫困的原因之一。"可见,中央和福建省财政必须加大对林业大县的财政拨款,加大生态补偿力度,增加当地生态公益林生态补偿资金总量,设法满足经营者生态补偿标准接受意愿,使贫困的林农不至于因为生态公益林保护、生态贡献更加贫困。

建议以行政村为单位,全村生态公益林面积占林地面积比重越大,该村生态补偿金比重应该越高。同样,以市、县、乡为单位,生态公益林面积占林地面积越大,生态补偿金比重应越高。

10.2.4 提高生态补偿标准的可行性分析

2007年在福建省,中央财政投入生态公益林生态补偿资金10340万元,省级财政投入补偿资金12131万元,省级补偿资金占全省财政收入比例为0.09%。2013年在福建省,中央及省级财政投入生态公益林生态补偿资金72926万元,其中:中央财政投入32592万元、省级财政投入40334万元,省级补偿资金占全省财政收入比例为0.19%,比2007年提高1倍多。

从表10-1可知,2007~2013年,福建省生态补偿资金增长额占财政收入增长额比例为0.3371%;全省年均财政收入增长速度为8.73%,样本县年均财政收入增长速度为24.54%。可见,福建省财政收入增长速度较快,样本县财政收入增长速度更快。所以,加大财政投入,继续提高生态公益林生态补偿标准,从财政能力方面来看是可行的。

表10-1　福建省及样本县财政收入和生态公益林补偿资金状况

	2007年财政收入(万元)	补偿资金所占比例(%)	2013年财政收入(万元)	补偿资金所占比例(%)	2007~2013年		
					财政收入增长率(%)	财政收入增长额(万元)	补偿资金增长额占财政收入增长额的比例(%)
武夷山市	26160		91655		350.36	65495	
建瓯市	26635		75699		284.21	49064	
永安市	53691		162021		301.77	108330	
漳平市	24322		70124		288.32	45802	
尤溪县	22632		71611		316.41	48979	
屏南县	8085		27019		334.19	18934	
政和县	5020		26998		537.81	21978	
仙游县	28048		138260		492.94	110212	
永定县	39301		95636		243.34	56335	
霞浦县	17075		74270		434.96	57195	
长泰县	15533		109185		702.92	93652	
漳浦县	32266		172068		533.28	139802	
样本县合计	298768		1114546		373.05	815778	
福建省合计	12828400	0.09	21194455	0.19	165.22	8366055	0.3371

10.3　探索多样化的生态公益林生态补偿方式

目前福建省生态公益林补偿方式都是现金补偿。生态公益林生态补偿的最终目的是保护生态环境,促进人与自然和谐相处,只要能够达到这个目的,其他生态补偿方式也可以考虑。

第一,技术补偿。以人才培训、技术指导、普及知识等多种形式对林农给予技术上的支持,无偿对林农进行技术培训,提高林农的生产技能和技术水平,促进其再就业,提高其进城务工技能,减少其对生态公益林的生计依赖。

第二,实物补偿。政府通过对生态公益林所有者或经营者予以林地、农地等方面的补偿,如可以将国有或者集体林地的经营权交给生态公益林所有者,使林农不会因为生态公益林保护而减少林地生产资料。

第三,政策补偿。政府通过制订相关优惠政策,扶持大户林农发展旅游业、养殖业和加工业等。生态公益林保护对(拥有面积较大的生态公益林)林业大户的经济影响较大,为生态公益林大户提供其他产业发展机会和优惠政策,促进他们转产从事非木质产业或者非林产业。

10.4 通过政府干预筹集生态公益林生态补偿资金

福建省生态公益林补偿资金主要来源于中央和地方政府财政。促进受益单位参与生态公益林生态效益补偿,作为中央和省级政府财政投入的必要补充,是提高补偿标准,使生态公益林经营者获得充分补偿的重要途径。也就是说,生态补偿资金的筹集必须从政府、市场两个方面双管齐下,从而形成以政府财政为主导,市场补偿为补充的多元化补偿资金来源渠道。

课题组对福建省公众进行了问卷调查:"您认为生态公益林建设和保护经费应由谁来承担",问卷调查结果见表10-2,45.16%的公众认为生态公益林建设和保护经费应由政府承担,38.71%的公众认为生态公益林建设和保护经费应由受益者承担,两者合计占83.87%。

表 10-2 生态公益林建设和保护经费来源途径调查汇总表

	政 府	公 众	企 业	受益者	捐助者	污染企业	其 他	合 计
比例(%)	45.16	3.23	0	38.71	0	12.90	0	100

要发挥公共财政作为生态补偿资金的顶梁柱作用,逐步提高生态补偿标准,加大对生态公益林的生态补偿力度。生态公益林生态补偿资金既要依靠中央财政投入,也离不开省、市(县)地方政府的财政支持。此外,还可以通过发行生态国债、生态公益彩票等方式,建立政府调控的生态补偿长效机制。

生态公益林具有涵养水源、调节水流量(减少雨季水流量、增加旱季水流量)等生态功能,补偿和保护生态公益林也有益于受益单位。许多专家已经从理论上论证了受益者需要承担生态公益林生态补偿费,政府建立生态公益林受益者生态补偿机制是必要的。政府必须明确规定生态公益林生态效益市场补偿的主体、方式、对象、范围和标准等。从理论上讲,补偿的主体是生态公益林生态效益的受益者,但是实际操作时比较难确定。政府必须对一些比较容易确定的受益者用法规形式界定,比如生态公益林水源涵养效益的受益者应该是下游的用水单位和个人,生态公益林防止沙土流失效益的受益者应该是下游的航运部门和水库经营单位,农田防护林的受益者应该是农田所有者或经营者,森林景观效益的受益者是森林旅游企业等。

10.4.1 从水、电费收入中提取生态补偿费

下游水库、水力发电和自来水厂等单位应向上游支付生态公益林生态效益补偿费,可采用从上述直接受益单位的水、电费收入中按一定比例提取,或在水、电费收入中附加。如广东、辽宁、四川、湖南、新疆、安徽等省已经制定了区域性政策,从水利及企业征收一定数额的生态公益林生态效益补偿费,用于水源涵养林建设和保护。短期内,这种办法会导致受益单位收入减少,但这些资金投入上游水源涵养林和水土保持林建设和保护后,从长期来看,会提高水源涵养和水土保持能力,从而增加了枯水期的水流量,减少了河流和水库的泥沙淤积量,因此有益于受益单位。

《中共福建省委、福建省人民政府关于加快林业发展 建设绿色海峡西岸的决定》(闽委发〔2004〕8 号)规定:按照政府投入为主,受益者合理承担的原则,多渠道筹集森林生态效益补偿资金。森林生态效益补偿资金主要来源于:从利用水资源发电收入中提取的资金等。该文件为福建省建立生态公益林受益者生态补偿政策提供了依据,但是没有具体的、可操作性的规定,以至于至今难以贯彻实施。

中央政府要进行协调并出台具体政策,促进流域下游支付给上游生态公益林水文生态服务补偿费;也可以执行成本分担机制,按照一定标准(如用水量)计算流域各地区应当负担的流域水资源补偿费,并且监督实施;或者在下游地区排污费、水价或水资源费中附加水文生态服务补偿费,用于补偿上游地区为保护水资源而遭受经济损失的单位或个人。

根据福建省江河下游地区对上游地区森林生态效益补偿费的计提标准(每吨 0.05~0.1 元)(福建省林业厅,2007)和表 10-3 数据,可计算出 2001~2013 年在水文生态服务方面福建省生态公益林生态补偿年均筹资额为 0.661 亿~1.322 亿元。2013 年实际筹资额为 0.859 亿元。2016 年筹资额为 0.823 亿~1.646 亿元。

表 10-3　福建省城市供水总量及生态公益林补偿筹资额

年份	城市供水总量[①](万吨)	提取比例[②](元/吨)	金额(亿元)
2001	97207	0.1	0.972
		0.05	0.486
2002	118557	0.1	1.19
		0.05	0.595

（续）

年份	城市供水总量①（万吨）	提取比例②（元/吨）	金额（亿元）
2003	118512	0.1	1.19
		0.05	0.595
2004	116130	0.1	1.16
		0.05	0.58
2005	141569	0.1	1.42
		0.05	0.71
2006	137304	0.1	1.37
		0.05	0.685
2007	149152	0.1	1.49
		0.05	0.745
2008	129342.84	0.1	1.293
		0.05	0.647
2009	134264.38	0.1	1.343
		0.05	0.671
2010	132626.56	0.1	1.326
		0.05	0.663
2011	137724.24	0.1	1.377
		0.05	0.689
2012	146327.94	0.1	1.463
		0.05	0.732
2013	159301.95	0.1	1.593
		0.05	0.797
2014	156464.00	0.1	1.565
		0.05	0.782
2015	161598.18	0.1	1.616
		0.05	0.808
2016	164602.57	0.1	1.646
		0.05	0.823

注：①《福建统计年鉴》《中国林业统计年鉴》；②福建省江河下游地区对上游地区森林生态效益补偿费的计提标准。

10.4.2 从森林旅游收入中提取生态补偿费

随着我国国民经济发展和居民收入的增加,生态意识也增强,人们走进森林、回归自然热情也提高,越来越多的公众到森林中观察野生动植物、露营或徒步旅行,森林旅游备受青睐,生态公益林生态旅游也成为热点,为生态公益林保护提供重要的资金来源。

中国生态公益林生态旅游主要依托于自然保护区、森林公园、风景名胜区发展起来的。1982年,中国第一个国家级森林公园——张家界国家森林公园建立,将森林旅游开发与生态环境保护有机结合起来。于是各地纷纷将有旅游资源的林区划为旅游景点,森林公园也逐渐增多。森林旅游景点、森林公园中绝大部分森林属于生态公益林。

许多森林生态旅游区周边及其上游的生态公益林由林业经营者管护,而森林生态旅游门票等收入属于旅游经营单位,与林业经营者无关。生态公益林被禁止采伐,生态公益林经营者没有木材采伐收入,遭受经济损失,生态公益林管护资金短缺。森林旅游经营单位从中受益,应该对生态公益林经营者进行生态补偿。

《中共福建省委、福建省人民政府关于加快林业发展建设绿色海峡西岸的决定》(闽委发〔2004〕8号)已明确规定:森林生态效益补偿资金主要来源于:从利用水资源发电收入中提取的资金和对以森林景观为主要旅游资源的景点门票收入中提取的资金等。首先需要将政策具体化,使之易于实施,即从以森林景观为主要旅游资源的景点门票收入中提取的资金,需要专门制定具体政策,明确规定征收对象、提取比例、征管机构等。例如政府必须制定政策,明确界定生态公益林生态旅游服务的权利与义务,规定森林生态旅游景点周边和上游生态公益林生态效益的受益者是该森林生态旅游景点经营单位,该景点经营单位有义务支付生态旅游服务费,并从森林旅游景点门票收入中按照一定比例提取或以门票收入附加形式筹集生态公益林生态旅游服务费。

10.4.2.1 福建省森林公园生态公益林生态旅游补偿额测算

根据新疆、四川、辽宁等省(自治区)的实践,在森林旅游景点门票中加征10%~25%,用于生态公益林建设。建议福建省根据不同森林公园情况,在门票中加征10%~25%,用于生态公益林的建设和保护。根据表10-4,计算出2001年至2013年在森林公园方面福建省生态公益林生态补偿年均筹资额为0.044亿~0.109亿元。2013年筹资额为0.126亿~0.316亿元;2014年筹资额为0.145亿~0.362亿元;2015年筹资额为0.158亿~0.394亿元。

表 10-4 福建省森林公园门票收入及生态公益林补偿额

年　份	旅游收入(万元)	其中:门票收入	提取比例(%)	金额(亿元)
2001~2004	30621.31	3233.54	10	0.032
			25	0.081
2005	8853.86	1931.16	10	0.019
			25	0.048
2006	14200.70	3007.16	10	0.030
			25	0.075
2007	18471.00	3677.00	10	0.037
			25	0.092
2008	17656.00	2892.00	10	0.029
			25	0.072
2009	19774.00	3016.00	10	0.030
			25	0.075
2010	42466.23	7128.85	10	0.071
			25	0.178
2011	49211.58	9407.12	10	0.094
			25	0.235
2012	68145.83	9862.99	10	0.099
			25	0.247
2013	84151.04	12646.13	10	0.126
			25	0.316
平均数	27196.27	4369.38	10	0.044
			25	0.109
2014	88124	14495	10	0.145
			25	0.362
2015	96185	15750	10	0.158
			25	0.394

数据来源于《中国林业统计年鉴》(2001~2015 年)和福建省林业厅。

10.4.2.2 加强生态公益林生态旅游基础设施建设

为了最大限度地发挥森林公园的游憩价值,应该进一步完善森林生态旅游景区的相关基础设施,特别是卫生条件和交通条件。增加森林生态旅游景区的交通路线和班车数量,方便游客出行;增设卫生设施,尤其是在森林生态旅游景区入口处等游客密集的场所,同时增加清洁人员,缓解游客反映的卫生条件差、厕所拥挤等问题。

10.4.2.3 加大生态公益林生态旅游宣传

应该加大对森林生态旅游景点的宣传,对生态公益林生态旅游景区周边地区和经济发达地区要加强宣传力度。宣传可以采取多种形式相结合:①在景区内宣传。通过宣传手册、导游解说、科普展览、专题讲座、知识竞赛等形式进行宣传,让游客在游憩过程中了解生态公益林生态旅游景区,增进人们对森林生态旅游景区森林文化的了解。②传统媒体宣传。在生态公益林生态旅游景区周边地区通过公交广告等形式介绍生态公益林生态旅游景区的特色,并且标明到旅游景点的交通路线,提高周边地区的游客对生态公益林生态旅游景区的了解程度;在经济发达地区通过广告牌、报纸等形式进行宣传,扩大影响范围,让更多高收入群体了解生态公益林生态旅游景区。③新媒体宣传。通过微博、微信公众号等社会化营销手段进行宣传,扩大宣传范围,提高生态公益林生态旅游景区的知名度,从而吸引更多游客。

10.4.3 在增值税、营业税和个人所得税中附加生态补偿费

许多专家提出开征生态税,用于生态公益林生态效益补偿,以便提高生态补偿标准。税收具有强制性,征收的补偿资金较为稳定。虽然这是一种不错的选择,但是目前难度较大。设立生态税必须先研究确定征收对象、征收比例等,然后通过立法程序进行讨论、表决。现在只有税收附加费专款专用,一般税收进入国库后,通过财政预算进行统筹安排,能否全部用于生态公益林生态补偿,取决于当地的实际情况和领导的意愿。

森林生态效益补偿的税收附加,在分配中的实质就是社会生产(消费)单位或个人由于得益于生态环境的改善,而支付的环境成本。国家运用它保护和建设生态公益林,为社会提供更多或更好的生态环境服务。社会成员的生产和消费行为,总离不开某些由国家提供的公共服务,以税收附加形式征收生态公益林生态效益补偿资金用于生态公益林保护和补偿,也是一种公共服务。生态公益林这种公共物品,具有明显外部性,政府采取税收附加的形式使得社会生产(消费)单位或个人共同承担了生态成本(公共成本)。

可以考虑在增值税、营业税和个人所得税中附加生态补偿费。增值税和营业税征收范围广、税基大,只要较低的附加费率就能满足生态公益林保护和补偿

的资金需要；而且，在这两税中附加，既影响广大纳税人，又影响广大消费者（因为这两税税款及附加有一部分会转嫁给消费者），从而体现了生态公益林生态效益全社会受益、全社会负担的原则。

根据马斯洛需求层次论，收入高的人，生态需求也高；一般来说，有钱人更愿意、更有能力为改善生态环境做贡献。因此，高收入者应该多分摊生态公益林成本，低收入者少分摊。个人所得税属于超额累进税，在其中附加正体现这种思想，并且在个人所得税中附加生态补偿费，征收成本较低。沿海地区基本处于江河下游，受益较多，并且经济较发达，对生态环境质量要求较高。采用这种方式，这些地区税源较多，税收附加也较多，从而体现了多受益、多补偿和需求多、补偿多。从近期看，开征附加费对生产和分配将产生一定的影响。不过，筹集的生态补偿金专款用于生态公益林保护和补偿，从长远看，能够改善人们的生活环境，减少水旱灾害及其损失，有利于纳税人。

10.4.4 制定生态公益林碳汇补偿或碳税制度

政府可以颁布《碳税法》，通过征收碳税，用于补偿生态公益林保护造成的经济损失；如果企业认为碳税率较高，可以选择直接购买碳汇来抵消企业超量碳排放。所以，碳税率直接影响碳汇价格，碳税率是碳汇价格的上限。政府可以通过调查，了解生态公益林碳汇成本，只要碳税率高于碳汇成本，碳汇价格才有可能高于碳汇成本，使生态公益林碳汇林投资能够保本。

目前挪威的碳税率 227 美元/吨碳，瑞典的碳税率 150 美元/吨碳。澳大利亚政府正在着手此事，预计会将碳价设定为每吨 146.97 美元。原美国能源部长朱棣文表示，在现有的技术条件下，碳价必须达到每吨 511.2 美元。按照以上碳税率，虽然绝大部分树种碳汇林投资能够保本，但是我国属于发展中国家，许多企业可能无法承受。建议政府在调查研究的基础上，进行试点，然后再推广。

目前在不考虑项目期结束后林木采伐收益的条件下，森林碳汇项目在经济上是亏损的，因此难以吸引林业投资者。按照经济学理论，理性经济人（包括企业和私人投资者）不会选择投资亏损项目。作为"理性经济人"，林业投资者从事生态公益林碳汇经营的意愿被削弱，降低了碳汇投资的可能性。所以，政府应该制定生态公益林碳汇补偿政策，根据生态公益林碳汇经济效益评价结果确定生态公益林碳汇补偿标准。碳汇补偿可以弥补生态公益林经营者碳汇收益不足以抵补碳汇成本的部分，从而提高生态公益林投资者的碳汇经济效益，对林业投资者经营生态公益林碳汇林可以起到激励作用。

目前林业碳金融管理在国内还不成熟，政府应完善林业碳金融管理，降低林业投资者碳汇林经营风险，提供财政金融及保险政策支持，促进服务于生态公益林碳汇项目的直接投融资、碳汇交易和银行低息、贴息贷款等金融活动，有力助推生态公益林碳汇林的发展。

10.4.5 探索建立生态补偿横向转移支付制度

生态公益林的林地区域分布很不平衡,应该探索建立生态补偿区域间财政横向转移支付制度。以福建省森林覆盖率为标准,森林覆盖率低于全省标准的生态公益林受益区要转移支付给森林覆盖率高于全省标准的生态贡献区。

10.4.6 筹集生态公益林生物多样性保护资金

为了促进生物多样性服务市场发展,需要制定相关政策,界定生物基因权和生态产权,规定生态公益林中所有生物的产权归其所有者,所有者有权向生物多样性受益者收费,受益者有义务付费。政府界定受益者和补偿标准,受益者依据此标准支付补偿费。

我国生物多样性保护主要通过划定自然保护区。政府可以制定自然保护区配额制度,按照人均自然保护区面积或自然保护区占土地总面积的比例,规定各个地区应该拥有的自然保护区面积,某个地区实际自然保护区面积少于规定的面积,需要向其他地区购买或在本地区扩大自然保护区面积;某个地区实际自然保护区面积超过规定的面积部分,可以出售。根据自然保护区建设直接投入以及当地政府、企业、个人因保护而遭受的经济损失确定交易基价。由政府牵头成立中介组织,将各地区富余准备出售的自然保护区面积集中起来进行拍卖,自然保护区面积不足的地区需要竞标购买。

此外,为了鼓励企业、公众等为保护生物多样性捐款,政府必须规定这些捐款可以在所得税前抵扣;政府可以成立生物多样性保护基金,以便接受国内外机构或个人捐款。

10.5 通过市场机制筹集生态公益林生态补偿资金

生态公益林补偿资金可以通过森林生态服务市场进行筹集。随着人口的增长和经济的发展,伴随而来的是不断恶化的生态环境。在这样的社会经济背景下,生态公益林所提供的森林生态服务已成为一种产品,这也就使得通过森林生态服务市场化来实现对生态公益林补偿成为可能。森林生态服务主要包括森林涵养水源、保育土壤、固碳释氧、积累营养物质、净化大气环境、防风固沙、生物多样性保护和森林游憩等方面。要明确生态公益林的生态、社会作用;强调生态公益林的生态服务职能,需要有偿使用。

生态公益林在维护生态平衡、应对气候变化中发挥重要作用,然而目前我国生态公益林保护和补偿面临资金不足。为此,本研究以福建省为例进行研究,并且提出了生态公益林市场融资政策建议。我国政府限制生态公益林采伐的法律和政策比较完善,生态公益林所有者不能采伐生态公益林,否则将受到法律制裁和经济制裁;而要求生态公益林生态效益受益者付款的法律和政策不完善,即使受益者不付款,也照样享用生态公益林生态效益,为受益者"搭便车"提供了便利。所以,政府必须进行生态公益林市场融资政策创新,为生态公益林市场融资奠定基础,即应当建立生态补偿市场机制促进受益者付款。政府的生态融资政策创新是生态公益林市场补偿的前提条件,目前许多国际组织正在帮助发展中国家政府制定生态公益林市场补偿所需要的政策。

10.5.1 建立市场交易平台

交易平台能够为买卖双方提供交易信息和场所,促成市场交易,例如基于《京都议定书》的碳汇交易平台。建议政府建立生态公益林生态服务市场交易平台,同时设置生态公益林碳汇市场交易、水文服务市场交易等子平台。每个子平台都应该是开放式的,世界上每个国家或地区都可以参加交易。

10.5.2 构建生态公益林碳汇市场补偿机制

10.5.2.1 必要性

生态公益林能够吸收大量二氧化碳,在应对全球气候变化中发挥重大作用。二氧化碳几乎可以在全球任何地方被吸收,增加了碳汇和碳排放权交易的灵活性。2009 年 12 月《联合国气候变化框架公约》缔约方第 15 次会议将 REDD(减少发展中国家因滥伐森林及森林退化导致的碳排放)列入哥本哈根协议。今后,除了造林和再造林,发展中国家保护森林也可以通过国际碳汇交易获得资金。在哥本哈根大会上,中国承诺到 2020 年单位国内生产总值二氧化碳排放量比 2005 年下降 40% ~ 45%,生态公益林保护和建设将在实现这个目标中发挥重要作用。

2016 年签署的气候变化《巴黎协定》提出为减少毁林和森林退化造成的排放所涉活动采取的政策方法和积极奖励措施,强调发展中国家养护、可持续管理森林和增强森林碳储量的作用;执行和支持替代政策方法,如关于综合和可持续森林管理的联合减缓和适应方法,同时重申酌情奖励与这种方法相关的非碳收益的重要性。

为了积极应对气候变化,需要筹集资金保护和建设生态公益林,以便增加生态公益林碳汇。从国内外的实践来看,森林碳汇贸易已成为通过市场机制来实现森林生态服务价值的一个重要途径。因此,福建省应及时把握机遇,利用森林碳汇潜力大的优势,开展碳排放权交易,建立森林碳汇贸易机制。实行碳汇交易后,企业付费购买生态公益林碳汇,抵消企业的超额碳排放;生态公益林经营者出售碳汇获得的收入,就可作为生态公益林生态补偿资金。

10.5.2.2 建立森林碳汇市场交易制度

政府强制性和约束性碳排放的权利与义务规定是生态公益林碳汇市场交易的前提。中国政府需要制定生态公益林碳汇补偿政策,设立碳汇交易中心和碳汇交易平台,制定交易制度,规定企业二氧化碳的排放标准;制定林业碳汇项目实施指南,形成相应的运行程序和相关的技术标准;在碳汇交易中扮演中介角色,为生态公益林碳汇市场交易奠定基础。

为了筹集生态公益林生态补偿资金,政府需要制定国内生态公益林碳汇的融资政策,将现有森林保护纳入碳汇贸易体系,创造生态公益林碳汇需求。政府要对二氧化碳排放权进行初始界定,根据全国二氧化碳排放总量控制要求,按照一定标准将二氧化碳排放总量分配给各个地区,然后各个地区再把二氧化碳排放量分配给各个单位、企业等。分配以后,有的单位用不完,它就可以出售;有的单位排放权不够用,它就需要向外购买,这样二氧化碳排放权就产权化了、市场化了。

对于企业碳排放量超标,政府设定高额罚款。当企业碳排放量高于政府设立的标准时,为了避免被罚款,企业可以考虑选择以下途径:①进行技术改造,减少企业碳排放量;②购买其他企业剩余的碳排放权;③购买生态公益林碳汇。如果以上3种途径中购买生态公益林碳汇的成本最低,并且低于政府罚款,那么企业就会选择向生态公益林经营者购买碳汇,以抵消超量排放,于是生态公益林碳汇需求者便会出现,生态公益林碳汇就市场化了。通过碳排放权交易,二氧化碳排放者既能达到减排目标,又能够降低碳排放成本;生态公益林碳汇供给者就可以通过出售碳汇获得生态补偿资金。

现有企业的扩大再生产和新设立企业的生产活动都会增加二氧化碳的排放,它们可以选择购买生态公益林碳汇,以抵消增加的二氧化碳排放量。

根据国家发改委2016年1月印发的《关于切实做好全国碳排放权交易市场启动重点工作通知》,全国碳排放权交易第一阶段将涵盖石化、化工、建材、钢铁、有色、造纸、电力、航空等重点碳排放行业,其对象为年能耗在1万吨标准煤及以上的企业以及超过国家规定的大气污染物排放标准(排放浓度)的企业(发改办气候〔2016〕57号)。这为我国碳交易创造了买方市场。

福建省已经制定《福建省碳排放权交易市场建设实施方案》(闽政〔2016〕40号),2016年9月22日福建省颁布了《福建省碳排放权交易管理暂行办法》(福建省人民政府令第176号),随后又制订了《福建省碳排放权交易规则(试行)》,为福建省碳汇市场交易奠定了基础。

10.5.2.3 福建省森林碳汇市场交易潜力测算

福建省森林覆盖率居全国首位,而且大部分是中幼林,成熟林的单位面积平均蓄积量低于全国平均水平,具有巨大森林碳汇潜力。福建省林地基本无法满足 CDM 的条件,不过 2009 年 12 月《联合国气候变化框架公约》缔约方第 15 次会议将 REDD(减少砍伐森林和森林退化导致的碳排放)列入哥本哈根协议。福建省可以借鉴 REDD 建立森林碳汇交易机制。

已有一些学者对福建森林碳汇储量进行研究。例如,王义祥估测了福建省主要森林生态系统的碳贮量及其动态变化,主要结论为:福建省主要森林生态系统碳汇为 76110.98 万吨二氧化碳(王义祥,2004)。当时福建省生态公益林所占面积比例为 30.7%,福建省生态公益林平均林龄大约为 20.6 年,根据以上数据可以计算出福建省生态公益林平均每年碳汇大约为 1134.28 万吨二氧化碳。

从 2010 年 3 月 1 日开始实行的《北京市绿化条例》规定,可以购买"碳汇"来代替义务植树,根据当时北京市林业碳汇工作办公室副主任周彩贤介绍,在北京平均出资 1000 元造林,所造林分 20 年之内可吸收二氧化碳大约 5.6 吨。

如果把全部生态公益林的碳汇都纳入交易范围,根据以上数据,可以计算出福建省生态公益林每年碳汇补偿额约为:

$$1134.28 \text{ 万吨} \times (1000 \text{ 元} \div 5.6 \text{ 吨}) = 20.26 \text{ 亿元}$$

10.5.2.4 完善市场交易政策,降低成本

森林碳汇服务市场是一个准市场,本身就体现着政府的环保要求,因此,需要政府积极构建碳汇交易市场,规范碳汇交易市场行为。同时,政府应制定森林碳汇交易政策,并且不宜经常变动,以降低由于政策变动风险产生的成本。根据国际碳汇政策来进行动态监测与补偿,保证森林碳汇项目的顺利施行,降低项目强制施行成本。此外,政府可通过建立生态研究站台,加强对林业碳汇项目相关的各项数据的监测与调查,并统一森林碳汇供需信息库,减少买卖双方寻找合适交易对象的成本。

如果林业碳汇项目规模较小,交易成本在项目总成本中所占比例较高。建议由政府承担交易成本,同时将许多小型林业碳汇项目捆绑成一个大项目(因为有些交易成本属于固定成本),从而降低交易成本在项目总成本中所占的比例。

10.5.2.5 构建森林碳汇交易中心

碳交易中心能够为交易双方提供交易信用保证,促成交易,例如基于《京都议定书》清洁发展机制(CDM)的碳交易中心。

美国芝加哥气候交易所(Chicago Climate Exchange,简称 CCX)成立于 2003 年,是全球第一个也是北美地区唯一的一个自愿性参与温室气体减排量交易并对减排量承担法律约束力的市场交易所。芝加哥气候交易所的核心理念是"用市场机制来解决环境问题"。芝加哥气候交易所正与中国石油合作,拟在中国建立排放权交易中心,通过市场机制解决生态环境问题。芝加哥气候交易所黄

杰夫表示,美国众议院能源和商业委员会通过了美国气候变化的一个法案,这个法案是在美国进行二氧化碳减排和交易的一个很重要的里程碑。按照沃顿商学院一位教授的预测,美国通过气候变化碳交易的法案,如果能够得到完全贯彻实施,会使碳市场交易额从 2008 年的 1100 亿美元上升到 2020 年的 3 万亿美元。

2016 年年底,温室气体自愿减排交易机构——福建海峡股权交易中心揭牌成立,至此全国已经成立九家温室气体自愿减排交易机构。但是,目前这些交易机构森林碳汇交易量很少,需要探究其原因,然后进一步完善相关政策措施,以便充分发挥该交易中心应有的作用。

10.5.2.6 普及碳汇知识

在项目调研过程中发现,93%的受访者是第一次听说碳汇这个概念。要实现碳汇交易的市场化,必须让更多的林业投资者参与到碳汇交易的市场进程中来。目前森林碳汇交易在全国大多数省份尚属空白,应该进行广泛宣传,普及碳汇知识,让潜在需求者了解碳汇交易,从而更好地实现森林碳汇的经济效益和生态效益。

10.5.2.7 开展森林碳汇技术研究

目前我国森林碳汇功能、碳汇机制等研究成果,还不能为碳汇交易、碳汇林经营、碳汇贸易政策提供强有力的技术支撑。应加强对森林碳汇的技术研究,鼓励科研队伍对森林碳汇问题进行研究,同时引进国外先进的森林管理技术,提高我国森林管理的技术含量,从而为森林碳汇的市场交易、碳汇林经营及碳汇政策的制定提供有效的技术支撑。尤其是森林碳汇计量,需要进一步探讨计量方法学,探索出一套科学的、低成本的碳汇计量方法。

此外,政府要做好相关信息服务,免费提供与森林碳汇及其交易有关的信息;要免费进行森林碳汇及其交易的技术和能力培训。森林经营与碳汇交易需要系统化管理,提高我国森林碳汇管理科学化水平,促进碳汇交易的规范化发展。

10.5.3 完善生态公益林水文生态服务市场补偿机制

完善生态公益林水文生态服务交易的机制,需要需求者、供给者、政府机构或非政府组织的参与,政府和非政府组织需要将需求者和供给者撮合在一起。生态公益林水文生态服务市场需要金融、验证、监督、核算和认证等中介服务,需要中介机构、咨询组织、保险和银行参与规划设计(Ian Powell, Andy White, Landell-Mills ,2002)。

10.5.3.1 理论分析

目前生态公益林生态效益下游地区受益,上游地区负担成本,这是不合理的。例如,江河下游地区水力发电厂经济效益较好,而上游地区生态公益林场,为了涵养水源,被禁止采伐生态公益林,生产经营资金不足。所以,必须进行生态公益林生态效益市场化补偿的制度创新,明确补偿主体,例如规定:生态公益林场的补偿主体是下游水库、水力发电厂等,水库、水电厂等有义务向林场支付涵养水源费;如果水电厂不支付给林场补偿费,林场就可以上告法院,通过法律手段获得水文生态服务补偿费。在小流域,这种市场化补偿可操作性较强。

假如政府规定木材限额采伐政策和生态公益林禁伐政策不适用于受益对象明确的生态公益林,根据科斯定理,通过市场机制可以解决生态公益林水文生态服务补偿问题。也就是说,如果江河下游地区水力发电厂不支付给林场补偿费,小流域上游地区生态公益林场可以自由采伐森林,那么将引起涵养水源能力下降,汛期水库暴涨,有决堤的危险;旱季水源减少,水力发电量下降;泥沙流失加大,水库泥沙淤积不断增加,蓄水量不断下降,并且泥沙导致水力发电设备维修费用增加等。水电厂自然不希望这种情况发生,会找林场协商,支付水文生态服务补偿费给林场,并且要求林场不要采伐生态公益林。

也就是说对于生态公益林受益对象明确的,政府要么对供求双方权利和义务都进行规定,如规定小流域江河下游地区水力发电厂要支付补偿费,同时上游地区生态公益林场不能采伐森林;政府要么对供求双方权利和义务都不进行限制,在这种情况下,如果小流域江河下游地区水力发电厂不支付补偿费,上游地区生态公益林场就会采伐森林,作为理性经济人的水力发电厂,自然会付费。但是,目前政府的政策规定是单向的,只规定上游地区生态公益林场不能采伐森林,没有规定小流域江河下游地区水力发电厂必须支付补偿费,在这种情况下,下游地区水力发电厂不支付补偿费,森林也不会被采伐,作为理性经济人的水力发电厂,自然不会付费。

10.5.3.2 生态公益林水文生态服务补偿类型

生态公益林水文生态服务补偿类型分为三种,其中前两种可以归结为市场化补偿:

(1)自发组织的私人交易。是指在一定范围内,生态公益林水文生态服务受益者和提供该服务的生态公益林经营者之间直接的、经常是私下的交易。具体可以采取各种形式,包括受益者付费、森林购买、成本分担安排等。在水文生态服务的潜在买者和卖者之间必须进行协商并订立合同。私人受益者(购买者)包括:流域影响其生产能力的公司,要求抵消水污染的公司,需要日常生活用水的私人家庭等。水、电供应商在维护水质和水流量方面最感兴趣,是水文生态服务的潜在买者。

(2)贸易体系。贸易体系的授权必须来自州、联邦或当地政府规则制定机构。贸易体系必须由政府引导,具有完善的规则体系、精确的核算体系和有效的监督体系。贸易体系需要政府建立交易平台和制定交易规则等。

(3)公共支付体系。是指政府直接提供资金给生态公益林经营者。

10.5.3.3 建立生态公益林水文生态服务市场补偿交易制度

政府政策创新能够促进生态公益林水文生态服务市场交易。生态公益林水文生态服务市场需要法律和政策的支持,但是在大多数国家,这些不健全。很少国家已经建立了政策体系,与广大利益相关者的政治争论和谈判对于建立适当的政策框架是必要的。生态公益林水文生态服务市场发展的关键是制定政策,减少交易成本,提供需求者、供给者、认证者、投资者和在价值链中其他组织之间的中介服务(Nels Johnson,Andy White,2002)。在国际和国家层面上,如果没有采取适当行动建立市场具体交易规则,许多市场无法具体运作,特别在较贫穷国家。

生态公益林水文生态服务补偿交易体系构建需要政府建立以下制度:

(1)明晰界定生态公益林水文生态服务补偿的权利和义务。在大多数国家,水资源的权利和义务不清晰,模棱两可。产权明晰是交易前提,界定这些权利和义务需要政府干预,政府必须制订新政策或者修订法规,界定受益者并且规定受益者有义务支付水文生态服务补偿费,为生态公益林水文生态服务创造买方市场。

(2)制定监测和认证制度。水文生态服务需要监测水质和水流量,目前我国生态公益林水文生态服务的监督、认证方法和标准尚未建立,这些制度建设是建立水文生态服务补偿贸易体系和降低交易成本的关键(Nels Johnson,Andy White,2002)。

(3)制定流域上下游生态公益林水文生态服务补偿的协商和仲裁机制。

10.5.3.4 福建省生态公益林水文生态服务市场补偿交易额测算

水力发电厂、城市用(供)水系统、灌溉单位和工业用水户,是流域水文生态服务的直接受益者,也是潜在的购买者,交易对象明晰,而且流域水文生态服务是经常性和可预测的。

国家发改委、财政部、水利部发布《关于中央直属和跨省水利工程水资源费征收标准及有关问题的通知》(发改价格〔2009〕1779号),确定了对中央直属和跨省水利工程发电的水资源费征收标准;取水口所在地省、自治区、直辖市制定的同类水力发电用水水资源费征收标准低于每千瓦时0.3分的,按0.3分执行;高于0.8分的,按0.8分执行;在0.3~0.8分之间的,维持不变。

该文件为福建省实施生态公益林水文生态服务补偿交易提供了参考,建议福建省按照发改价格〔2009〕1779号规定的征收标准作为水资源补偿交易的参考价格。根据表10-5数据,可计算出2001~2013年在水力发电方面福建省生态公益林年均筹资额为0.88亿~2.34亿元;2013年筹资额为0.84亿~2.23亿元;2016年筹资额为1.63亿~4.36亿元。

表 10-5 福建省发电量及生态公益林筹资额

年 份	发电量①（亿千瓦小时）		提取比例②（分/千瓦小时）	补偿费金额（亿元）
	发电总量	其中:水电		
2001	446.32	234.36	0.3	0.70
			0.8	1.87
2002	533.08	224.35	0.3	0.67
			0.8	1.79
2003	610.70	188.99	0.3	0.57
			0.8	1.51
2004	659.64	154.57	0.3	0.46
			0.8	1.24
2005	778.25	291.00	0.3	0.87
			0.8	2.33
2006	904.25	346.82	0.3	1.04
			0.8	2.77
2007	1038.28	311.59	0.3	0.93
			0.8	2.49
2008	1085.38	274.30	0.3	0.82
			0.8	2.19
2009	1170.71	275.92	0.3	0.83
			0.8	2.21
2010	1356.32	453.69	0.3	1.36
			0.8	3.63
2011	1578.90	285.22	0.3	0.86
			0.8	2.28
2012	1622.62	476.21	0.3	1.43
			0.8	3.81
2013	1643.16	278.71	0.3	0.84
			0.8	2.23

（续）

年份	发电量①（亿千瓦小时）		提取比例②（分/千瓦小时）	补偿费金额（亿元）
	发电总量	其中:水电		
2014	1749.11	330.62	0.3	0.99
			0.8	2.64
2015	1764.90	382.36	0.3	1.15
			0.8	3.06
2016	1812.95	544.99	0.3	1.63
			0.8	4.36

注:①资料来源:《福建统计年鉴》2001~2016年。②国家发改委、财政部、水利部发布《关于中央直属和跨省水利工程水资源费征收标准及有关问题的通知》(发改价格〔2009〕1779号)。补偿费金额按照水力发电量提取。

10.5.4 探索生态公益林生物多样性服务市场补偿途径

（1）高生物多样性栖息地的购买。单位和个人付款购买高生物多样性的生态公益林栖息地。

（2）为生物多样性保护和管理付款。保护生物多样性的低成本方法是只为保护生物多样性付款,不涉及购买林木和林地。通过支付给生态公益林所有者生物多样性保护和管理费,促进生物多样性保护。具体形式包括:为了永久性保护特定物种付款给生态公益林管理者,保护性的生态公益林租赁(只是为了在一定期限内保护特定物种付款给生态公益林管理者),生态公益林保护区特许经营权出让(在不危害生物多样性的前提下,为拥有生态公益林中特定区域使用权而付款)。

（3）私人为接近生态公益林特定物种或栖息地付款。付款是为了在生态公益林中获得采集标本和测量的权利,或者获得狩猎、钓鱼和收集野生物种的许可或者采集、实验和使用基因材料的权利。制药公司付费以获得生物基因权,主要在以制药为主的生物制药公司与原始天然林(生态公益林)经营单位之间进行。制药公司基于对基因利用的需求,愿意支付原始天然林保护费用。例如,1982年在 Merck &CO1（当时世界最大的制药公司）和尼日利亚国家天然林保护局之间进行了一笔100万美元的森林生物多样性交易(Sara Scherr, Andy White and Arvind Khare, 2004),前者获取在原始森林物种中进行新型基因提取培养的权力,后者利用该交易取得用于原始天然林保护的资金。

（4）在规则框架下的可交易权利或信用。具体形式包括:可交易生物多样性保护权(权利只限于在不破坏生物多样性情况下,在一定区域内开发特定数量的天然栖息地),可交易生物多样性信用(在满足付款者生物多样性保护要求的条件下,付款者购买一定面积的生物多样性信用)(Sara Scherr, Andy White and Arvind Khare, 2004)。

(5)生物多样性认证产品。经过认证的产品需要贴上生态标签,认证产品的生产是以不破坏生态公益林生物多样性为宗旨,有利于产品进入主要国际市场。生态标签产品包括生态公益林林下种植的咖啡、草药和其他来自生态公益林(天然林)的药用植物等林副产品。这种生态公益林生态服务的付款额内含在所交易的林副产品价格中。在这种间接生态补偿方式中,生产者所销售的林副产品是在认证管理体系下生产的,不需要消费者和生态服务的提供者之间直接交易。对于所销售的具有生态标签的林副产品溢价,提供生态服务的生态公益林经营者从中受益。

10.6 完善福建省生态公益林补偿资金的使用和管理政策

制定生态公益林保护和建设资金的使用和管理政策,建立财务管理制度,对资金使用进行严格管理,对资金用途、拨付、审批手续等进行详细规定,特别是资金拨付要实行程序化管理,任何单位和个人不得截留、挤占或者挪用补偿资金,提高资金使用效果,保证资金使用的安全性、合法性、合理性,保证资金及时足额到位。资金使用要坚持"专款专用、加强管理、注重实效"的原则,应严格执行国家有关财经纪律,科学、合理地安排和使用资金。

10.6.1 建立生态补偿资金使用和管理机构

必须建立资金使用和管理机构,如成立专门的资金管理委员会,委员会成员由财政部门、林业主管部门、出资者、森林所有者和经营者代表等组成,尽量减少中间机构,由省财政部门直接拨给具体单位或个人(补偿对象),这有利于减少资金截留、挪用现象,减少腐败和寻租行为,促进补偿资金及时到位。

10.6.2 完善生态补偿资金发放管理

在补偿资金发放中要求做到:一是严格按法规办事、按政策办事、按程序办事,按照规定用途使用资金,该发放到户的一定要发放到户,该发放到某个单位的就必须发放到某个单位。二是增加资金使用的透明度,开展生态公益林阳光工程建设,做到"网上公开"和"实地公示"相结合,及时公开生态公益林建设规模、技术规程、管理制度、补偿政策、补偿资金分配及工作动态等情况,主动接受社会各界的监督,确保资金用到实处。

10.6.3　健全生态补偿资金监管制度

对重点生态公益林管护责任制是否落实,补偿资金是否及时发放到位等情况开展定期、不定期的检查。要加强补偿资金使用的监督检查,实行县级自查、市级抽查的方法,组织资金使用的检查验收,从检查验收环节严格把关,确保资金合理、合法使用。

生态公益林保护和建设资金的使用和管理除了要接受财政部门的审核、监督外,还要接受人大、审计、税务、林业和监察等部门的检查和监督。必须建立一套管理规范、约束有力、讲求实效的监管机制,以便对资金使用实施严格监督。由上级财政部门负责监督和检查资金使用情况,聘请独立的第三方(例如高等院校或者科研单位)负责生态公益林管护的验收和评价,林业部门配合验收和评价工作,并定期或不定期地开展资金使用情况的专项检查。验收和检查内容主要包括资金支出明细帐、生态公益林面积和蓄积增减情况及其原因、林政案件数量、森林火灾和病虫害情况、管护责任履行情况等。对监督检查中发现的问题,应及时纠正或整改。设立资金使用违规违纪举报箱和电子邮箱,应根据当地群众、林区职工反映和举报的问题,进行重点检查。

每年年末要将生态公益林管护人员的名单及其所获得的管护资金、管护任务完成情况张榜公布,由所在单位的职工集体考核,接受群众评议。对于完成合同规定义务的,兑现管护资金,第二年竞聘管护员时,同等条件下,优先聘用;对于因故意或重大过失而未完成合同规定任务的,不予支付管护资金,情节严重的,给予罚款,有交纳风险抵押金的,没收风险抵押金,并且终身不能竞聘管护员;对于非重大过失而没有完成管护责任的,视情节轻重,扣减部分管护资金,并且连续三年不能竞聘管护员。

把监督检查和考评结果逐级上报,对于中央财政安排的生态公益林补偿资金,上报财政部;对于省级财政安排的补偿资金,上报省财政厅;对于(市)县级财政安排的补偿资金,报送(市)县财政局。

完善生态公益林补偿资金的审计稽查制度。一是充分地发挥政府审计的强制性功能,实行不定期审计。对审计查出的问题下达审计决定书,责令限期整改,并在审计报告中予以充分披露。二是有效发挥林业部门的内部审计作用。林业部门对各地补偿资金进行定期或不定期审计,有效地检查、监督补偿资金的用途。三是建立审计公示制度。要定期公布补偿资金使用情况和审计结果,接受社会监督,对查出的重大案件要予以曝光。

任何单位和个人对截留、挤占或者挪用生态公益林补偿资金的行为,都有权检举、控告和投诉。

10.6.4 建立惩戒制度

对生态公益林保护年度检查中未能达到验收标准,或人为因素造成生态公益林减少,以及违反资金使用规定的部门、单位或者个人,视情节轻重,给予处罚。

必须建立资金使用违规违纪问题的责任追究制度。有下列行为之一的,情节严重的,依法追究刑事责任;尚不够刑事处罚的,依法给予行政处分:①对弄虚作假、截留、挤占补偿资金或者将补偿资金挪作他用的;②不按照规定履行补偿资金监督管理职责,对违法行为不予查处,造成严重后果的,以及违反财经纪律的,按照《国务院关于违反财经法规处罚的暂行规定》等法规进行处罚,并对负有直接责任的主管人员和其他直接负责人员给予行政处分。

10.7 扶持林农发展生态公益林林下经济

10.7.1 生态公益林林下经济发展类型

福建省生态公益林林下经济主要包括林下种植、林下养殖和林下采集等,例如政和县营林公司和国有采育场采取林药模式,在杉木林下套种草珊瑚和鸡血藤,规模达2000多亩,3年可以出产;尤溪县林下经济发展势头较好,形成了林下养殖山地鸡、林下采集天然野生菌(如红菇)、山苍子、无倍籽等、林下种植长梗黄精和七叶一枝花等中药材。

发展林下种植。要充分利用生态公益林区的有利自然条件,引导生态公益林经营者在生态公益林内,选择土壤条件适宜、较好管护的林地,在林中林缘空地、林下因地制宜选择草珊瑚、厚朴、砂仁、杜仲、肉桂、大青、枸杞、麦冬、射干、葛根、白芍、甘草、山苏菜、金花荣、虎尾仑、美丽崖豆腾、白木通、茶树灵芝、杨桐、金银花、草珊瑚、太子参、雷公藤、三叶青、金线莲、铁皮石斛等进行人工套种;选择下木层分布有一定密度的福建酸竹、苦竹、小径竹、雷竹或少穗竹等林地,进行人工抚育、施肥、补种,或者进行人工套种,适当扩大面积。充分利用林下原生的药用植物,防止过度采挖,采取必要的抚育、分株繁殖等措施,增加资源数量。在今后的采集、采收、利用等在政策上给予扶持,在销售方面要提供市场信息服务。

发展林下养殖。在合适的生态公益林下或林边,在林地和田地结合处、林边山间小溪、山谷洼地等,发展林下养鸭、林下养鹅、林下养鸡、林下养羊、林下养蜂(如政和县100多户林农养蜂,户均收入几十万元)等。野外饲养家禽食性杂,活动场所宽广,饲养的家禽抵抗力较强,肉质好,俗称“土鸡”“土鸭”,市场销路好,销售单价较高,经济效益显著。林下养殖家禽可减轻森林虫害,粪便与吃剩的草渣、树叶混合,促使其快速分解,增加土壤养分,促进林木生长。

10.7.2 林下经济发展扶持措施

总体来看,发展林下经济的样本农户比较少,建议促进联户经营,发挥林下经济的规模效益;政府要做好市场对接,引导林农与林下经济产品经销商联系,保证产品能够全部销售;政府对林下经济发展给予财政补助、贴息贷款和免费提供技术。

一是做好技术服务。为广大林农免费提供技术培训,走科技兴林的道路,是林下经济发展的必然要求。由林业和科技部门牵头,采取科技人员下乡服务的办法,成立林下经济技术服务队,深入实地开展技术培训和服务,分片包户定期下乡进行林下经济实用技术培训,提供全方位技术指导服务,解决林农林下生产过程中的技术难题。整合技术服务资源,在企业、科研院所、技术推广单位之间搭建合作平台,推进科技协作,形成产、学、研一体化的林下产业科技开发与服务机制。积极引进和推广适宜林下种植、养殖的新品种、新技术(如红菇不能人工种植,但是可以在红菇生长地喷洒人工制剂,促进增产)。大力推广和应用先进实用技术,加快科技成果转化步伐。建立林下产品产前、产中、产后的技术服务体系。同时加强对示范户和林农技术骨干的信息咨询和技术培训服务,帮助林农提高生产技术水平,加大技术保障力度。完善技术服务和技术推广体系,林业部门组织科技人员,深入林间地头、养殖场内与林农面对面地搞好技术服务,指导生产、传播技术。

二是搞好资金服务。财政部门每年安排林下经济发展专项资金,用于补助林农林下经济发展的基础设施建设,提供林下经济贷款贴息;县林业局及相关部门要加大资金扶持力度,促进林下经济快速发展;县银行部门要创新信贷担保形式,加大对林下经济发展的信贷支持。主要是财政补助一点,集合社会资金解决一点,林权抵押贷款支持一点。对于林下经济发展项目启动资金,政府必须给予财政补助,同时,充分发挥社会投资的主体作用,积极吸纳民间融资,帮助广大林农解决林下经济发展资金短缺的问题。有条件的地方,可以利用金融工具加快林下经济发展速度,利用众筹等方法筹集林下经济发展资金。

三是典型示范。林下经济发展之初,主要由林农自发形成,具有一定的盲目性、探索性和试验性,导致大多数林农等待观望。因此,扶持好典型,抓好大户带动就显得尤其重要,鼓励采取以奖代补的方式对典型示范户、生产大户和林业专业合作组织给予资金奖励支持。通过培训一批有丰富林下种养经验、有一定经济实力和发展规模的大户作为典型,示范带动其他农户发展林下经济。

四是规模化发展。对林下经济和各类林业专业合作组织进行全面普查,针对林畜、林禽、林菌、林苗、林蜂、林药、林蔬和林粮等项目,分别进行指导与帮扶,促使其在规范有序的生产中不断壮大。建议林业部门规划以乡镇为单位,若干宗林地为基础,成立有独立法人资格的林下经济专业合作社,统筹发展林下经济,促进林下经济规模化发展。

五是健全林下经济发展的优惠政策。十八届三中全会就已经提出,要加大对林下经济的支持力度。要出台体现优惠、扶持、促进原则的相关配套政策,加大对林下经济发展的扶持力度,促进林农发展生态公益林下产业。目前福建省林下经济补贴对象为500亩以上大户或者企业,一般林农无法获得该补贴,建议放宽要求与条件,使普通林农也能够享受到优惠政策。

10.8 有条件地允许采伐杉木、桉树等生态公益林

杉木生态公益林与阔叶树相比,涵养水源、保持水土等生态功能较差,而且问卷调查结果显示林农对杉木生态公益林补偿标准接受意愿较高,与政府现行补偿标准差距大,林农意见较大。所以,建议政府允许林农对杉木生态公益林中的过熟林进行采伐,以便减少其经济损失,降低其不满情绪。同时,要求林农采伐后种植阔叶树,从而形成阔叶林,提高生态公益林的生态功能。目前,福建省政府对于种植阔叶树都进行造林补贴,这可以促进林农在采伐的林地上种植阔叶树。

桉树属于速生丰产林,在福建省6~8年就进入经济成熟期,而且桉树属于挥发性物质排放量比较大的树种,散发出刺激性气味,少部分人不喜欢这种气味,在公路和铁路两边一重山的桉树生态公益林可以进行采伐;饮用水库两边也不宜种植桉树,已有桉树可以允许采伐,然后种植其他阔叶树。

10.9 探索建立生态公益林租赁市场

生态公益林的生态租赁是指生态公益林由林主培育和管护,政府向林主租赁生态公益林,每年向林主支付生态公益林生态租赁费。我国采用这种补偿办法的优点:一是租赁费按年支付,比较符合我国补偿资金不充裕的现状;二是林主的林权收益可以通过收取租赁费实现;三是生态公益林主要由林主负责管护,如果林主没有管护好生态公益林,下期租金就相应减少,从而促进生态公益林保护。

生态公益林生态租赁方案初步设想如下:采用这种补偿办法,生态公益林所有权还是归林农,但是不允许采伐。按照森林采伐限额政策规定,未达到主伐年龄的森林,不允许采伐,商品林和生态公益林均无收益。可见,当生态公益林尚未达到主伐年龄时,禁伐没有对林主造成经济损失,可以不要支付生态租赁费;

已达到主伐年龄的生态公益林,由于禁止采伐给林主造成经济损失,每年支付给林主生态租赁费。由林主和林业主管部门签订租赁合同,用合同形式约定双方的权利和义务。对于国有林,林权归国家,不需要支付生态租赁费,许多国家也是这样做的,如日本的国有保安林、美国的联邦和州有林都没有进行补偿。但是,对于国有林,政府必须承担造林和护林成本。

除了政府租赁外,非政府单位和个人也可以租赁生态公益林,目前福建省已经有许多案例,主要涉及森林旅游市场,开发森林生态旅游的单位和个人向所有者、经营者租赁生态公益林,每年支付租赁费,例如武夷山风景区内的生态公益林均为当地村民所有,景区管委会 2006 年开始就向当地村民租赁,2006 年租赁费为每亩 26 元,之后根据每年景区门票收入增长速度,同比例增加生态租赁费。此外,适宜发展林下经济的生态公益林,如果林农自己无力经营,可以租赁给其他单位和个人,促进林下经济规模化发展。

10.10 构建福建省生态公益林生态补偿标准制订的参与制度

目前福建省生态公益林生态补偿标准由政府部门制订,许多利益相关者没有参与,这可能是他们对福建省生态公益林生态补偿制度不满意的原因之一。在和谐社会构建中,有必要建立福建省生态公益林生态补偿标准制订的参与制度。具体可以从以下几个方面着手:

参与机构和参与主体应包括与生态公益林和林农相关的部门和单位、受益者,具体包括政府财政和林业主管部门、林业事业单位、林业企业、村委会、林农代表、林业大户、主要的受益单位(如自来水厂、水库、水力发电厂等)和受益个人代表等。

参与代表的选择:林农代表由林农选举产生,受益单位等代表采用分层抽样方法产生。

参与范围应该包括生态公益林营造、管护和生态补偿等,参与必须解决的主要问题是建立生态公益林管护机制、筹集生态公益林保护和建设资金、制订公平合理的生态公益林生态补偿标准。

参与内容和主要事项包括生态公益林生态补偿主体、补偿客体、补偿标准、补偿资金来源和使用;护林员选聘、权利和义务;生态公益林营造、补植、防火、防盗、防病虫害等;生态公益林公共管护费、所有者补偿费、村集体组织监管费和直接管护费的比例。

参与的实施办法:应该由政府林业主管部门负责,在征求参与者意见的基础上,拟订实施办法。

参与规则是平等协商。

参与形式和途径包括座谈会、问卷调查、听证会。

参与的组织形式和参与程序:在生态公益林生态补偿制度制订前召开座谈会,进行问卷调查;在生态公益林生态补偿制度制订后召开听证会,然后进行修订。

参与者的权利:拟订单位面积分类补偿标准,包括所有者补偿费、村集体组织监管费和直接管护费的具体比例。

参与者的义务:生态公益林的营造、抚育、保护和管理,包括森林防火、林业病虫害防治、补植、抚育和护林等。

参 考 文 献

[1]冯艳芬,王芳,杨木壮.生态补偿标准研究[J].地理与地理信息科学,2009,25(4):84-

[2]高素萍.森林生态效益现实补偿费的计量——以川西九龙县为例[J].林业科学,2006(4):88-92.

[3]葛亲红.福建省生态公益林效益评价及补偿标准初探[J].华东森林经理,2005(1):11-

[4]龚靓.完善江西省森林生态效益补偿制度之管见[J].西北林学院学报,2008,23(1):207-210.

[5]田淑英,白燕.森林生态效益补偿:现实依据及政策探讨[J].林业经济,2009(11):42-

[6]中国生态补偿机制与政策研究课题组.中国生态补偿机制与政策研究[M].北京:科学出版社,2007:184-185.

[7]陈钦.公益林生态补偿研究[M].北京:中国林业出版社,2006.

[8]陈钦,李铮媚,黄莹瑛,等.村集体所有的马尾松生态公益林补偿标准接受意愿的计量分析[J].中国林业经济,2014(4):51-53.

[9]崔一梅.北京市生态公益林补偿机制的理论与实践研究[D].北京:北京林业大学博士学位论文,2008:46-58.

[10]丁希滨.山东省森林生态效益补偿机制研究[D].泰安:山东农业大学博士学位论文,2006:76-90.

[11]福建省林业厅.福建建立江河下游对上游地区森林生态效益补偿机制.http://www.forestry.gov.cn/portal/main/s/72/content-357118.html,2007-04-06.

[12]福建省林业厅.关于公布国家级生态公益林和省级生态公益林及重点生态区位商品林区划界定范围的通告[EB/OL].http://www.fjforestry.gov.cn/InfoShow.aspx? InfoID=59098&InfoTypeID=5,2012-12-31.

[13]福建省林业厅.海西林业[EB/OL].http://www.fjforestry.gov.cn/Index.aspx? NodeID=13,2013-8-11.

[14]高阳,赵正,温亚利.基于教育层级的林农林业收入的影响因素分析[J].林业经济问题,2014,34(5):409-414.

[15]古晓,杨文杰,刘天宝,等.农村产权抵押融资对林农收入的影响效应——基于DID模型的分析[J].广东农业科学(农业经济版),2013(23):140-145.

[16]谷振宾,王立群.我国森林生态效益补偿制度研究[J].西北林学院学报,2007,22(2):160-163.

[17]郭亨孝,赵维明,等.建立和完善生态补偿机制的思考[J].理论动态,2009(33):19-25.

[18]国家林业局"集体林权制度改革监测"项目组.2013集体林权制度改革监测报告[M].北京:中国林业出版社,2014:63-92.3

[19]黄李煌.福建省生态公益林生态补偿标准体系研究[D].福建:福建农林大学,2012.

[20]黄选瑞,张玉珍,藤起和,等.环境再生产与森林生态效益补偿[J].林业科学,2002(6):164-168.

[21]"集体林权制度改革监测"项目组.2010集体林权制度改革监测报告[M].北京:中国林业出版社,2012:59-80.

[22]姜宏瑶,温亚利.基于WTA的湿地周边农户受偿意愿及影响因素研究[J].长江流域资源与环境,2011(4):489-493.

[23]姜霞,李兰英,沈月琴,等.生态公益林建设对林农收入影响的实证分析——以浙江省长兴县和衢江区为例.《北京林业大学学报(社会科学版)》,2010,09(2):115-119.

[24]蒋凤玲.森林生态效益补偿标准理论与方法研究[D].保定:河北农业大学硕士学位论文,2003:46.

[25]金勤献 文希罗[法].发展中国家环境管理的经济手段(经济合作与发展组织)[M].刘自敏,李丹,译.北京:中国环境科学出版社,1996:72-73.

[26]巨文珍,农胜奇.对广西生态公益林补偿问题的思考[J].林业调查规划,2011,36(2):133-137.

[27]孔凡斌.基于主体功能区划的我国区域生态补偿机制研究[J].鄱阳湖学刊,2012(5):11-20.

[28]孔凡斌.试论森林生态补偿制度的政策理论、对象和实现途径[J].西北林学院学报,2003,18(2):101-104.

[29]赖晓华,陈平留,谢德新.生态公益林补偿资金补偿标准的探讨[J].林业经济问题,2004(2):105-107.

[30]黎洁,李树苗.基于态度和认知的西部水源地农村居民类型与生态补偿接受意愿[J].资源科学,2010,32(8):1505-1512.

[31]李或挥,孙娟.林农对生态林效益补偿的受偿意愿及影响因素分析[J].中南林业科技大学学报(社会科学版),2009,3(3):15-18.

[32]李顺龙,李华.森林生态效益补偿标准影响因素研究[J].现代管理科学,2015(9):27-29.

[33]李文华,李芬,李世东,等.森林生态效益补偿的研究现状与展望[J].自然资源学报,2006,21(5):677-687.

[34]李周.关于森林生态经济效益计量研究的几点意见.林业经济,1993(6):50—53.

[35]李周,张敏新,肖平,等.中国天然林保护的理论与政策探讨[M].北京:中国社会科学出版社,2004:49-143.

[36]梁胜文,李勇洲,韩素娟.完善环京津贫困区域生态补偿机制[J].中共石家庄市委党校学报,2016(3):42-45.

[37]廖显春,耿伟,何友均,等.林业生态建设的社会经济驱动力评价:自四川和湖北的实证[J].生态经济,2013(8):69-72.

[38]廖烨.湖南省森林公园生态公益林生态补偿标准研究[D].长沙:中南林业科技大学,2014.

[39]林和平.林地资源与林农林业收入的分析[J].林业经济问题,2009,29(2):101-106.

[40]林剑峰.马尾松人工林材种出材率表的研究[J].北京林业大学学报,2001,23(4):35-38.

[41]刘伟平,陈钦.集体林权制度改革对林农林业收入的影响分析[J].福建农林大学学报(哲学社会科学版),2009,12(5):33-36.

[42]陆继圣,吴纯初,魏年峰.福建省阔叶树原木下锯图的探讨[J].福建林学院学报,1990,10(1):36-44.

[43]马力,鲁小珍,何冬梅,等.生态公益林建设带来的就业机会价值评价[J].林业经济,2011(1):86-89.

[44][美]斯蒂格利茨.经济学(第二版)[M].北京:中国人民大学出版社,2000:166.

[45]沈洁.完善生态公益林生态补偿机制研究——基于贵州省案例[D].南京:南京林业大学,2014:31-33.

[46]沈田华.三峡水库重庆库区生态公益林补偿机制研究[D].西南大学,2013.

[47]盛洪.经济学精神[M].广州:广东经济出版社,1999.

[48]石康桥,苏时鹏,孙小霞.集体林权制度改革前后林农林业收入影响因素的比较分析——以福建省三明市为例[J].资源开发与市场,2014,30(8):1173-1177.

[49]史桂芬,王立荣.基于DID模型对中国省管县财政体制的评价——来自吉林省的数据[J].东北师大学报(哲学社会科学版),2012(2):26-33.

[50]宋莎,文冰,赵从娟.我国森林生态效益补偿标准研究进展[J].林业调查规划,2009,34(5):69-74.

[51]万志芳,耿玉德.关于生态公益林生产经营补偿的思考[J].林业经济问题,1999,(3):16-18.

[52]汪殿蓓,陈飞鹏,涂佳才,等.广东省生态公益林补偿标准的能值研究[J].林业科学,2006(9):143-146.

[53]汪建敏.千岛湖生态公益林生态补偿问题的探讨[J].华东森林经理,2004(3):40-43.

[54]王娇.辽宁省森林动态补偿体系研究[D].北京:中国林业科学研究院,2015.

[55]王雅敬,谢炳庚,李晓青,等.生态公益林保护区生态补偿标准与补偿方式[J].应用生态学报,2016(6):70-75.

[56]王翊.生态公益林经营补偿标准测算[J].求索,2005(5):10-12.

[57]薛文,贾东东,彭强,等.北京山区生态公益林补偿政策对农民收入的影响[J].北京林业大学学报(社会科学版),2015,14(3):59-62.

[58]杨静,姜会明.长春市农民收入的影响因素分析[J].农业经济,2014(2):70-72.

[59]姚林香,舒成.江西农民收入增长影响因素的实证分析[J].江西财经大学学报,2010(6):69-72.

[60]曾晓东.第七届环境与发展论坛论文集[M].北京:中国环境科学出版社,2012:180-181.

[61]曾志明.何谓生态公益林[N].闽西日报,2016-04-1(7).

[62]张家来,章建斌,戴均华,等.湖北森林生态资源价值的补偿标准[J].林业科学,2007,43(8):127-132.

[63]张眉.CVM下生态公益林补偿标准研究:基于昆明市居民支付意愿的调查分析[J].绿色科技,2012(3):226-229.

[64]张眉.条件价值评估法下三城市生态公益林补偿支付意愿影响因素比较分析[J].生态经

济(学术版),2012(2):39-44.

[65]张艳.江西省瑞昌市森林生态补偿标准的研究[D].北京:北京林业大学,2012.

[66]张颖,金笙.生态公益林生态补偿[M].北京:中国林业出版社,2013:111.

[67]张颖,张艳.森林生态补偿标准影响因素的调查研究:以江西省瑞昌市为例[J].环境经济,2013(5):56-57.

[68]郑德祥,林新钦,胡国登,等.木荷人工纯林林分变量大小比数研究[J].西南林学院学报,2008,28(5):18-21.

[69]郑海霞.中国流域生态服务补偿机制与政策研究[D].北京:中国农业科学院博士后研究工作报告,2006:53-60.

[70]CCICED Task Force on Forests and Grasslands. Workshop on Payment Schemes for Environmental Services Proceedings. China Forestry Publishing House,2002:9-13,24,37,45.

[71]Ian Powell, Andy White, Landell-Mills etc. Developing Markets For the Ecosystem Services of Forests, http://www. forest-trends. org/documents/publications/chinese,2002.

[72]James Boyd and Lisa Wainger. Measuring Ecosystem Service Benefits: The Use of Landscape Analysis of Evaluate Environmental Trades and Compensation. April 2003• Discussion Paper 02-63. http://www. rff. org.

[73]Nels Johnson , Andy White etc. Developing Markets For Water Services from Forests. http://www. forest-trends. org/documents/publications,2002.

[74]Pedro Moura-Costa and Marc D. Stuart. Forest-based Greenhouse Gas Mitigation: A Short Story of Market Evolution. http://www. forest-trends. org/documents/ misc/forest_carbon/evolutionpaper. pdf,1998.

[75]Rex H. Schaberg, Michael G. Jacobson, Frederick W. Cubbage, and Rebert C. Abt. Ecosystem Management and Economics : A Review . SCFER Working Paper No. 81. 34pp. The USDA Forest Service Southern Research Station,1995.

[76]Sara Scherr, Andy White and Arvind Khare. The Current Status and Future Potential of Markets for the Ecosystem Services Provided by Tropical Forests. ITTO Technical Series No 21, International Tropical Timber Organization,2004.

[77]W. David Klemper. Forest Resource Economics and Finance . Mc Graw-Hill,Inc,1996.

附录 1 县级调查表

填表人姓名：

联系电话：

样本区域：　　　　市（地级市）　　　　县（县级市、区）

指标名称	指标选项及解释	单　位	2013 年	2002 年
第一部分：基本情况				
1. 总人口	年末时点数	人		
其中：农业人口		人		
2. 总户数	年末时点数	户		
其中：农业户数		户		
3. 地区生产总值	本年发生数	万元		
4. 地方财政收入	本年发生数	万元		
其中：来自林业的财政收入		万元		
5. 城镇居民年人均可支配收入	本年发生数	元/（人·年）		
6. 农村居民年人均可支配收入	本年发生数	元/（人·年）		
第二部分：林业基本情况				
1. 林地面积	年末时点数	亩		
其中：有林地面积		亩		
其中：商品林				
其中：生态公益林				
2. 森林覆盖率	年末时点数	%		
3. 森林蓄积量	年末时点数	立方米		
4. 森林火灾受害面积	本年发生数	亩		
5. 森林病虫鼠害受害面积	本年发生数	亩		
6. 林业产业总产值	本年发生数	万元		
7. 年林地地租	本年平均数			

（续）

指标名称	指标选项及解释	单　位	2013 年	2002 年
其中:一类地		元/亩		
二类地		元/亩		
三类地		元/亩		
第三部分:政府补偿、补贴				
1. 生态公益林生态补偿				
(1)国家级生态公益林				
①补偿面积	年初时点数	亩		
②补偿金额	本年发生数	元		
其中:中央财政补偿		元		
(2)地方生态公益林				
①补偿面积	年初时点数	亩		
②补偿金额	本年发生数	元		
2. 造林补贴	本年发生数			
(1)补贴面积	年初时点数	亩		
其中:农户造林		亩		
(2)补贴金额		元		
其中:农户获得		元		
(3)受补贴农户数		户		
3. 森林抚育补贴	本年发生数			
(1)补贴面积		亩		
其中:农户抚育		亩		
(2)补贴金额		元		
其中:农户获得		元		
(3)受补贴农户数		户		
第四部分:木竹采伐				
1. 木材产量	本年发生数	立方米		
其中:村及村以下各级组织和农民个人生产的木材		立方米		
2. 竹材产量	本年发生数	万根		
其中:村及村以下各级组织和农民个人生产的竹材		万根		
3. 育林基金征收额	本年发生数	万元		

（续）

指标名称	指标选项及解释	单 位	2013 年	2002 年
第五部分：林下经济				
1. 财政专项资金	本年发生数	万元		
2. 发展规模				
（1）林下种植				
①面积	年末时点数	万亩		
②经营户数	年末时点数	万户		
③产值	本年发生数	万元		
（2）林下养殖				
①农户数	年末时点数	万户		
②产值	本年发生数	万元		
（3）森林景观利用				
①利用面积	年末时点数	万亩		
②农户数	年末时点数	万户		
③产值	本年发生数	万元		
（4）林下产品采集加工				
①农户数	年末时点数	万户		
②产值	本年发生数	万元		
3. 发展成效				
（1）农民人均林下经济纯收入	本年发生数	元		
（2）带动当地农民就业人数	本年发生数	人		

2013 年＿＿＿＿＿县（市、区，下同）各种原木、各种规格售价表

原木名称	平均径级（规格）（厘米）	平均价格（元/立方米）	备　注

代码：1＝杉木；2＝马尾松；3＝桉树；4＝楠木；5＝栎类；6＝阔叶树；7＝木麻黄；8＝木荷；9＝格氏栲；10＝其他（请说明）。如果不分规格或径级，是统货，请备注。

_____年_____县产品生产、销售成本和利润表（元/立方米）

	杉原木	松原木	杂原木	桉树	
平均销售价格　①					
平均销售成本　②					
其中:林价③					
平均税金及附加④					
平均销售费用　⑤					
平均销售利润⑥=①-②-④-⑤					
可变现净值⑦=⑥+③					

备注:以上根据森工企业会计报表填列,如果有其他原木可以补充。

_____年 _____县营林成本表（元/亩）

树　种	杉　木	马尾松	桉　树	阔叶树	木麻黄	
林地租金						
造林成本						
第一年抚育成本						
第二年抚育成本						
第三年抚育成本						
其他						
营林成本合计						

注:如果有楠木、栎类、木荷、格氏拷或其他树种可以补充。

_____县生态公益林补偿资金的来源（万元）

年份	中央财政	省财政	市县财政	水费附加	电费提取	旅游收入提取		合计
2001								
2002								
2003								
2004								
2005								
2006								
2007								
2008								
2009								
2010								
2011								
2012								
2013								

注:表中没有数据的不要填;有变化的年份填,没有变化的年份不要填。

问题(是填 1;否填 0):

1. 政府对于生态公益林林下种植药材等草本植物,是否应该提供财政补贴?(　　)
2. 政府对于生态公益林林下种植药材等草本植物,是否应该提供贷款贴息?(　　)
3. 政府对于生态公益林林下种植药材等草本植物,是否应该提供其他优惠政策?(　　)
4. 政府是否应该制定(或修改、补充)生态公益林生态补偿政策?(　　)
5. 生态公益林是否应该实行分类补偿标准(好的生态公益林多补,差的生态公益林少补)?(　　)
6. 生态公益林中的成过熟林(人工林)是否应该允许小面积择伐?(　　)
7. 本县生态公益林是否进行林下非木质利用?(　　)
8. 贵县每年生态公益林保护资金缺口约为多少万元?

9. 您认为政府最高和最低生态公益林生态补偿标准是多少(元/年·亩)比较适宜。

10. 目前政府生态公益林生态效益补偿政策是否需要补充或修订?　如果是,哪些方面要补充或修订?

11. 政府还应该出台哪些具体政策,以便更好地保护生态公益林?

12. 政府目前是否对贵县生态公益林多种经营(如林下种植、林下养殖、生态旅游等)给予补助或其他优惠政策?　如果没有,希望政府今后出台哪些优惠政策?

13. 政府应该出台哪些具体生态公益林管护政策,以便更好地保护生态公益林?

14. 现行二、三级保护生态公益林更新性采伐政策在本县执行情况?

15. 如果有市、县生态公益林生态效益补偿政策文件,拍照。

16. 如果有生态公益林林下非木质利用和更新性采伐政策文件,拍照。

_____县有林地情况

有林地面积		2013 年	2002 年
	人工林面积		
	天然林面积		
其中:商品林面积	人工林面积		
其中:生态公益林面积	天然林面积		

_____县补偿资金变化情况表（万元）

年　份	2001	2002	2003	2004	2005	2006	2007	2008	2009	2010	2011	2012	2013
每亩补偿费													
补偿面积													
补偿费总额													
发放给农户													
林业局,站管护费													
村两委管护费													
护林员管护费													
造林抚育													
防　火													
病虫害防治													

注:有变化的年份填,没有变化的年份不要填。

2013 年_____县生态公益林分树种分林龄面积、蓄积表

树 种		未成林造林地	幼林龄	中龄林	近成熟林	五成熟林	过熟林	合 计
全县合计	面积(亩)							
	蓄积(立方米)							
其中:个人所有	面积(亩)							
	蓄积(立方米)							
集体所有	面积(亩)							
	蓄积(立方米)							
其中:杉木	面积(亩)							
	蓄积(立方米)							
马尾松	面积(亩)							
	蓄积(立方米)							
桉树	面积(亩)							
	蓄积(立方米)							
木麻黄	面积(亩)							
	蓄积(立方米)							
软阔叶树	面积(亩)							
	蓄积(立方米)							
硬阔叶树	面积(亩)							
	蓄积(立方米)							
竹林	面积(亩)							
	蓄积(立方米)							
经济林	面积(亩)							
	蓄积(立方米)							

附录2　村调查问卷

村调查问卷

市(地区)、县：＿＿＿＿＿＿＿＿＿＿＿＿＿＿

乡(镇)：＿＿＿＿＿＿＿＿＿＿＿＿＿＿

村：＿＿＿＿＿＿＿＿＿＿＿＿＿＿

受访者姓名：＿＿＿＿＿＿＿＿＿＿＿＿＿＿

受访者电话号码：＿＿＿＿＿＿＿＿＿＿＿＿＿＿

调查员姓名：＿＿＿＿＿＿＿＿＿＿＿＿＿＿

村级调查表

指标名称	指标选项及解释	单位	2013 年	2002 年
第一部分 : 基本情况				
1. 村民小组数	年末时点数	个		
2. 耕地面积	年末时点数	亩		
3. 林地面积	年末时点数	亩		
其中 : 有林地面积	人工林面积	亩		
	天然林面积	亩		
第二部分 : 林地情况				
1. 林地经营方式	年末时点数			
(1) 单户经营		户		
		亩		
其中 : 大户经营	林地面积 500 亩以上	户		
		亩		
(2) 联户经营	含村民小组	个		
		亩		
(3) 集体经营	村集体	个		
		亩		
(4) 公司化经营		个		
		亩		
(5) 其他方式经营		个		
		亩		
2. 生态公益林				
①面积		亩		
②生态公益林管护		亩		
其中 : 个人管护	包括承包户管护	亩		
村集体管护		亩		
村小组管护		亩		
其他主体管护		亩		
③生态效益补偿金额		元		
其中 : 个人	包括林地承包户	元		
村集体		元		
其中 : 护林员		元		
村小组		元		
其 他		元		

（续）

指标名称	指标选项及解释	单位	2013 年	2002 年
④经营利用		亩		
其中:林下种植		亩		
林下养殖		亩		
林下产品采集		亩		
森林景观利用		亩		
其他		亩		
第三部分:村财收支情况				
1. 本年村集体总收入	本年发生数	元		
其中:林业收入	V089＝V090＋V091＋ V092＋V093＋V094	元		
①林业生产经营收入		元		
②林地承包收入		元		
③生态效益补偿收入		元		
④林业补贴		元		
⑤其他林业收入		元		
2. 本年村集体总支出	本年发生数	元		
其中:林业生产经营支出		元		
3. 村集体资产	年末时点数,指年底时的情况,包括固定资产、现金、银行存款和应收款	元		
4. 村集体负债	年末时点数,包括借款和应付款	元		

填报人: 　　　　　联系电话: 　　　　　填表日期:

生态公益林补偿标准接受意愿调查表　　[元/(年·亩)]

时间 树种	2012	2015	2018	2021	2024	
杉　木						
马尾松						
桉　树						
硬阔叶树						
软阔叶树						
木麻黄						

村每年生态公益林生态效益补偿资金变化情况表

元或%

	2001	2002	2003	2004	2005	2006	2007	2008	2009	2010	2011	2012	2013
每亩生态公益林补偿费													
补偿面积(亩)													
补偿费总额(前两行乘积)													
其中:发放给农户													
其中:林业局,站管护费													
其中:村两委管护费													
其中:护林员管护费													
其中:生态公益林区造林抚育													
其中:生态公益林防火													
其中:生态公益林病虫害防治													

注:有变化的年份则填,没有变化的年份不要填。后面空行可以另外补充。

村 集 体 调 查 问 卷(1)

_____县_____乡/镇_____村

村干部姓名_____(可以省略);联系电话_____(可以省略)

调查对象:行政村代表、村林业员和村长等村干部

注:该村从前只有商品林,现在部分或者全部商品林被划为生态公益林。

一、问卷内容(是=1;否=0)

1. 村总户数_____户,全村人口数_____。

2. 村有林地面积_____亩。

3. 受访者情况

您的年龄?_____岁;性别?(   )(男性-1,女性-0);您的受教育年限_____;

村干部职务_____。是否为党员(   );您从事的主要职业_____。

4. 随着时间的推移,如果补偿标准要增加,每3年应该增加_____元/(年·亩),您认为生态公益林生态补偿年限_____年合适。

5. 您认为不同树种补偿标准是否要相同(   ),不同林龄补偿标准是否要相同?(   ):

6. 您村因为生态公益林保护和禁伐,受到的经济损失大约为_____万元。

对目前政府生态公益林生态补偿政策是否满意(   )?

7. 贵村农民主要从事_____职业。

8. 贵村农民大部分人受教育程度_____年。

9. 您认为是否要建立生态公益林生态补偿参与制度(   )?是否要建立生态公益林生态补偿的协调和仲裁制度(   )?是否要建立生态公益林生态补偿的意见表达与诉求制度(   )?

2013年集体所有生态公益林补偿标准接受意愿调查表[元/(年·亩)]

龄组 树种	幼林龄	中林龄	近成熟林	成熟林	过熟林
杉 木					
马尾松					
桉 树					
硬阔叶树					
软阔叶树					
木麻黄					
竹 林					
经济林					

注:如果没有以上某个树种,相应空格不要填。

二、林下经济

1. 2013 年林下经济发展情况

	类型	面积(亩)	参与农户数(户)	经营方式	产量(斤/头/只)	销售渠道	销售收入(元)
林下种植							
林下养殖							
林下产品采集加工							
森林景观利用							

2. 本村有没有与林下经济有关的林产品加工企业？_____(有＝1；没有＝0)

3. 2013 年林下经济产品销售类型(%)

	初级产品	初级加工产品	精深加工产品
林下种植			
林下养殖			
林下产品采集			

4. 本村为什么要经营林下经济项目？_____

(A. 过去就有这些项目；B. 县里规划；村里落实；C. 能人或大户带头；D. 龙头企业带动；E. 看了相关宣传推广；F. 其他_____)

5. 目前，本村发展的林下经济接受过的林业科技扶持类型？_____

(A. 无；B. 良种选育；C. 病虫害防治；D. 林产品储藏保鲜；E. 林产品加工；F. 其他_____)

6. 林下经济发展中，合作组织发挥了什么作用？_____

(A. 无；B. 统一决策；C. 政策咨询；D. 信息服务；E. 科技推广；F. 行业自律；G. 其他_____)

7. 本村开展的林下经济接受的资金支持类型？_____

(A. 无；B. 林业科技推广示范资金；C. 林下经济发展专项资金；D. 现代农业生产发展资金；E. 其他_____)

资金支持方式？_____(A. 现金扶持；B. 以奖代补；C. 贷款贴息；D. 其他_____)

8. 本村在林下经济发展中，金融支持方式有哪些？_____

(A. 林权抵押贷款；B. 农村小额信用贷款；C. 农民联保贷款；D. 其他_____)

9. 本村目前有没有上级的林下经济示范基地？_____(有＝1；没有＝0)

10. 本村林下经济发展项目是否符合本地情况？_____

(A. 适合；B. 部分适合；C. 都不适合)

11. 发展林下经济有没有破坏本村森林资源？_____(A. 有；B. 部分有；C. 没有)

有没有以发展林下经济为名擅自改变林地性质？_____(A. 有；B. 有些有；C. 没有)

有没有过量、过度、过快发展林下经济？_____(A. 有；B. 部分有；C. 没有)

12. 本村发展林下经济遇到的主要困难有哪些？_____
　　（A. 销售；B. 技术；C. 资金；D. 劳动力；E. 林地；F. 其他_____）
13. 目前政府是否有生态公益林多种经营（如林下种植、林下养殖、生态旅游等）扶持政策？如果有，是什么政策_____。
如果没有，您最希望政府出台哪些方面的政策扶持？_____。
　　（A. 技术指导；B. 提供生产和销售信息；C. 资金补助；D. 减免税费；E. 优惠贷款；F. 成立合作组织；G. 道路、水利、通信、电力等基础设施；H. 其他_____）

三、森林碳汇（是＝1；否＝0）
1. 您了解森林碳汇（森林能吸收二氧化碳）吗？（　　）（了解＝3；比较了解＝2；比较不了解＝1；不知道＝0）
2. 你是否知道造林者可以出售森林碳汇获取收入？（　　）
3. 您认为企业烟囱排放二氧化碳（浓烟），是否应该支付排污费或者被罚款？（　　）
4. 您是否认为林业碳汇具有减排优势（如成本低、无污染）？（　　）
5. 您县是否有碳汇造林项目？（　　）；如果有，政府是否发放碳汇造林补贴？（　　）
6. 您是否接受过碳汇造林培训？（　　）

四、现在情况（2013年。是＝1；否＝0）
1. 村总人口数_____人。
2. 村劳动力总人数_____人。
3. 村长期外出务工人数_____人。
4. 村年人均纯收入_____元。
5. 村年总收入_____万元，其中林业收入_____万元；村年总支出_____万元，其中林业支出_____万元。
6. 村集体企业_____家，总资产_____万元，负债_____万元，年销售总收入_____万元，年总利润_____万元；企业职工数_____人。
7. 林产品加工企业_____家，总资产_____万元，负债_____万元，年销售总收入_____万元，年总利润_____万元，林业企业职工数_____人。
8. 您村交通情况（有的都打√）：铁路（　　）、高速公路（　　）、国道（　　）、省道（　　）、县道（　　）和乡村通车公路（　　）。
9. 您村参加合作医疗保险人数_____人或比例_____%；您村参加养老保险人数_____人或比例_____% 。
10. 当地林地租金_____元/（年·亩）或者_____至_____元/（年·亩）之间，或者一个轮伐期_____年合计_____元/亩。
11. 您认为森林限额采伐政策是否太严？（　　）；是否禁止天然林采伐（　　）；是否允许生态公益林间伐或者择伐（　　）
12. 您认为当年政府确定禁止采伐的生态公益林比例是否太高？（_____）。
13. 您认为当年生态公益林补偿标准是否太低？（　　）。
14. 当地人均收入_____元；当地人均GDP_____元；当地财政收入_____万元。

15. 您村是否有生态公益林？如果有，请填下表

树种	划定时间	A人工 B天然	树龄(林龄)/年	每亩营林成本(元，实际成本)	原木价格(元/立方米)	蓄积(大约，立方米)	每亩森林资源买卖价	现行补偿标准(元/(年·亩))	补偿意愿(元/(年·亩))	面积(亩)	立地质量等级(Ⅰ，Ⅱ，Ⅲ，Ⅳ，Ⅴ类地)	生态公益林保护等级	林权证号	距离家多少公里	联户户数

注：每个树种填1个，同一树种按照面积大小选择面积大的林地地块填。

16. 集体生态公益林基本情况

		生态公益林	其中：国家级生态公益林
生态公益林面积(亩)			
改革方式			
生态效益补偿 [元/(亩·年)]	合 计		
	其中：发放给农户		
	其中：林业局，站管护费		
	其中：村两委管护费		
	其中：护林员管护费		
	其中：生态公益林管造，防火和防病虫鼠害		

（续）

	生态公益林	其中:国家级生态公益林
补偿对象(可能有几个对象,多选)		
补偿费发放方式		
经营情况		

注:(1)改革方式:A. 均山到户;B. 分股不分山;C. 招投标拍卖承包;D. 没有分;E. 其他(请说明)

(2)补偿对象:A. 林地承包户;B. 村集体(小组);C. 护林员;D. 其他(请说明)

(3)补偿费分配方式:A. 直接发到户;B. 村集体;C. 部分发到户,部分村集体;D. 其他(请说明;如果选 C,_____%到户?

(4)经营情况:A. 林下种植;B. 林下养殖;C. 生态旅游;D. 没有经营性收入;E. 其他(请说明)

五、2002 年情况(是=1;否=0)

1. 村总人口数_____人。

2. 村劳动力总人数_____人。

3. 村长期外出务工人数_____人。

4. 村年人均纯收入_____元。

5. 村年总收入_____万元,其中林业收入_____万元;村年总支出_____万元,其中林业支出_____万元。

6. 村集体企业_____家,总资产_____万元,负债_____万元,年销售总收入_____万元,年总利润_____万元;企业职工数_____人。林产品加工企业_____家,总资产_____万元,负债_____万元,年销售总收入_____万元,年总利润_____万元,林业企业职工数_____人。

7. 您村交通情况(有的都打√):铁路(　　),高速公路(　　)、国道(　　)、省道(　　)、县道(　　)和乡村通车公路(　　)。

8. 您村参加合作医疗保险人数_____人或比例_____%;您村参加养老保险人数_____人或比例_____%。

9. 村财产情况:村集体资产_____万元;村集体负债_____万元。

10. 当地林地租金_____元/(年·亩)或者_____至_____元/(年·亩)之间,或者一个轮伐期_____年合计_____元/亩。

11. 您认为森林限额采伐政策是否太严?(　　);是否禁止天然林采伐(　　);是否允许生态公益林间伐或者择伐(　　)

12. 您认为当年政府确定禁止采伐的生态公益林比例是否太高?(　　)。

13. 您认为当年生态公益林补偿标准是否太低?(　　)。

14. 当地人均收入_____元;当地人均 GDP_____元;当地财政收入_____万元。

15. 当地生态环境状况(是否发生过洪水、泥石流、干旱)?(　　)。

16. 您村与前表生态公益林对应的商品林?(2002 是商品林,2013 被划为生态公益林)

树种或者 树种代码	当年蓄积(大约) (亩/立方米)	当年原木价格 (元/立方米)	当年每亩 森林资源买卖价	面积(亩)	联户 户数

树种代码:1=杉木;2=马尾松;3=桉树;4=楠木;5=栎类;6=阔叶树;7=木麻黄;8=木荷;9=格氏栲;10=其他(请说明)。

六、您认为以下每个树种生态公益林补偿标准应该多少元/（年·亩）？

2013 年集体所有的生态公益林补偿标准接受意愿调查表

［元/（年·亩）］

杉　木	马尾松	桉　树	硬阔叶树	软阔叶树	木麻黄	竹　林	经济林

七、其　他

1. 您对生态公益林生态补偿制度构建的参与意见、参与制度、协调和仲裁制度、意见表达与诉求制度、补偿政策的建议？

2. 您村生态公益林是否应该实行分类补偿标准（好的生态公益林多补，差的少补）？愿意接受的政府最高和最低补偿标准是多少元/（年·亩）？

3. 您村目前生态公益林保护面临的挑战或困难主要有哪些？需要政府出台哪些具体政策，以便更好地保护生态公益林？

4. 你村是否愿意将自己的森林作为生态公益林，并接受政府生态补偿？为什么？

5. 您认为生态补偿在生态公益林保护中的作用（　）（大 = 3；比较大 = 2；比较小 = 1；没有作用 = 0）

村 集 体 调 查 问 卷 (2)

_____县_____乡/镇_____村

村干部姓名_____(可以省略);联系电话_____(可以省略)

调查对象:行政村代表、村林业员和村长等村干部

注:从前至今只有商品林,没有生态公益林

一、问卷内容(是=1;否=0)

1. 村有林地面积_____亩。

2. 受访者情况

您的年龄?_____岁;性别?(   )(男性=1;女性=0);您的受教育年限_____;

村干部职务_____;是否为党员(   )

3. 随着时间的推移,如果补偿标准要增加,每3年应该增加_____元/(年·亩),您认为生态公益林生态补偿年限_____年合适。

4. 您对目前政府生态公益林补偿政策是否满意(   )?

5. 您认为是否要建立生态公益林生态补偿参与制度(   )?是否要建立生态公益林生态补偿的协调和仲裁制度(   )?是否要建立生态公益林生态补偿的意见表达与诉求制度(   )?

二、现在情况(2013年。是=1;否=0)

1. 村总人口数_____人;总户数_____户。

2. 村劳动力总人数_____人。

3. 村长期外出务工人数_____人。

4. 村年人均纯收入_____元。

5. 村年总收入_____万元,其中林业收入_____万元;村年总支出_____万元,其中林业支出_____万元。

6. 村集体企业_____家,总资产_____万元,负债_____万元,年销售总收入_____万元,年总利润_____万元;企业职工数_____人。林产品加工企业_____家,总资产_____万元,负债_____万元,年销售总收入_____万元,年总利润_____万元,林业企业职工数_____人,其中企业中就业的本村村民人数_____人。

7. 您村交通情况(有的都打√):铁路(   )、高速公路(   )、国道(   )、省道(   )、县道(   )和乡村通车公路(   )。

8. 您村参加合作医疗保险人数_____人或比例_____%;您村参加养老保险人数_____人或比例_____%。

9. 当地林地租金_____元/(年·亩)(或者_____至_____元/(年·亩)之间,或者一个轮伐期_____年合计_____元/亩)。

10. 您认为森林限额采伐政策是否太严?(   );是否禁止天然林采伐(   );是否允许生态公益林间伐或者择伐(   )

11. 您认为当年政府确定禁止采伐的生态公益林比例是否太高?(   )。

12. 您认为当年生态公益林生态补偿标准是否太低?(   )。

13. 当地人均收入_____元;当地人均 GDP _____元;当地财政收入_____万元。

14. 当地生态环境状况(是否发生过洪水、泥石流、干旱)?(　　)。

15. 您认为不同树种补偿标准是否要相同(　　),不同林龄补偿标准是否要相同?(　　)

16. 贵村农民主要从事_____职业。

17. 贵村农民大部分人受教育程度为_____。

18. 您认为生态补偿在生态公益林保护中的作用(　　)(大 = 3;比较大 = 2;比较小 = 1;没有作用 = 0)

三、2002 年情况(是 = 1;否 = 0)

1. 村总人口数_____人;总户数_____户。

2. 村劳动力总人数_____人。

3. 村长期外出务工人数_____人。

4. 村年人均纯收入_____元。

5. 村年总收入_____万元,其中林业收入_____万元;村年总支出_____万元,其中林业支出_____万元。

6. 村集体企业_____家,总资产_____万元,负债_____万元,年销售总收入_____万元,年总利润_____万元;企业职工数_____人。林产品加工企业_____家,总资产_____万元,负债_____万元,年销售总收入_____万元,年总利润_____万元,林业企业职工数_____人。

7. 您村交通情况(有的都打√):铁路(　　)、高速公路(　　)、国道(　　)、省道(　　)、县道(　　)和乡村通车公路(　　)。

8. 您村参加合作医疗保险人数_____人或比例_____%;您村参加养老保险人数_____人或比例_____%。

9. 村财产情况:村集体资产_____万元;村集体负债_____万元。

10. 当地林地租金_____元/(年·亩)(或者_____至_____元/(年·亩)之间,或者一个轮伐期_____年合计_____元/亩)。

11. 您认为森林限额采伐政策是否太严?(　　);是否禁止天然林采伐(　　);是否允许生态公益林间伐或者择伐(　　)。

12. 您认为当年政府确定禁止采伐的生态公益林比例是否太高?(　　)。

13. 您认为当年生态公益林补偿标准是否太低?(　　)。

14. 当地人均收入_____元;当地人均 GDP _____元;当地财政收入_____万元?

15. 当地生态环境状况(是否发生过洪水、泥石流、干旱)?(　　)。

四、林下经济(是 = 1;否 = 0)

1. 2013 年林下经济发展情况

	类型	面积(亩)	参与农户数(户)	经营方式	产量(斤/头/只)	销售渠道	销售收入(元)
林下种植							
林下养殖							
林下产品采集加工							
森林景观利用							

2. 本村有没有与林下经济有关的林产品加工企业？_____（有 = 1；没有 = 0）

3. 2013 年林下经济产品销售类型（%）

	初级产品	初级加工产品	精深加工产品
林下种植			
林下养殖			
林下产品采集			

4. 本村为什么要发展林下经济项目？_____
   （A. 过去就有这些项目；B. 县里规划；村里落实；C. 能人或大户带头；D. 龙头企业带动；E. 看了相关宣传推广；F. 其他_____）

5. 目前，本村发展的林下经济接受过的林业科技扶持类型？_____
   （A. 无；B. 良种选育；C. 病虫害防治；D. 林产品储藏保鲜；E. 林产品加工；F. 其他_____）

6. 林下经济发展中，合作组织发挥了什么作用？_____
   （A. 无；B. 统一决策；C. 政策咨询；D. 信息服务；E. 科技推广；F. 行业自律；G. 其他_____）

7. 本村开展的林下经济接受的资金支持类型？_____
   （A. 无；B. 林业科技推广示范资金；C. 林下经济发展专项资金；D. 现代农业生产发展资金；E. 其他_____）
   资金支持方式？_____（A. 现金扶持；B. 以奖代补；C. 贷款贴息；D. 其他_____）

8. 本村在林下经济发展中，金融支持方式有哪些？_____
   （A. 林权抵押贷款；B. 农村小额信用贷款；C. 农民联保贷款；D. 其他_____）

9. 本村目前是否有上级的林下经济示范基地？_____

10. 本村林下经济发展项目是否符合本地情况？_____
    （A. 适合；B. 部分适合；C. 不适合）

11. 发展林下经济有没有破坏本村森林资源？_____（A. 有；B. 部分有；C. 没有）
    有没有以发展林下经济为名擅自改变林地性质？_____（A. 有；B. 部分有；C. 没有）
    有没有过量、过度、过快发展林下经济？_____（A. 有；B. 部分有；C. 没有）

12. 本村发展林下经济遇到的主要困难在哪些方面？_____
    （A. 销售；B. 技术；C. 资金；D. 劳动力；E. 林地；F. 其他_____）

13. 为促进本村林下经济发展，您最希望政府出台哪些方面的政策扶持？
    （A. 技术指导；B. 提供生产和销售信息；C. 资金补助；D. 减免税费；E. 优惠贷款；F. 成立合作组织；G. 道路、水利、通信、电力等基础设施；H. 其他_____）

五、森林碳汇（是 = 1；否 = 0）

1. 您了解森林碳汇（森林能吸收二氧化碳）吗？（   ）（了解 = 3；比较了解 = 2；比较不

了解=1;不知道 0)

 2. 你是否知道造林者可以出售森林碳汇获取收入?(　　　)

 3. 您认为企业烟囱排放二氧化碳(浓烟),是否应该支付排污费或者被罚款?(　　　)

 4. 您是否认为林业碳汇具有减排优势(如成本低、无污染)?(　　　)

 5. 您县是否有碳汇造林项目?(　　　);如果有,政府是否发放碳汇造林补贴?(　　　)

 6. 您是否接受过碳汇造林培训?(　　　)

六、您村商品林情况

年份	树种或者树种代码	起源（A 人工，B 天然林）	树龄（林龄）/年	每亩营林成本（元）		蓄积（大约）（亩/立方米）	原木价格（元/立方米）	每亩森林资源买卖价	面积（亩）	立地质量等级（I,II,III,IV,V类地）	距离商家多少公里	权属（自有，租入）
				实际成本	重置成本							
2013												
2002												

七、2002 年以来您村是否进行过木材采伐，如果有，请填写下表

木材采伐情况

年份	树种或者树种代码	面积（亩）	平均价格（元/立方米）	平均径级（厘米）	每亩出材量（立方米）	木材销售总收入（元）	林木采伐纯收入（元）

树种代码：1=杉木；2=马尾松；3=桉树；4=楠木；5=栎类；6=阔叶树；7=木麻黄；8=木荷；9=格氏栲；10=其他（请说明）。

八、您认为以下每个树种生态公益林生态补偿标准平均是多少元/（年·亩）？

2013 年集体所有的生态公益林补偿标准接受意愿调查表［元/（年·亩）］

杉　木	马尾松	桉　树	硬阔叶树	软阔叶树	木麻黄	竹　林	经济林

九、其　他

1. 您对生态公益林补偿制度构建的参与意见、参与制度、协调和仲裁制度、意见表达与诉求制度、补偿政策的建议？

2. 你村是否愿意将自己的森林作为生态公益林，并接受政府补偿？为什么？

附录 3　处理组农户调查问卷

调查问卷

市(地区) 、县：_____

乡(镇)：_____

村：_____

林农姓名：_____

受访者电话号码：_____

调查员姓名：_____

_____县_____乡/镇_____村

村干部姓名_____(可以省略);联系电话_____(可以省略)

调查对象(选一打√):单户( )、联户( )、村民小组( )或自然村( )

注:从前只有商品林,现在部分或者全部商品林被划为生态公益林。

一、问卷内容(是=1;否=0)

1. 您的年龄? _____岁。您的性别? ( )(男性=1;女性=0)。

2. 您是否愿意保护生态公益林( )? 您是否愿意接受政府补偿保护生态公益林( )?

3. 对目前政府生态公益林补偿政策是否满意( )? 您认为生态公益林补偿标准应该平均_____元/(年·亩)。

4. 当地生态环境状况(是否发生过洪水、泥石流、干旱)? ( )。

5. 随着时间的推移,如果补偿标准要增加,每过 3 年应该增加_____元/(年·亩)。您认为生态公益林生态补偿年限_____年合适。

6. 生态公益林生态补偿年限应该_____年,每间隔_____年补偿标准提高_____元/(年·亩),形成分阶段逐步提高的补偿标准。

7. 您是否愿意参加林地联户承包? _____(A-愿意,B-不愿意,C-不好说)

8. 假设意愿

_____**县 2013 年个人所有生态公益林补偿标准接受意愿调查表**[元/(年·亩)]

龄组 树种	幼林龄	中林龄	近成熟林	成熟林	过熟林
杉　木					
马尾松					
桉　树					
硬阔叶树					
软阔叶树					
木麻黄					
竹　林					
经济林					

二、2013 年情况(是=1;否=0)

1. 您从事的职业? ( )

A. 务农;B. 务农兼打工;C. 务农兼工副业(如开商店、卫生所等);D. 长期外出打工;

E. 固定工资收入者(如村干部、教师、医生等);F. 其他(请注明_____)

2. 家庭人口情况(人):

总人口	劳动力人数	长期外出打工人数 (6个月以上)	外出涉林打工		本地涉林打工	
			人数	时间(日/人)	人数	时间(日/人)

3. 家庭收入、财产与借款:您家房屋面积大约_____平方米,_____年建造,结构

( )（A. 土木结构；B. 砖木结构；C. 钢筋混凝土结构）；您家庭存款_____（元），家庭借款_____元；家庭年纯收入_____元，家庭年林业纯收入占家庭年纯收入的比例（大约）_____%。家庭收入主要来源_____。

4. 家庭耕地面积_____亩；家庭林地面积_____亩；有林地面积_____亩，林地_____块，投入_____元，其中生态公益林面积_____亩。

5. 当地林地租金（ ）元/（年·亩）。您受教育年限_____年；您是否当过村干部？（ ）；是否为党员（ ）

6. 生态公益林保护和禁伐，对您造成的经济损失_____万元。

7. 您认为森林限额采伐政策是否太严（ ）；是否禁止天然林采伐（ ）；是否允许生态公益林间伐或者择伐（ ）

8. 您认为政府确定禁止采伐的生态公益林比例是否太高？（ ）。您认为当年生态公益林补偿标准是否太低？（ ）。是否征求过您的意见（ ）？您认为最低补偿标准应为_____元/（年·亩）。

9. 当地人均收入_____元；当地人均 GDP _____元；当地财政收入_____万元。

10. 您家是否有生态公益林？如果有，请填下表。

树种	划定时间	起源（A人工，B天然林）	权属（自有，B租入）	树龄（林龄）（年）	每亩营林成本（元，实际成本）	蓄积（亩/立方米）	原木价格（元/立方米）	每亩森林资源买卖价

树种	实际补偿标准（元/年·亩）	补偿标准意愿（元/年·亩）	面积（亩）	立地质量等级（Ⅰ，Ⅱ，Ⅲ，Ⅳ，Ⅴ类地）	生态公益林保护等级	林权证号	距离家多少公里	联户户数

树种代码：1=杉木；2=马尾松；3=硬阔叶树（硬杂木）；4=软阔叶树（软杂木）；5=桉树；6=木麻黄；7=竹林；8=经济林；9=其他（请说明_____）。

以上树种(后面括号填树种代码)补偿标准从高到低顺序为(　　　　　　　　)

三、2002年情况(是=1;否=0)

1. 您从事的职业?(　　　)

A. 务农;B. 务农兼打工;C. 务农兼工副业(如开商店、卫生所等);D. 长期外出打工;

E. 固定工资收入者(如村干部、教师、医生等);F. 其他(请注明_____)

2. 家庭人口情况(人):

总人口	劳动力人数	长期外出打工人数(6个月以上)	外出涉林打工		本地涉林打工	
			人数	时间(日/人)	人数	时间(日/人)

3. 家庭收入、财产与借款:您家房屋面积大约_____平方米,_____年建造,结构(　　　)(A. 土木结构;B. 砖木结构;C. 钢筋混凝土结构);您家庭存款_____元,家庭借款_____元;家庭年纯收入_____元,家庭年林业纯收入占家庭年纯收入的比例(大约)_____%。家庭收入主要来源_____。

4. 家庭耕地面积_____亩;家庭林地面积_____亩;有林地面积_____亩,林地_____块,投入_____元,其中生态公益林面积_____亩。

5. 当地林地租金(_____)元/(年·亩)。您受教育年限_____年;您是否当过村干部?(　　　);是否为党员(　　　)

6. 因为生态公益林保护和禁伐,对您造成的经济损失_____万元。

7. 您认为森林限额采伐政策是否太严(　　　);是否禁止天然林采伐(　　　);是否允许生态公益林间伐或者择伐(　　　)

8. 您认为当年政府确定禁止采伐的生态公益林比例是否太高?(　　　)。您认为当年生态公益林补偿标准是否太低?(　　　)。是否征求过您的意见(　　　)?

9. 当地人均收入_____元;当地人均GDP_____元;当地财政收入_____万元。

10. 与前面对应的商品林和其他森林情况?如果有,请填下表。

树种或者树种代码	A、人工林;B、天然林	权属	树龄	营林成本		蓄积(亩/立方米)	原木价格(元/立方米)	每亩森林资源买卖价
				实际成本	重置成本			

（续）

树种或者树种代码	实际补偿标准［元/（年·亩）］	补偿标准意愿［元/（年·亩）］	面积（亩）	立地质量等级（Ⅰ，Ⅱ，Ⅲ，Ⅳ，Ⅴ类地）	生态公益林保护等级	林权证号	距离家多少公里	联户户数

四、政府政策扶持

1. 2013年政策发生情况（以实际拿到补贴为准，补贴款没到位的不算）

苗木良种补贴		生态效益补偿	
株数（株）	金额（元）	面积（亩）	金额（元）

造林补贴									抚育补贴			
荒山荒地(沙)造林			有林地造林			更新造林						
造林面积（亩）	补贴面积（亩）	补贴金额（元）	造林面积（亩）	补贴面积（亩）	补贴金额（元）	造林面积（亩）	补贴面积（亩）	补贴金额（元）	需要抚育面积（亩）	实际抚育面积（亩）	补贴面积（亩）	补贴金额（元）

2. 2013年政策执行情况

	知道不知道	宣传公示	申请	结果	足额兑现	评价
良种补贴						
造林补贴						
抚育补贴						
生态效益补偿						

3. 您对造林补贴是否满意？_____
（A. 满意；B. 一般；C. 不满意，原因是_____；D. 不清楚）

4. 您对中幼林抚育补贴是否满意？_____
（A. 满意；B. 一般；C. 不满意，原因是_____；D. 不清楚）

5. 您对生态公益林补偿是否满意？_____

（A. 满意；B. 一般；C. 不满意，原因是_____；D. 不清楚）

五、森林采伐

近 5 年家庭森林资源采伐情况

木材采伐			竹材采伐		
采伐量(立方米)	销售收入(元)	育林基金(元)	采伐量(根)	销售收入(元)	育林基金(元)

六、林下经济(是＝1；否＝0)

1.2013 年，您家是否在承包林地发展了林下经济？_____

若是，是哪种类型？_____（A. 林下种植；B. 林下养殖；C. 林下产品采集加工；D. 森林景观利用）

2.您家林下经济经营形式是_____

（A. 单户经营；B. 联户经营；C. 合作社经营；D. 其他_____）

3.林下经济产品销售渠道是什么？_____

（A. 自行销售；B. 等待上门收购；C. 合作社组织销售；D. 涉林企业收购；E. 其他_____）

4.您发展林下经济遇到的主要困难是什么？_____

（A. 销售难；B. 缺乏技术；C. 缺少资金；D. 缺乏劳动力；E. 林地问题；F. 其他_____）

5. 您最希望政府出台哪些方面的政策扶持林下经济发展？_____

（A. 技术指导；B. 提供生产和销售信息；C. 资金补贴；D. 金融支持；E. 成立合作组织；F. 其他_____）

七、农户家庭生计情况

1. 2013 年农户家庭林业生产经营支出(元)

总支出	种苗	化肥农药	人　工						机械或畜力	税　费	其他
			家庭自投劳力			雇佣劳动力					
			支出(元)	人数(人)	时间(日/人)	支出(元)	人数(人)	时间(日/人)			

2. 2013 年农户家庭林业收入(元)

总收入	用材林收入	竹林收入	经济林收入	林下经济收入	涉林打工收入	财产性收入	转移性收入	其他收入

3. 2012年农户家庭其他支出与收入(元)(不含林业)

收　入		支　出					
生产经营 收入	其他 收入	生活消费	家庭经营 费用	购置生产性固定 资产	税　费	财产性 支出	其他 支出

八、森林碳汇(是=1;否=0)

1. 您了解森林碳汇(森林能吸收二氧化碳)吗?(　　　)(了解=3;比较了解=2;比较不了解=1;不知道=0)

2. 你是否知道造林者可以出售森林碳汇获取收入?(　　　)

3. 您认为企业烟囱排放二氧化碳(浓烟),是否应该支付排污费或者被罚款?(　　　)

4. 您是否认为林业碳汇具有减排优势(如成本低、无污染)?(　　　)

5. 您县是否有碳汇造林项目?(　　　);如果有,政府是否发放碳汇造林补贴?(　　　)

6. 您是否接受过碳汇造林培训?(　　　)

九、其他(是=1;否=0)

1. 您认为不同树种补偿标准是否要相同(　　　),不同林龄补偿标准是否要相同?(　　　)

2. 您认为生态补偿在生态公益林保护中的作用(　　　)(大=3;比较大=2;比较小=1;没有作用=0)

3. 您认为是否要建立生态公益林生态补偿参与制度(　　　)?是否要建立生态公益林生态补偿的协调和仲裁制度(　　　)?是否要建立生态公益林生态补偿的意见表达与诉求制度(　　　)?

4. 如果有生态公益林,您家森林被划为生态公益林是否征求过您的意见(　　　)?

5. 如果您对生态公益林保护和生态补偿标准有不同意见,是否有地方投诉(　　　)?找 _____ 部门投诉?投诉后, _____ 部门向您反馈意见?

由 _____ 部门协调解决?您是否希望有个部门来协调解决(　　　)?

6. 生态公益林补偿资金分配方案是否召开村民代表大会确定(　　　)?

7. 目前生态公益林保护和生态补偿是否缺乏意见表达与诉求途径和部门(　　　)?是否有接访部门(　　　)?

8. 您对生态公益林补偿制度构建的参与意见、参与制度、协调和仲裁制度、意见表达与诉求制度、补偿政策建议?

9. 你是否愿意将自己的森林作为生态公益林,并接受政府补偿?为什么?

附录4 控制组农户调查问卷

_____县_____乡/镇_____村

村干部姓名_____(可以省略);联系电话_____(可以省略)

调查对象(选一打√):单户( )、联户( )、村民小组( )或自然村( )。

注:从前至今只有商品林,没有生态公益林

注:对于是否问题,是填1,否填0

一、2013年情况

1. 您的年龄?_____岁。您的性别?( )(男性=1;女性=0)。

2. 您的受教育年限_____。您从事的职业?( )

   A. 务农;B. 务农兼打工;C. 务农兼工副业(如开商店、卫生所等);D. 长期外出打工;E. 固定工资收入者(如村干部、教师、医生等);F. 其他(请注明_____)

3. 您是否当过村干部?( );是否为党员( )

4. 家庭人口情况(人)

总人口	劳动力人数	长期外出打工人数(6个月以上)	外出涉林打工		本地涉林打工	
			人数	时间(日/人)	人数	时间(日/人)

5. 家庭收入、财产与借款:

   您家房屋面积大约_____平方米,_____年建造,结构( )(A. 土木结构;B. 砖木结构;C. 钢筋混凝土结构);您家庭存款_____元,家庭借款_____元;家庭年纯收入_____元,家庭年林业纯收入占家庭年纯收入的比例(大约)_____%。家庭收入主要来源于_____。

6. 家庭耕地面积_____亩;家庭林地面积_____亩;有林地面积_____亩,林地_____块,有林地投入_____(元),生态公益林面积_____亩。

7. 您是否愿意参加林地联户承包?_____(A. 愿意;B. 不愿意;C. 不好说)

8. 当地2013年林地租金( )元/(年·亩)。

9. 您认为森林限额采伐政策是否太严?( );是否禁止天然林采伐( );是否允许生态公益林间伐或者择伐( )

10. 您认为政府确定禁止采伐的生态公益林比例是否太高?( )。

11. 您认为当年生态公益林补偿标准是否太低( )?您认为当年生态公益林补偿标准应为_____元/(年·亩),最低补偿标准为_____元/(年·亩)。

12. 当地人均收入＿＿＿＿＿＿元；当地人均 GDP ＿＿＿＿＿＿元；当地财政收入＿＿＿＿＿＿万元；

13. 当地生态环境状况(是否发生过洪水、泥石流、干旱)? (　　　　)。

二、2002 年情况

1. 您的受教育年限＿＿＿＿＿＿年,是否当过村干部? (　　　　);是否为党员(　　　　)

2. 您从事的职业? (　　　　)

　　A. 务农; B. 务农兼打工; C. 务农兼工副业(如开商店、卫生所等); D. 长期外出打工; E. 固定工资收入者(如村干部、教师、医生等); F. 其他(请注明＿＿＿＿＿＿＿＿＿＿)

3. 家庭人口情况(人)

总人口	劳动力人数	长期外出打工人数 (6 个月以上)	外出涉林打工		本地涉林打工	
			人数	时间(日/人)	人数	时间(日/人)

4. 家庭收入、财产与借款:

您家房屋面积大约＿＿＿＿＿＿平方米,＿＿＿＿＿＿年建造,结构(　　)(A. 土木结构;B. 砖木结构;C. 钢筋混凝土结构);您家庭存款＿＿＿＿＿＿元,家庭借款＿＿＿＿＿＿元;家庭年纯收入＿＿＿＿＿＿元,家庭年林业纯收入占家庭年纯收入的比例(大约)＿＿＿＿＿＿%。家庭收入主要来源于＿＿＿＿＿＿＿＿＿＿＿＿＿。

5. 家庭耕地面积＿＿＿＿＿＿亩;家庭林地面积＿＿＿＿＿＿亩;有林地面积＿＿＿＿＿＿亩,林地＿＿＿＿＿＿块,有林地投入＿＿＿＿＿＿元,生态公益林面积＿＿＿＿＿＿亩。

6. 当地 2002 年林地租金＿＿＿＿＿＿元/(年·亩)。

7. 您认为森林限额采伐政策是否太严? (　　　　);是否禁止天然林采伐(　　　　);是否允许生态公益林间伐或者择伐(　　　　)

8. 您认为当年政府确定禁止采伐的生态公益林比例是否太高? (　　　　)。

9. 您认为当年生态公益林补偿标准是否太低? (　　　　)。

10. 当地人均收入＿＿＿＿＿＿元;当地人均 GDP ＿＿＿＿＿＿元;当地财政收入＿＿＿＿＿＿万元。

三、您家商品林情况

年份	树种或者树种代码	起源（A人工 B天然林）	树龄（林龄）/年	每亩营林成本（元）实际成本	每亩营林成本（元）重置成本	蓄积（大约）（亩/立方米）	原木价格（元/立方米）	每亩森林资源买卖价	面积（亩）	立地质量等级（I,II,III,IV,V类地）	距离家多少公里	权属（a自有 b租入）	联户户数
2013													
2002													

四、2002年以来是否进行过木材采伐，如果有，请填写下表

木材采伐情况（注：自产自用木材或竹材按照当地同类林产品平均销售价格和实际耗用数量计算销售收入）

年份	树种或者树种代码	面积（亩）	平均价格（元/立方米）	平均径级（厘米）	每亩出材量（立方米）	木材销售总收入（元）	林木采伐纯收入（元）

树种代码，1=杉木；2=马尾松；3=硬阔叶树（硬杂木）；4=软阔叶树（软杂木）；5=桉树；6=木麻黄；7=竹林；8=经济林；9=其他（请说明____）。

以上树种（后面括号填树种代码）补偿标准从高到低顺序为（____）。

五、政府政策扶持

1. 2013年政策发生情况(以实际拿到补贴为准,补贴款没到位的不算)

苗木良种补贴	
株数(株)	金额(元)

造林补贴									抚育补贴			
荒山荒地(沙)造林			有林地造林			更新造林						
造林面积(亩)	补贴面积(亩)	补贴金额(元)	造林面积(亩)	补贴面积(亩)	补贴金额(元)	造林面积(亩)	补贴面积(亩)	补贴金额(元)	需要抚育面积(亩)	实际抚育面积(亩)	补贴面积(亩)	补贴金额(元)

2. 2013年政策执行情况

	知道不知道	宣传公示	申请	结果	足额兑现	评价
良种补贴						
造林补贴						
抚育补贴						
生态效益补偿						

3. 您对造林补贴是否满意? _____

(A. 满意;B. 一般;C. 不满意,原因是_____;D. 不清楚)

4. 您对中幼林抚育补贴是否满意? _____

(A. 满意;B. 一般;C. 不满意,原因是_____;D. 不清楚)

5. 您对生态公益林补偿是否满意? _____

(A. 满意;B. 一般;C. 不满意,原因是_____;D. 不清楚)

六、林下经济

1.2013年,您家是否在承包林地发展了林下经济? _____

若是,是哪种类型? _____(A. 林下种植;B. 林下养殖;C. 林下产品采集加工;D. 森林景观利用)

2.您家林下经济经营形式是_____

(A. 单户经营;B. 联户经营;C. 合作社经营; D. 其他_____)

3.林下经济产品销售渠道是什么? _____

(A. 自行销售;B. 等待上门收购;C. 合作社组织销售;D. 涉林企业收购;E. 其他_____)

4.您发展林下经济遇到的主要困难是什么? _____

(A. 销售难;B. 缺乏技术;C. 缺少资金;D. 缺乏劳动力;E. 林地问题;F. 其他

_____）

5. 您最希望政府出台哪些方面的政策扶持林下经济发展？_____
（A. 技术指导；B. 提供生产和销售信息；C. 资金补贴；D. 金融支持；E. 成立合作组织；F. 其他 _____）

七、森林碳汇

1. 您了解森林碳汇(森林能吸收二氧化碳)吗？（　　）（了解＝3；比较了解＝2；比较不了解＝1；不知道＝0)

2. 你是否知道造林者可以出售森林碳汇获取收入？（　　）

3. 您认为企业烟囱排放二氧化碳(浓烟)，是否应该支付排污费或者被罚款？（　　）

4. 您是否认为林业碳汇具有减排优势(如成本低、无污染)？（　　）

5. 您县是否有碳汇造林项目？（　　）；如果有，政府是否发放碳汇造林补贴？（　　）

6. 您是否接受过碳汇造林培训？（　　）

7. 您家是否有生态公益林？（　　）

八、农户家庭生计情况

1. 2013年农户家庭林业生产经营支出(元)

总支出	种苗	化肥农药	人工						机械或畜力	税费	其他
			家庭自投劳力			雇佣劳动力					
			支出(元)	人数(人)	时间(日/人)	支出(元)	人数(人)	时间(日/人)			

2. 2013年农户家庭林业收入(元)

总收入	用材林收入	竹林收入	经济林收入	林下经济收入	涉林打工收入	财产性收入	转移性收入	其他收入

3. 2013年农户家庭其他支出与收入(元)(不含林业)

收入		支出					
生产经营收入	其他收入	生活消费	家庭经营费用	购置生产性固定资产	税费	财产性支出	其他支出

九、其　他

1. 随着时间的推移,如果补偿标准要增加,每过3年应该增加_____元/(年·亩),您认为生态公益林生态补偿年限_____年合适。

2. 对目前政府生态公益林补偿政策是否满意(　　)?

3. 您认为是否要建立生态公益林生态补偿参与制度(　　)?是否要建立生态公益林生态补偿的协调和仲裁制度(　　)?是否要建立生态公益林生态补偿的意见表达与诉求制度

(　　　)？您对生态公益林补偿制度构建的参与意见、参与制度、协调和仲裁制度、意见表达与诉求制度、补偿政策建议？

4. 您认为不同树种补偿标准是否要相同(　　)，不同林龄补偿标准是否要相同？(　　　)

5. 您认为生态补偿在生态公益林保护中的作用(　　)（大＝3；比较大＝2；比较小＝1；没有作用＝0）

6. 你是否愿意将自己的森林作为生态公益林，并接受政府补偿？为什么？

附录5　政府相关部门问卷

注:对于是否问题,是填1,否填0

一、受访者情况

1. 您的年龄? _____岁。

2. 性别? (　　)。

3. 您的受教育年限_____。

4. 你的职务_____。

5. 是否为党员(　　)

6. 你的单位名称 _____

二、问　题

1. 您认为不同树种补偿标准是否相同(　　),不同林龄补偿标准是否相同? (　　)

2. 目前福建省禁止采伐的生态公益林补偿标准为22元/(年·亩),您认为最低补偿标准为_____元/(年·亩)。

3. 禁止采伐的生态公益林分类补偿标准如下:

树种	每年每亩补偿标准(补偿50年)	同意打勾,不同意写上具体金额	林龄	每年每亩补偿值(补偿50年)	同意打勾,不同意写上具体金额
杉木	109		近、成、过熟林	126	
桉树	128		中龄林	110	
马尾松	70		幼龄林	87	
阔叶树	87				
木麻黄	73				
其他树	103				

4. 您认为福建省生态公益林补偿标准为102元/(年·亩),是否合适? (　　)

5. 您认为生态补偿在生态公益林保护中的作用(　　)(大=3;比较大=2;比较小=1;没有作用=0)

6. 生态公益林保护是否对您家造成经济损失? (　　)

附录6　受益单位调查问卷

市(地区)、县:＿＿＿＿＿＿＿＿＿＿＿＿＿＿＿＿＿

企业(受益单位)名称:＿＿＿＿＿＿＿＿＿＿＿＿＿＿

企业受访者姓名:＿＿＿＿＿＿＿＿＿＿＿＿＿＿＿＿

受访者电话号码:＿＿＿＿＿＿＿＿＿＿＿＿＿＿＿＿

调查员姓名:＿＿＿＿＿＿＿＿＿＿＿＿＿＿＿＿＿

受益单位包括水库、水力发电厂、自来水厂、森林旅游部门等

一、问题(对于是否问题,在括号内填 1 或 0,是填 1,否填 0)

1. 您是否了解生态公益林保护政策?(　　)。如果本题答"否",2 不要问。

2. 您对目前政府生态保护、生态治理、生态公益林保护是否满意?(　　)

3. 您是否了解森林生态效益补偿政策?(　　)。如果本题答"否",4 不要问。

4. 您对政府森林生态效益补偿政策是否满意?(　　)

5. 您认为政府最高和最低生态公益林生态补偿标准_____至_____比较适宜(元/年·亩)。

6. 保护生态公益林对贵单位用水影响(　　)。

　　A. 有重大影响;　B. 有一些影响;　C. 没有影响;　D. 不知道

7. 保护生态公益林对贵单位收入有何影响(　　)。

　　A. 提高;　B. 下降;　C. 没有变化;　D. 不知道

每年影响金额占销售收入_____　%。

8. 贵单位是否支持保护生态公益林(　　)

9. 贵单位是否愿意资助生态公益林保护(　　)

10. 生态公益林补偿费应由谁来承担(　　)。

　　A. 政府;　B. 公民;　C. 企业;　D. 受益者;　E. 捐助者;　F. 其他(请注明);　G. 不知道

11. 贵单位所在地近几年是否发生过洪水(　　)

12. 贵单位所在地近几年是否发生过旱灾(　　)

13. 目前贵单位水价每吨_____元

14. 贵单位近 5 年年均营业收入_____万元;年均利润_____万元;年均资产总额_____万元;注册资本_____万元;年均负债总额_____万元。贵单位成立时间_____年_____月_____日;企业员工数量_____人。企业年用水量_____吨。

企业水来源于_____。

15. 贵单位所有制(企业性质,营业执照中有)(_____)。

　　A. 国有单位;　B. 民营单位;　C. 其他单位(请说明)

16. 你认为以下哪些因素对支付补偿意愿有影响(_____)可以多选。影响程度各是多少(填在以下括号内,用百分比)?

　　A. 股东态度(　　);　B. 管理者(经理)态度(　　);　C. 政策、法规(　　);D. 企业需求(　　);　E. 新闻媒体关注度(　　)

17. 目前贵单位是否资助(或补助)生态公益林保护和建设(　　)?如果是,每年资助(或补助)_____万元;如果否,今后是否愿意资助(或补助)(　　)?

　　A. 是;　B. 否;　C. 不知道

二、生态公益林支付补偿标准意愿调查

1. 杉木生态公益林支付补偿标准意愿

(1)对杉木幼龄林,您认为生态公益林每年每亩补偿标准为(　　)

(请对以下进行排序,下同)

　　A. 0~10 元;　B. 11~20 元;　C. 21~30 元;　D. 31~40 元;　E. 41~50 元;

　　F. 51~60 元;　G. 61~80 元;　H. 81~100 元;I. 101 元以上

(2)对杉木中龄林,您认为生态公益林每年每亩补偿标准为( )

    A. 0~10元; B. 11~20元; C. 21~30元; D. 31~40元; E. 41~50元;

    F. 51~60元; G. 61~80元; H. 81~100元; I. 101元以上

(3)对杉木近熟林,您认为生态公益林每年每亩补偿标准为( )

    A. 0~10元; B. 11~20元; C. 21~30元; D. 31~40元; E. 41~50元;

    F. 51~60元; G. 61~80元; H. 81~100元; I. 101元以上

(4)对杉木成熟林,您认为生态公益林每年每亩补偿标准为( )

    A. 0~10元; B. 11~20元; C. 21~30元; D. 31~40元; E. 41~50元;

    F. 51~60元; G. 61~80元; H. 81~100元; I. 101元以上

(5)对杉木过熟林,您认为生态公益林每年每亩补偿标准为( )

    A. 0~10元; B. 11~20元; C. 21~30元; D. 31~40元; E. 41~50元;

    F. 51~60元; G. 61~80元; H. 81~100元; I. 101元以上

2. 马尾松生态公益林支付补偿标准意愿

(1)对马尾松幼龄林,您认为生态公益林每年每亩补偿标准为( )

    (请对以下进行排序,下同)

    A. 0~10元; B. 11~20元; C. 21~30元; D. 31~40元; E. 41~50元;

    F. 51~60元; G. 61~80元; H. 81~100元; I. 101元以上

(2)对马尾松中龄林,您认为生态公益林每年每亩补偿标准为( )

    A. 0~10元; B. 11~20元; C. 21~30元; D. 31~40元; E. 41~50元;

    F. 51~60元; G. 61~80元; H. 81~100元; I. 101元以上

(3)对马尾松近熟林,您认为生态公益林每年每亩补偿标准为( )

    A. 0~10元; B. 11~20元; C. 21~30元; D. 31~40元; E. 41~50元;

    F. 51~60元; G. 61~80元; H. 81~100元; I. 101元以上

(4)对马尾松成熟林,您认为生态公益林每年每亩补偿标准为( )

    A. 0~10元; B. 11~20元; C. 21~30元; D. 31~40元; E. 41~50元;

    F. 51~60元; G. 61~80元; H. 81~100元; I. 101元以上

(5)对马尾松过熟林,您认为生态公益林每年每亩补偿标准为( )

    A. 0~10元; B. 11~20元; C. 21~30元; D. 31~40元; E. 41~50元;

    F. 51~60元; G. 61~80元; H. 81~100元; I. 101元以上

3. 桉树生态公益林支付补偿标准意愿

(1)对桉树幼龄林,您认为生态公益林每年每亩补偿标准为( )

    (请对以下进行排序,下同)

    A. 0~10元; B. 11~20元; C. 21~30元; D. 31~40元; E. 41~50元;

    F. 51~60元; G. 61~80元; H. 81~100元; I. 101元以上

(2)对桉树中龄林,您认为生态公益林每年每亩补偿标准为( )

    A. 0~10元; B. 11~20元; C. 21~30元; D. 31~40元; E. 41~50元;

    F. 51~60元; G. 61~80元; H. 81~100元; I. 101元以上

(3)对桉树近熟林,您认为生态公益林每年每亩补偿标准为( )

　A. 0~10元; 　B. 11~20元; 　C. 21~30元; 　D. 31~40元; 　E. 41~50元;

　F. 51~60元; 　G. 61~80元; 　H. 81~100元; I. 101元以上

(4)对桉树成熟林,您认为生态公益林每年每亩补偿标准为(　　)

　A. 0~10元; 　B. 11~20元; 　C. 21~30元; 　D. 31~40元; 　E. 41~50元;

　F. 51~60元; 　G. 61~80元; 　H. 81~100元; I. 101元以上

(5)对桉树过熟林,您认为生态公益林每年每亩补偿标准为(　　)

　A. 0~10元; 　B. 11~20元; 　C. 21~30元; 　D. 31~40元; 　E. 41~50元;

　F. 51~60元; 　G. 61~80元; 　H. 81~100元; I. 101元以上

4. 硬阔叶树生态公益林支付补偿标准意愿

(1)对硬阔叶树幼龄林,您认为生态公益林每年每亩补偿标准为(　　)

　(请对以下进行排序,下同)

　A. 0~10元; 　B. 11~20元; 　C. 21~30元; 　D. 31~40元; 　E. 41~50元;

　F. 51~60元; 　G. 61~80元; 　H. 81~100元; I. 101元以上

(2)对硬阔叶树中龄林,您认为生态公益林每年每亩补偿标准为(　　)

　A. 0~10元; 　B. 11~20元; 　C. 21~30元; 　D. 31~40元; 　E. 41~50元;

　F. 51~60元; 　G. 61~80元; 　H. 81~100元; I. 101元以上

(3)对硬阔叶树近熟林,您认为生态公益林每年每亩补偿标准为(　　)

　A. 0~10元; 　B. 11~20元; 　C. 21~30元; 　D. 31~40元; 　E. 41~50元;

　F. 51~60元; 　G. 61~80元; 　H. 81~100元; I. 101元以上

(4)对硬阔叶树成熟林,您认为生态公益林每年每亩补偿标准为(　　)

　A. 0~10元; 　B. 11~20元; 　C. 21~30元; 　D. 31~40元; 　E. 41~50元;

　F. 51~60元; 　G. 61~80元; 　H. 81~100元; I. 101元以上

(5)对硬阔叶树过熟林,您认为生态公益林每年每亩补偿标准为(　　)

　A. 0~10元; 　B. 11~20元; 　C. 21~30元; 　D. 31~40元; 　E. 41~50元;

　F. 51~60元; 　G. 61~80元; 　H. 81~100元; I. 101元以上

5. 软阔叶树生态公益林支付补偿标准意愿

(1)对软阔叶树幼龄林,您认为生态公益林每年每亩补偿标准为(　　)

　(请对以下进行排序,下同)

　A. 0~10元; 　B. 11~20元; 　C. 21~30元; 　D. 31~40元; 　E. 41~50元;

　F. 51~60元; 　G. 61~80元; 　H. 81~100元; I. 101元以上

(2)对软阔叶树中龄林,您认为生态公益林每年每亩补偿标准为(　　)

　A. 0~10元; 　B. 11~20元; 　C. 21~30元; 　D. 31~40元; 　E. 41~50元;

　F. 51~60元; 　G. 61~80元; 　H. 81~100元; I. 101元以上

(3)对软阔叶树近熟林,您认为生态公益林每年每亩补偿标准为(　　)

　A. 0~10元; 　B. 11~20元; 　C. 21~30元; 　D. 31~40元; 　E. 41~50元;

　F. 51~60元; 　G. 61~80元; 　H. 81~100元; I. 101元以上

(4)对软阔叶树成熟林,您认为生态公益林每年每亩补偿标准为(　　)

　A. 0~10元; 　B. 11~20元; 　C. 21~30元; 　D. 31~40元; 　E. 41~50元;

　F. 51~60元; 　G. 61~80元; 　H. 81~100元; I. 101元以上

(5)对软阔叶树过熟林,您认为生态公益林每年每亩补偿标准为(　　)

　　A. 0~10元;　B. 11~20元;　C. 21~30元;　D. 31~40元;　E. 41~50元;

　　F. 51~60元;　G. 61~80元;　H. 81~100元;I. 101元以上

6. 木麻黄生态公益林支付补偿标准意愿

(1)对木麻黄幼龄林,您认为生态公益林每年每亩补偿标准为(　　)

　　(请对以下进行排序,下同)

　　A. 0~10元;　B. 11~20元;　C. 21~30元;　D. 31~40元;　E. 41~50元;

　　F. 51~60元;　G. 61~80元;　H. 81~100元;I. 101元以上

(2)对木麻黄中龄林,您认为生态公益林每年每亩补偿标准为(　　)

　　A. 0~10元;　B. 11~20元;　C. 21~30元;　D. 31~40元;　E. 41~50元;

　　F. 51~60元;　G. 61~80元;　H. 81~100元;I. 101元以上

(3)对木麻黄近熟林,您认为生态公益林每年每亩补偿标准为(　　)

　　A. 0~10元;　B. 11~20元;　C. 21~30元;　D. 31~40元;　E. 41~50元;

　　F. 51~60元;　G. 61~80元;　H. 81~100元;I. 101元以上

(4)对木麻黄成熟林,您认为生态公益林每年每亩补偿标准为(　　)

　　A. 0~10元;　B. 11~20元;　C. 21~30元;　D. 31~40元;　E. 41~50元;

　　F. 51~60元;　G. 61~80元;　H. 81~100元;I. 101元以上

(5)对木麻黄过熟林,您认为生态公益林每年每亩补偿标准为(　　)

　　A. 0~10元;　B. 11~20元;　C. 21~30元;　D. 31~40元;　E. 41~50元;

　　F. 51~60元;　G. 61~80元;　H. 81~100元;I. 101元以上

三、调查表

提取生态公益林保护和建设资金意愿表

	按主营业务收入	按受益于生态公益林保护的收入	按今后受益于生态公益林保护增加的收入	按税金	按利润
提取比例(%)					

注:只回答其中之一。

生态公益林补偿标准支付意愿调查表[元/(年·亩)]

时间 树种	2012	2015	2018	2021	2024	
杉　木						
马尾松						
桉　树						
硬阔叶树						
软阔叶树						
木麻黄						

图表索引